U0167917

园区综合体研究

Yuanqu Zongheti Yanjiu

何新跃等 / 著

破解园区发展困境的利器
实现园区转型升级的载体

江西人民出版社
Jiangxi People's Publishing House
全国百佳出版社

图书在版编目(CIP)数据

园区综合体研究/何新跃等著. —南昌:江西人民
出版社,2016.5
ISBN 978 - 7 - 210 - 08299 - 6

Ⅰ.①园… Ⅱ.①何… Ⅲ.①工业园区－城市规划－
研究－中国 Ⅳ.①TU984.13

中国版本图书馆 CIP 数据核字(2016)第 071108 号

园区综合体研究

何新跃等著

责任编辑:万莲花
封面设计:同异文化传媒
出　　版:江西人民出版社
发　　行:各地新华书店
地　　址:江西省南昌市三经路 47 号附 1 号
编辑部电话:0791 - 86898650
发行部电话:0791 - 86898815
邮　　编:330006
网　　址:www. jxpph. com
E - mail:jxpph@ tom. com　web@ jxpph. com
2016 年 5 月第 1 版　2016 年 5 月第 1 次印刷
开　　本:787 毫米 × 1092 毫米　1/16
印　　张:20
字　　数:330 千字
ISBN 978 - 7 - 210 - 08299 - 6
赣版权登字—01—2016—235
版权所有　侵权必究
定　　价:49.00 元
承 印 厂:虎彩印艺股份有限公司
赣人版图书凡属印刷、装订错误,请随时向承印厂调换

目录

1　园区综合体的概述及相关理论

1.1　园区综合体的发展背景

背景一:新经济环境下产业结构亟须升级与变革

我国经济正处于增长速度换挡期、结构调整阵痛期和前期刺激政策消化期。实际上,三期叠加又是改革、发展同稳定关系的具体体现。首先,我国改革开放以来年均10%左右的高增长已经不可持续,也没必要持续,减速换挡已成必然。其次,减速只是表象,实质在换挡,即转换经济增长动力和转变经济发展方式。这就牵扯到各种结构调整和结构变化。需求、产业、区域、城乡和收入分配等多方面结构,都需要在这一过程中不断优化提升。最后,国际经济危机后,强刺激措施虽然使我国经济较快走出了危机,但是也加重了传统增长方式下的环境污染、产能过剩和债务负担等痼疾。在当前的特殊时期,宏观经济政策需要转换思路,保持定力。园区经济的发展也需要适应经济形势,在新的经济环境下进行产业结构升级与变革。

背景二:传统园区综合体的发展模式遇到瓶颈

迄今为止,中国工业化的发展离不开工业园区所做的贡献,但是随着科技不断的发展,当前我国工业园区的发展也遇到了很多问题,尤其是那些在工业发展进程中产生的老工业区,因受条件限制,其发展主要存在以下几个瓶颈:首先是治理上的瓶颈,如管委会权责不明、机构设置不合理、组织系统不完善、法律地位有争议、公共服务不到位等管理体制问题,难以抵抗风险,治理结构不规范;其次是科技上的瓶颈,在市场竞争中多数园区产业属于劳动密集型,这种结构导致产品同质化严重,缺少科技含量,行业竞争恶化,且技术开发投入不足,研发创新少;再次是人才的瓶颈,因薪酬、地域、管理体系等多种因素造成的人员流失导致众多企业管理跟不上发展,不能满足人才需求,制约着企业发展;然后是资金上的瓶颈,融资渠道窄,诚信担保体系不健全等导致融资难、融资贵问题已经成为制约企业发展最大的瓶颈之一;最后是产业规划上的瓶颈,传统园区产业规划结构简单,出现定位不准确、布局不清晰、落实不到位等问题,已不能满足当前产业集聚发展的要求。

背景三:新生代劳动力需求变化引发企业发展新难题

当前主流劳动力是80后、90后,随着经济全球化发展的推动以及互联网的普及,新生代员工具有不同于以往的新特点。与传统员工相比,新生代员工不再满足简单的生产线劳作,而是渴求变化与挑战;不再是工作与休息的单循环,他们需要更多的交流,有强烈的社交意愿;除了物质上的需求,精神上的满足也愈加受到重视。然而当代大多数园区缺少配套性的服务于员工的基础设施,如住宅、商场、休闲场所等设施。缺少配套性产业,园区工作的员工对于园区的依存感很低,生活质量低,心理满意度低,造成员工流失率高。以上各种社会现象是当前企业发展所面临的新的发展难题,需要各地政府部门与企业管理部门共同解决,以推动经济建设更快、更好地发展。

背景四:城市规划组团化为产业集聚提供发展温床

2001年诺贝尔经济奖获得者斯蒂格列茨认为,新世纪对于中国有三大挑战,居于首位的就是中国的城市化,城市发展的高级形式就是组团式城市群。用组团式城市群代替单一城市扩张:经济上可以取得台阶式的提升;社会上可加速消除二元结构;生态上可以缓解城市的热岛效应;文化上便于多样性的充分交融;系统上形成等级有序的效率体系。在国内发展的实践中,新区的开发模式往往是通过一个知名开发商的进驻开发,再加上政府市政配套的逐步跟进以及产业链的逐步形成三者共同努力而成,且随着城市交通的逐渐完备,原本组团式的发展模式将日渐模糊,最终被城市一体化发展所取代。实现城市组团化发展要求:一是要率先实现城市建设理念的创新与变革,推动城市建设的率先发展、科学发展、绿色发展、均衡发展,在全面提升城市功能的基础上不断提升城市建设管理和运行能力,推动城市建设的跨越式发展,奠定区域核心城市的功能架构;二是实现城市建设内容的转变,在基本完成服务于"经济和产业"发展的重大基础设施、产业园区基础设施及园区基础设施配套建设后,应转向"以人为本",转向"经济产业"发展与"生活宜居"、"生态宜居"并重的发展模式;三是实现城市建设区域的转变,应对城镇化需求,主城区和产业集聚区将在进一步完善功能的基础上,全面提升区域的城市核心功能。

背景五:"综合体"模式兴起突破传统工业园发展桎梏

近年来,"综合体"成为发展新名词,城市综合体、产业综合体、文化综合体等各类综合体建筑模式逐渐受到城市开发者的青睐。他们的出现在一定程度上缓解了经济发展中带来的各种问题。但是对于园区,尤其对于中部欠发达地区,园区内部产业单一,缺少相关配套性产业。2001年,江西省提出"以工业为核心,以大开放为主战略"以来,全省94个开发区、园区(以下统称"园区")已成为各地的重要增长极,但各园区普遍存在的产业聚集度不高、产学研脱节、服务滞后等问题一直困扰着园区建设者们,突破这些困扰需要全新的思维和总体的设计。在新型工业化、城镇化的背景下,园区建设出现了一种全新的开发模式——"园区综合体"。

综述:通过以上几个发展背景的探讨,为传统园区经济发展理念的突破提供了新的路径。同时,园区综合体的提出,也为传统园区转型提供了良好的参考。园区综合体集生产、生活、商务、商业等各种城市功能耦合发展,彼此相互依存、互为价值链,形成涵盖2、2.5、3产的综合体。园区综合体开发是一项实践性和系统性很强的工作,国内大部分园区综合体的开发都是由政府主导的,各园区开发模式具有很大的共性,但事实是没有一种可以放之四海皆准的模式,各地的发展必须依据各自的情况寻求适合的道路。园区经济发展至今,无论从数量上还是从质量上都获得了长足进步,"园区经济"和"高新技术产业"为社会经济发展做出了突出贡献,然而产业园区的开发同样存在着各种问题。因此,对园区综合体的发展经验加以总结和研究,形成更加适合国内经济发展形势的园区综合体开发模式,对解决当前园区发展面临的一系列问题有着深远的现实意义。

1.2 园区综合体的概述

1.2.1 园区综合体的概念

综合体建筑是随着城市综合发展水平应运而生的,它是由多个使用功能不同的空间组合而成的建筑,又被称为建筑综合体,分单体式(单幢建筑)和组群式(多幢建筑)两种类型。其中单体式指各层之间或一层内各房间使用功能不同,组成一个既有分工又有联系的综合体,如上海的华联商厦、北京的民族文化宫,而组群式是指在总体设计上、功能上、艺术风格上组成一个完整的建筑群,各个建筑物之间有机协调,互为补充,成为统一的综合体,如北京的友谊宾馆,纽约的花旗中心。综合体建筑发展至今,已有城市综合体、商业综合体、文化综合体、产业综合体等多种类型。随着以文化、创意等为主题的产业园区的兴起,传统的工业园概念已少有提及,集合制造、服务企业等的产业园以及衍生出的产业园区综合体的概念正方兴未艾。

园区综合体是以某类产业为概念,以高成长产业集聚为核心,以公寓、酒店、办公、会展等服务元素为配套,将产业导入商业生活、公共活动、生产服务、科技研发和交流分享等城市功能中,为企业提供全方位的产业生态环境服务平台,形成相互依存、相互作用、互为价值链的具有新型城镇化特色的产业综合体。

园区综合体最大的特点在于打造以企业为核心的产业生态环境,通过引导人才、资本、技术、信息、市场、商务、政策等要素的聚集,在企业空间聚集中形成上、中、下游完善的产业链,建立产业配套服务体系,通过产业链间的互动发展,最终形成产业集群的聚变,形成强大的内生机制,成为新产业和新业态的发源地。

专栏 1-1:园区综合体模型
——以龚杏产业城为例

江西龚杏投资有限责任公司于 2011 年 2 月在南昌国家高新技术产业开发区成立,公司隶属于江西省工业和信息化委员会,是一家以经营国有资产为主,兼具对外投资性质的国有独资公司。经营范围包括:工业园区产业基地、工业地产及土地一级市场开发项目的投资、运营和管理;对外投资和管理、投资咨询、培训、物业管理等。

(一)主要产品

公司以龚杏·产业城、龚杏·总部城、龚杏·都市城为产品线,通过项目开发、公建配套(食堂、公寓)运营管理、商住项目开发等进行城镇化建设。

(二)项目经济效益

目前已在高新、小蓝、上饶、萍乡、于都、赣州等地建设 6 个龚杏·产业城,购地共计 1260 亩。一般单个龚杏·产业城(以高新·产业城为例)注册资本 3000 万元,购地面积 200 亩左右,开发总面积约 24 万

平方米,其中标准厂房 12 万平方米,综合楼及相关配套设施 12 万平方米。

　　每单个龚杏·产业城约引进生产性企业 50 家,就业人口约 8000人,依托江西现代服务交易中心,可实现企业间供需对接、交易撮合、交付与结算、服务监督等全方位配套服务。

例:龚杏(高新)产业城

资料来源:江西龚杏提供。

1.2.2　相近概念的辨析

1. 城市综合体

城市综合体,就是将城市中的商业、办公、居住、旅店、展览、餐饮、会议、文娱和交通等城市生活空间的三项以上进行组合,并在各部分之间建立一种相互依存、相互助益的能动关系,从而形成一个多功能、高效率的综合体。城市综合体基本具备了现代城市的全部功能,所以也被称为"城中之城"。它是以建筑群为基础,功能聚合、土地集约的城市经济聚集体。城市综合体的出现解决了当下土地附加价值高、功能复合以及投资回报率较低等问题。

2. 产业综合体

产业综合体是一种以某种产业集群为依托,以确保产业集群有效运行为核心,利用城市运营的概念建立的能提供全方位服务且具有复合功能的综合体。它把产业资源聚合在具有城市功能形态的组合中,创造了城市发展的新动力。其产业形态表现为产业集群,实现了工业、商业、服务业、地产业的协同发展;在

图 1.1　城市综合体（模型）

建筑形态上表现为城市功能综合体，实现了工业空间、商业空间、居住空间、生活空间之间的融合。产业综合体又实现了工业、商业、服务业和地产业的协同发展。

图 1.2　产业综合体

3. 市场综合体

近年来，市场综合体的模式正在全国专业市场的不同区域内形成和扩展。市场综合体作为一个多功能复合空间，是将总部、会展、休闲、娱乐、创意等多项商务功能进行组合而成的建筑群。市场综合体所具有的功能既不是传统意义上的平面型摊位市场，也不是狭义上的商务写字楼，而是现代商务功能与传统专业市场的完美结合，是现代服务业中市场链环节中的集合，是品牌推广、展览展示、仓储物流、国际采购、电子商务等功能的整合。

市场综合体是"主题产业 + 综合市场 + 商务功能"的集成。其中,主题产业 = 传统产业,即品牌产业、时尚产业、创意产业、会展产业;综合市场 = 商圈、产业链、市场链;商务功能 = 配套服务、会展中心、采购中心、物流中心、总部中心。

随着中国城市化的发展、新兴商业模式的出现以及市场功能和业态的变化,专业市场出现了循环式、螺旋式、回归性提升,即混合型集贸市场——专业型批发市场——综合型商务市场。全新的市场综合体形态,对重塑市场综合体的市场价值与影响力具有重要意义。在这里,各要素充分流动,降低了交易成本,为中小型企业制造发展机遇,对综合体内各个企业的发展有很大的促进作用。

图1.3 市场综合体

4. 文化综合体

文化综合体,是以文化生产为基础、文化体验为特色、文化休闲与文化商业为重点、创意产业为延伸、会展商务相配合,以及行政办公、综合商业、其他服务业、总部基地、居住等互补的泛文化产业的整合。文化综合体是坚持以科学发展观为基础,以多产业聚集的文化产业为主导,以泛文化产业为发展思路,多角度审视文化资源,开发大文化视野下的文化产品。文化综合体的主要特征:一,文化产业、旅游产业、新城建设三者互生共融;二,以文化产业打造与文化体验为核心;三,以旅游提升为先导与人气聚集。

文化综合体在运营模式上,根据文化引导的区域综合开发的特点和国内外成功先例,采取"政府 + 区域运营商 + 次级开发商 + 创意创业者"即($G + 1 + X + Y$)的开发模式,走"政府扶持、企业主体、文化创意者参与"的科学发展道路。

关于$(G+1+X+Y)$的说明——G:指地方政府;1:指区域运营商;X:次级开发商;Y:文化创意创业者。

其中,因文化综合体项目服务运营的重要性超越一般项目,所以决定了区域运营商不光要有城市基础设施建设、土地一级开发等开发建设能力,更要求有文化创意产业的相关操作经验,需具备强大的文化产业运营能力。

图1.4 文化综合体

5. 相似概念特征比较

表 1.1　五大综合体比较

分类	城市综合体	产业综合体	市场综合体	文化综合体	园区综合体
特点	1. 超大空间尺寸 2. 通道树型体系 3. 复合三种以上城市机能 4. 地标式建筑 5. 高科技设施,现代城市设计	1. 产业城市化 2. 工商同步化 3. 居住社区化 4. 配套社会化 5. 生活家庭化	1. 产业集聚化 2. 上下游产业链协同发展 3. 复合各项城市功能	1. 文化大众化 2. 文化商业化 3. 休闲商业一体化 4. 交通高可达性 5. 生产体验同步化	1. 园区社区化 2. 生产性服务集聚化 3. 工业商业一体化 4. 发展趋于城市化 5. 实现形式网络化
优势	1. 提高了土地资源利用率 2. 资金和时间投资回报率较高 3. 具有较高的文化与环境价值	1. 具有城市综合体的优势 2. 能够实现产业资源优势的最大化	1. 集中产业,形成专业市场 2. 提高土地资源利用率 3. 有利于带动产业发展	1. 集中文化资源,形成文化产业中心 2. 提高文化产品商业价值 3. 有利于带动文化产业发展 4. 有利于在大众中普及文化	1. 有利于提高土地利用率 2. 有利于缓解城市交通压力 3. 有利于加快城市化进程 4. 有利于园区人才的吸引
局限	1. 需要政府大力支持,容易形成空楼 2. 不能特别有效地提高土地利用率 3. 各个部分仍然相对独立,不能做到资源优势最大化	1. 需要政府大力支持,容易形成政企不分情况 2. 缺乏灵活性和创新性 3. 只适合功能单一的小规模开发	1. 人气不足会导致专业市场综合体的形成达不到预期效果 2. 局限是直接导致选址问题也争论不一	1. 需要政府大力支持,易造成政企不分情况 2. 不能有效提高土地利用率 3. 人气不足会达不到文化综合体的预期效果 4. 选址受地域局限	1. 需要政府企业详细的规划招标,预留土地 2. 政府需营造开发环境,企业运营模式需要合理设置 3. 企业开发前期需科学规划园区功能区,且前期培育耗时耗力,对企业资本实力有硬性要求
实例	纽约的洛克菲勒中心	重庆的天安数码城	昆山美吉特工业博览城	深圳的文博宫	苏州工业园的铁狮门项目

1.2.3 园区综合体的作用

1.有利于优化城市结构

从城市规划角度来看:园区综合体不仅具有扩大城市范围的作用,还能够优化城市交通环境。园区综合体是包含第二、三产业、综合生产生活以及娱乐服务为一体的新型综合体,融合工厂、商业、研发、住宅、娱乐等各方面功能,待其发展成熟其表现形式类似于城市新区,在一定程度上可以扩大城市化范围。同时,园区综合体的发展还能缓解城市交通压力,避免传统工业园区上下班高峰造成的城市交通拥堵状况,提高人民生活质量。

2.有利于园区吸收人才

从园区生活角度来看:园区综合体提供的生活配套服务使园区内人民的生活水平得到了提高。配套性服务在满足园区员工基本生存需求的同时,提供了娱乐、休闲、教育等多种服务,满足了当代劳工对生产生活的新需求。这不仅能够很好地留住原有的员工,还会吸引外部人才加入这个城市的园区,为园区与城市的发展提供新鲜血液。

3.有利于园区产业集聚

从园区未来发展角度来看:园区综合体借鉴和吸收了城市综合体、产业新城等发展理念,其开发模式有利于园区的土地集约、招商引资、服务运营;其功能布局有利于市场培育、完善产业链、吸纳就业、集聚人才;其业态组合有利于专业分工、生产服务、企业减负、优化环境等;园区综合体规划合理,布局清晰、定位准确,生活生产配套服务功能完善,在融资引资、留住人才、管理环境等多个方面的瓶颈得到突破,发展环境得到优化,有利于实现产业功能聚集发展。

4.有利于提升园区活力

从经济可持续发展角度来看:园区综合体增加园区服务配套性设施,既能服务于园区内的员工还能吸引其他企业入驻园区,可以相对避免园区已经开发但入驻企业较少的情况,可以提高园区单位土地利用率。园区内上下游产业链相互联系、相互依存、相互促进,形成产业集聚效应,可以提升园区活力,带动园区整体发展。

1.2.4　园区综合体的特征

1. 园区社区化

在园区综合体里,员工生活的环境不再是以前的集体宿舍,而是有集中的住宅区,并且还有可供生活娱乐的公共场所。这些都能提升园区人民的生活环境,从而提高员工的居住质量。这些能使员工的满意程度提高,满足当下员工的心理需求,使员工更加忠于企业,还能吸引人才的加入。

2. 配套生活化

在园区综合体的生活区内,各项设施都是参照城市商业街形成的,超市、休闲场所都是大型商业连锁机构,在住宅区内,配有健身器材等,趋于普通住宅小区配备。

3. 工作生活一体化

由厂房、生活区和住宅区组合而成的园区中,工人的工作与生活在同一个区域内,工作之余,不需要再去市区购物、消费娱乐,生活区内具有超市、休闲场所、娱乐项目等,可以满足员工业余时间的各种活动。

4. 工商业一体化

园区综合体的生活区包含着超市、休闲场所及娱乐项目等商业机构,在带给企业员工生活便利的同时还能带动综合体内部商业的发展。工商业一体化不仅促进了工业的发展而且促进了商业的发展,做到工业、商业共同发展。

5. 园区发展城市化

园区综合体包括的各个部分:厂房、生活区、住宅区、商务区,在发展成熟阶段可以趋于城市新区。厂房是其他各个区的基础,厂房吸引企业,企业招聘员工,员工促进着园区的发展;生活区包括综合超市、休闲场所等消费场所;住宅区是员工的家,发展到一定规模还要出现卫生所、学校、运动场等公共设施;商务区主要是满足企业管理层更高层次的商务办公需要。随着园区综合体的发展成熟,这一片园区会渐渐形成城市新区。

1.3　园区综合体的理论基础

1.3.1　发展阶段相关理论

1. 工业化发展阶段理论

经济学家钱纳里根据人均 GDP,将不发达经济到成熟工业经济整个变化过程划分为三个阶段五个时期(如表 1.2)。目前,中国人均 GDP 已超过 3000 美元,处在工业化发展的中级阶段。而有些省份人均 GDP 已超过 6000 美元,根据钱纳里的工业化发展阶段理论,已处在工业化阶段的高级阶段。在工业化发展的中高级阶段,消费快速扩张,不仅仅需要发展工业,更重要的是要对服务乃至科研的发展。当人均 GDP 突破 3000 美元,快速发展中积聚的矛盾会集中爆发,出现贫困性增长,依靠原先的增长模式很难再提高收入。如果不能克服这些问题,就会使得经济增长停滞甚至回落,陷入所谓"中等收入陷阱"阶段。而要解决出现的矛盾,需要发展中高端产业链,提高技术含量和研发能力,生产高附加值的产品。园区综合体注重为企业提供高端服务以及生产性服务,从而提高生产的技术含量,并促进产业的转型和升级,构造经济增长的新动力,运用新的增长模式,突破贫困增长。园区综合体是工业化发展到中高级阶段的产物,也是避免陷入"中等收入陷阱"的新措施。

表 1.2　工业化发展各阶段人均 GDP 标准

时期	经济发展阶段		人均 GDP(美元)
1	前工业化阶段(初级产品生产阶段)		720—1440
2	工业化阶段	初级	1440—2880
3		中级	2880—5760
4		高级	5760—10810
5	后工业化阶段(发达经济阶段)		10810 以上

2. 地区创造性理论

地区创造性理论是由约瑟夫·熊彼特于 1934 年提出,根据这一理论,园区的发展分为"机构阶段"和"企业家阶段"。在机构阶段,园区主要吸引的是研究设施,增加服务和支撑工业,集聚大量科学家和工程师,他们开始相互联系和相互影响;在企业家阶段,科学家和工程师组建新的公司。这一理论强调园区发展的"企业家阶段",主张向有潜力的创造者提供技术援助、启动资本、培训等服务。

1.3.2 产业发展相关理论

1. 产业集群理论

产业集群理论是在 20 世纪 90 年代由美国哈佛商学院的竞争战略和国际竞争领域研究权威学者麦克尔·波特创立的。其含义是:在一个特定区域的一个特别领域,集聚着一组相互关联的公司、供应商、关联产业和专门化的制度和协会,通过这种区域集聚形成有效的市场竞争,构建出专业化生产要素,优化集聚洼地,使企业共享区域公共设施、市场环境和外部经济,降低信息交流和物流成本,形成区域集聚效应、规模效应、外部效应和区域竞争力。园区综合体就是通过企业集群,整合资源,打造"生产、办公、公寓、商业、食堂、服务"六位一体的产业城,使园区内企业共享公共设施,降低成本,实现规模经济,创造出信息源广泛、制度专业化、信誉优良等集体财富。而且服务业也是产业集群的重要组成部分,园区综合体最主要的是为园区企业提供服务,它不仅促使各种工业企业的集群,还促进服务业在园区内的集群,打造集群体系。

2. 增长极理论

增长极理论认为:一个国家要实现平衡发展只是一种理想,在现实中是不可能的,经济增长通常是从一个或数个"增长中心"逐渐向其他部门或地区传导,因此应选择特定的地理空间作为增长极,以带动经济发展。根据增长极理论,为促进增长极的形成,应致力于发展以推进型企业为主导的产业。园区综合体是一个地区经济发展的发动机,大工业、主导产业的发展会形成增长极,而园区综合体能够为大工业和主导产业的发展提供更好的服务。发展园区综合体,打造以产业地产和工业地产为核心的综合体,能够促进增长极的形成,为增长极服务。当园区综合体发展到都市城阶段,有可能会成为增长极的重要组成部分,带动周边区域经济的发展,实现工业、商业、服务业、地产业的协同发展,形成一个由点到面、由局部到整体的有机联系的系统。

3. 集聚扩散理论

产业集聚是指在产业的发展过程中,特定领域内相关的企业或机构,由于相互之间的共性和互补性等特征而紧密联系在一起,形成一组在地理上集中的相互联系、相互支撑的产业群的现象。扩散效应是指增长极的推动力通过一系列联动机制不断向周围发散的过程。扩散作用的结果是以收入增加的形式对周围地区产生较大的乘数作用。园区综合体是在产业集聚基础上发展起来的,聚集工业、地产、服务、商务、物流、研发等互补性产业于一体,以完善的产业配套为支撑,以完备的生活配套为保障,园区内产业紧密联系、相互支撑,从而实现产业自我聚集、自我发展,并通过扩散效应带动周围区域经济的发展,产生乘数效应,实现从中心到外围的经济发展。而且园区综合体能够为产业提供的配套服务,有利于产业集聚。

1.3.3　开发运营相关理论

1. 波特的钻石模型理论

"钻石模型"是由美国哈佛商学院著名的战略管理学家迈克尔·波特提出的。波特认为,决定一个国家的某种产业竞争力的有四个因素:生产要素——包括人力资源、天然资源、知识资源、资本资源、基础设施;需求条件——主要是本国市场的需求;相关产业和支持产业的表现——这些产业和相关上游产业是否有国际竞争力;企业的战略、结构、竞争对手的表现。园区综合体不仅能够为园区产业提供基础设施、知识资源、科技资源等硬资源,还能促进文化资源、信息资源、环境资源等软资源的形成。引导关联和辅助性产业进入园区,助力园区产业的发展,帮助园区企业形成竞争力。

2. 刘易斯拐点理论

刘易斯拐点,即劳动力过剩向短缺的转折点。在工业化过程中,随着农村富余劳动力向非农产业的逐步转移,中国农村富余劳动力逐渐减少,劳动力成本逐年上升。近些年来,在我国的沿海和珠三角等地区,都出现了用工荒的现象,中国在不断迈向刘易斯拐点。而提高劳动力素质,善待劳动力是解决拐点问题的有效措施。园区综合体能够为员工提供生活、娱乐、文化培训等服务,能够帮助员工提升人力资本,既可降低企业善待劳动力的成本,又可提高员工的技能,使员工在园区内安居乐业,是解决刘易斯拐点的助力。

3. 服务外包理论

服务外包是指企业为了将有限的资源专注于其核心竞争力,以信息技术为依托,利用外部专业服务商的知识劳动力,来完成原来企业内部完成的工作,从而达到降低成本、提高效率、提升企业对市场环境迅速应变能力的目的。随着经济的发展,行业分工越来越细,服务外包条件逐渐成熟,而且土地成本不断上升,对于土地集约化的利用,建立多层厂房势在必行。传统园区生产者的厂房与员工宿舍大多数是自建的,花费了大量资金而又不能很好地满足企业及员工的需求。新一代的园区综合体能够为生产商提供专业化的服务,企业不仅能利用园区内的多层厂房、员工宿舍、生产性服务和生活性服务,还能利用专业的销售、科研、物流等服务来完成其内部工作。企业把服务外包给园区和园区内其他企业,能够使自身获得便利,节省成本,能够专注自己核心优势,提高竞争力,实现服务外包的优势,提高园区承载能力。

4. 孵化器理论

企业孵化器是指通过为企业提供研发、生产、经营的场地,提供通讯、网络与办公等方面的共享设施,系统的培训和咨询,提供政策、融资、法律和市场推广等方面的支持,帮助企业快速发展。园区综合体可以起到企业孵化器的作用。一般的园区综合体会起到间接的作用,为企业提供生产经营的场地、办公设施、生产性和生活性服务,可降低企业创业的难度和风险。高端的园区综合体会起到直接的作用,不仅为企业提供基础设施,还提供咨询、金融、研发等服务。这些综合服务作为孵化企业的利器,能够促进园区企业的迅速发展。

5. 网络治理理论

网络治理是一个复杂的系统活动过程,具有活动的多维性和要素的多样性。它可以定义为:以治理目标为导向、治理结构为框架、治理机制为核心、治理模式为路径、治理绩效为结果的复杂运作系统。网络治理是对网络组织的治理,治理行为的主体是合作诸结点,客体是网络组织这一新型组织形态,治理过程是具有自组织特性的自我治理。园区综合体内的各企业构成了一个网络组织,它们之间的关系是平等的。根据网络治理理论,治理园区综合体,可成立企业家联合会,使用信任、声誉、联合制裁、合作文化等属于行为规范方面的宏观机制,也可使用学习创新、激励约束、利益分配、决策协调等运行规则方面的微观机制。两种网络治理机制为园区综合体网络组织的有序运作提供了一个关系平台。

6. 城市规划理论

城市规划是关于一个城市较长时期内的战略性发展指导,其任务一是确定城市的发展方向、城市性质和城市的发展规模;二是综合部署城市各组成部分的用地,对工业、交通、住宅、商业、公共事业、基础设施等进行合理的组织和布局。建造园区综合体,需要对空间进行科学规划,合理规划生产制造区、生活配套区、办公研发区、生产性服务区,使之成为统一、协调的整体。规划园区综合体,要明确园区的发展方向,与周边地区形成配套,使各个功能区相协调,更科学地为企业提供综合服务,有效发挥园区综合体的作用。

7. 邻里中心

邻里中心是不同于百货公司、超市、卖场、商业街的第五种商业业态,即社区商业业态。邻里中心是指邻里单位中的公共中心,包括商业、医疗、图书馆、教堂等公共机构。邻里中心这个概念产生于 20 世纪 60 年代的新加坡,国内的邻里中心是在借鉴新加坡公共管理先进理念的基础上,结合园区商业开发,经过多年实践而形成的集商业、文化、体育、卫生和教育于一体的社区商业服务中心。

8. 融资理论

融资方式主要有两种,一是直接融资,如股权融资、BT 融资、预付账款融资等。二是间接融资,依靠各大银行进行融资。园区综合体自身的投融资模式选择、对资金需求以及现金流的分析,园区内各企业的融资,都需要运用融资理论进行指导。进行融资时可选择上述的直接融资和间接融资方式。园区综合体也能够为园区内企业提供融资服务,引导融资企业进入园区,为厂商提供融资。

9.4P 营销理论

4P 营销理论实际上是从管理决策的角度来研究市场营销问题。从管理决策的角度看,影响企业市场营销活动的各种因素可以分为两大类:一是企业不可控因素即营销环境,包括微观环境和宏观环境;二是可控因素,即营销者自己可以控制的产品、商标、品牌、价格、广告、渠道等。而 4P 就是对各种可控因素的归纳:产品策略、价格策略、渠道策略、促销策略。营销理论的核心是满足顾客的需求,根据 4P 营销理论,在产品方面,应考虑厂商对上下游服务的需求,根据需求来提供产品。园区综合体作为一个整体产品能够满足厂商对于厂房、生产性服务以及生活性服务的需求。在价格方面,要尽可能降低厂商的成本,把基本价格、付款期限、津贴等营销因素组合在一起制定价格策略。在渠道方面,由于园区综合体产品具有特殊性,可通过为顾客提供售前、售中、售后服务来引导企业入住园区综合体。在促销方面,可通过网络或者广告、人员推销等方式宣传园区综合体。在 4P 营销理论的指导下,研究园区综合体的市场问题,使经营者能够明确园区综合体的优势,进而促进营销目标的实现,并通过组合策略来完成整个营销过程。

1.4 园区综合体的形成机制

1.4.1 形成动因

园区综合体是伴随城市综合体、产业综合体、商业综合体而产生的又一新的理念。在园区形成的早期,就自发产生了具有园区综合体特质的空间形态。园区综合体主要是为了解决企业对生产服务的需求以及员工对生活性服务的需求而产生的。但园区综合体的产生动因不仅仅局限于此,它的形成动因是多方面的。

1. 基于员工发展需求的形成动因

马斯洛需求层次理论,将人的需求分为五种,即生理需求、安全需求、社交需求、尊重需求和自我实现的需求。早期的园区中只是单纯的拥有制造企业,而没有与之配套的服务,员工的吃、穿、住、行基本的生理需求都无法满足。随着园区经济的发展,企业对于生产性服务、生活性服务以及科研的需求也大大提高,能够满足员工和企业基本需求甚至更高需求的园区综合体在迫切的需求下成长起来。

2. 基于产业协同发展需求的形成动因

面临全球化、信息化、网络化的外部环境,产业园区发展已进入大变革、大重组的时期,推进业态、技术和管理全方位创新,培育新的差异化优势,重塑核心竞争力,提升品牌和社会影响力,已是产业园区未来发展的重中之重。在提升产业链价值链地位、改变传统园区低效率生产格局方面,产业协同发展是各园区目前的最好出路。面临同业竞争和很多复杂性难题,通过广泛的业态整合,强化核心竞争力;同时,推进战略思维、经营理念、软硬件技术及管理模式的同步整合,为产业园区整合创新提供强有力的支撑。产业协同发展可以推动产业、企业和产品向产业链和价值链高端突破,打造关联企业空间上相对集中、技术上互动创新、资源上互补共享、龙头企业强势拉动、集群整体推进的无缝隙产业链,链式聚集呈现"倍增"效应。

3. 基于转型升级视角的形成动因

独自发展的工业企业模式已被园区综合体所取代,工业化进程促进了园区的发展,而第三产业为工业化提供了强大的动力。第三产业在各领域的全面渗透能够使生活、生产得到改善,促进经济的发展。在信息技术的推动下,服务业在不断向制造业渗透。在园区中仅仅发展制造业已不能满足企业对生产性服务和生活性服务的需求,以创新驱动的产业转型升级势在必行,构建以先进制造业和现代服务业双轮驱动的主体产业群可促使园区产业结构高级化、产业竞争力高端化,这种现代服务业具有服务、信息、研发的功能。园区综合体在这样的转型升级动力下应运而生,以打造产业地产和工业地产为核心,集制造业、商业和服务业于一体。

4. 基于政府视角的形成动因

政府在园区综合体形成过程中起着重要的作用,《国务院关于加快培育和发展战略性新兴产业的决定》促使各地区考虑进行产业的新发展。在此文件指导下,政府初期的作用是建立管理和开发机构,通过管理机构主导园区综合体的规划。例如江西龚杏投资机构就是在江西省工信委的主导下成立的,龚杏集团负责园区综合体的开发和运营。政府还通过提供政策保障和财政资金来推动园区综合体的形成。政府成为园区综合体形成的重要助力。

1.4.2 形成机制

基于以上对园区综合体形成动因的分析,可知园区综合体形成的初始动力是发展需求。企业有对于生产性服务、廉价厂房、提高员工工作效率的需求,这种需求促使园区综合体的产业城产品线形成,来满足厂商对于标准厂房以及相关配套的需求。随着公司规模的不断扩大,员工在生活娱乐、吃、穿、住、行等方面的需求强度不断增加,应运而生的就是集生产、生活、商务功能为一体的总部城园区综合体模式。随着总部城的不断发展,园区入驻企业的不断增加,园区内容纳的员工不断增多,园区内产生对生产、研发、生活、娱乐、商务、交通、政务、金融等的需求,园区综合体的第三大产品线即都市城便随之产生。

随着工业化进程的推进以及经济的快速发展,园区综合体在一系列的需求下顺势产生,并形成了三大产品线即产业城、总部城、都市城。园区综合体的具体形成机制如下图1.5所示:

1.5 园区综合体的分类

园区综合体没有统一的模式,而是在建设过程中因地制宜。可以从发展基

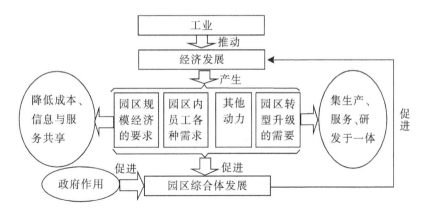

图 1.5　园区综合体的形成机制

础、专业化程度、服务对象等角度对园区进行划分(如表 1.3)。

1.5.1　发展基础角度分类

发展基础是指园区建立初始有无企业存在,依据发展基础可划分为已有基础改造型园区综合体和从无到有规划型园区综合体。已有基础改造型园区综合体是在园区内对已有的企业进行改造,建立健全服务体系。从无到有规划型园区综合体是在科学规划基础上,从无到有建立园区,使整个园区协调统一。例如江西龚杏(高新)产业城,就是从无到有规划型园区综合体(如下图 1.6)。

在发展园区综合体时,可依据园区综合体的类型选择园区综合体的产品线。若园区综合体是已有基础改造型的,可根据已有基础进行园区综合体产品线的选择。园区内基础设施多为生产厂房,可选择发展产业城;园区内已有企业多为公司总部,可选择发展总部城;园区内商务住房较多,可考虑发展都市城。若园区综合体是从无到有规划型的,在进行园区综合体产品线选择时,可依据发展目标,综合各方面因素,选择适宜的园区综合体产品线。

1.5.2　专业程度角度分类

依据专业程度可将园区综合体划分为专业型园区综合体和综合型园区综合体。专业型园区综合体是以某一行业为中心,园区内主要企业与此行业紧密相关,并为之建立服务体系。例如郑州二七服装工业园,以服装行业为中心,集生产、检测、研发设计、贸易等于一体,建立了生活服务、研发服务、贸易服务等功能

图1.6　从无到有规划型园区综合体

设施。综合型园区综合体是指园区内存在各种产业企业,共享生活性服务、生产性服务以及科研服务等。例如百世金谷·燕郊国际产业基地,园区内存在各种产业,形成了产业圈层、生产性服务圈层和生活型服务圈层三大圈层。

专栏1-2:专业型园区综合体与综合型园区综合体

郑州二七服装园区综合体属于专业型园区综合体,以服装产业为核心,有"十大中心",分别是服装生产中心、设计研发中心、认证检测中心、行业信息中心、品牌孵化中心、贸易服务中心、服装展览发布中心、布匹辅料交易中心、仓储物流中心、综合生活服务中心。二七服装工业园在产业定位及布局上是差异化定位和布局,以信息、研发、设计等高科技、创新型服装产业为主,在自办服装培训学校的基础上,加大与服装院校的合作,同时与郑州大学商学院合作兴办豫商学院,为入驻企业提供各类专业技术人才,在服装生产、加工和产品展示、销售及管理、服务等方面,走"高""尖""精""新"的道路,从而成为郑州服装产业链金字塔的塔尖。

百世金谷。燕郊国际产业基地,就是综合型园区综合体,它定位于现代物流、工业制造、高新科技、信息及技术研发等行业企业,致力于产

资料来源：http://eqq. smehen. gov. cn/ArtPaper/Show. aspx？Id＝376.

业链的优化和升级，全面打造面向京津冀区域产业经济圈的现代物流、加工、服务、信息、研发、商务、展示于一体的现代化、国际化企业园区。百世金谷倡导的"产业生态体"建设运营模式，将资金、资源、平台进行

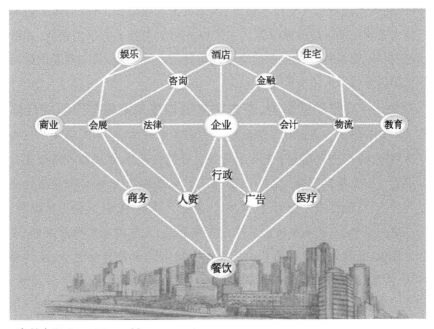

资料来源：http://www. blessgo. com/.

重组和融合,最终形成产业圈层、生产性服务圈层和生活型服务圈层三大圈层。通过引入专业的生产性服务体系,全方位地服务于入驻企业,满足企业经营过程中对上下游配套服务的需求;通过引入生活性服务体系,覆盖产业圈层与生产性服务圈层,最终形成统一完备的价值链。

对于专业型园区综合体和综合型园区综合体可根据园区功能配比来选择发展园区综合体的产品线。专业型园区综合体由于其所具有的专业性,易于集聚上下游产业链,一般较适宜主要发展产业城。综合型园区综合体由于其具有的综合性,一般适合同时发展产业城、总部城以及都市城,而总部城和都市城所占比例应较大。

1.5.3 服务对象角度分类

依据服务对象不同可划分为劳动密集型园区综合体、资本密集型园区综合体和技术密集型园区综合体。劳动密集型园区综合体是指园区的主要服务对象为劳动密集型企业,如服装、纺织、食品等企业,其主要提供生活性服务和人力资源外包服务,满足园区内大量员工的吃、穿、住、行、休闲娱乐等需求。资本密集型园区综合体指园区主要服务对象为资本密集型企业,如航天、冶金、电子等企业,其主要提供融资服务和技术服务,由于员工人数较少,可适当减少生活性服务。技术密集型园区综合体指园区主要服务对象为技术密集型企业,如精密机床、数控机床、防止污染设施制造等高级组装工业等企业,其主要提供研发服务以及招募科学技术人才的服务。

专栏1-3:劳动密集型、资本密集型与技术密集型园区综合体

成都石羊工业园属于劳动密集型园区综合体,根据成都市产业布局规划,为解决成都市高新区失地农民再就业问题,被成都市高新区政府列为重点建设项目。石羊工业园以市场为导向,以劳动密集型企业为主,以电子元器件装配、机械加工、农副产品精加工、新型环保材料、服装制造加工、玩具制造加工等为发展重点,大力发展市场前景好、带动性强、经济效益显著的产业。园区内设有完善的物业管理、高档餐饮、茶座、商务中心等时尚休闲娱乐配套设施以及现代化的办公区域、员工宿舍等辅助配套设施。

上海南汇园区综合体属于资本密集型园区综合体,以"产业集聚

资料来源:http://yexiao.y.zhaoshang800.com/.

的开发商、土地利用的运行商、系统服务的提供商"为定位,以实施战略化招商引资和系统化的"4+1"企业服务(为企业提供政策、金融、人力资源和公共服务,落实企业安全生产工作)和规范化的内部管理为工作重点,全力打造经济充满活力、环境充满魅力、文化独具张力的现代企业社区。园区内形成了以资本密集型和技术密集型为特征的新能源产业、先进装备制造业以及随之形成的生产性服务业为核心的三大主导产业。园区南区,已完成"七通一平"基础设施配套,规划了新能源产业化基地、先进装备制造业集聚区、第四代城郊服务型商务社

资料来源:http://www.sn-iz.com/index.asp.

资料来源:http://baike.so.com/doc/97232.html.

区——"海曲国际社区"和服务中小企业二次创业的总部科技园——"光电之星科技港",将为新浦东的"二次创业"提供充裕的产业发展空间。

中关村属于技术密集型园区综合体,其服务对象为技术密集型企业。经过20多年的发展建设,中关村已经聚集了以联想、百度为代表的高新技术企业近2万家,形成了以下一代互联网、移动互联网和新一代移动通信、卫星应用、生物和健康、节能环保以及轨道交通等六大优势产业集群以及集成电路、新材料、高端装备与通用航空、新能源和新能源汽车等四大潜力产业集群为代表的高新技术产业集群和高端发展的现代服务业。

对于劳动密集型园区综合体,由于员工人数较多,首先要解决的应是员工住宿问题,适于主要发展园区综合体的都市城和产业城产品线,并且发展基础的生活性服务是必要的。资本密集型的园区综合体对园区综合体的融资服务需求较大,适于主要发展总部城和产业城。技术密集型园区综合体对园区综合体的技术服务需求较大,员工人数较少,适于主要发展总部城和产业城。

表 1.3　园区综合体类型

划分依据	类型
发展基础	已有基础改造型园区综合体
	从无到有规划型园区综合体
专业程度	专业型园区综合体
	综合型园区综合体
服务对象	劳动密集型园区综合体
	资本密集型园区综合体
	技术密集型园区综合体

1.6　园区综合体的发展阶段

1.6.1　萌芽发展阶段

这是园区综合体刚刚经历从无到有的阶段,同时外部的经济环境处于复苏萌芽时期。开发企业开始建设园区综合体,招商引资,吸引各类企业入驻,入驻的企业多以第二产业为主,园区综合体的设施以厂房为主,配套设施严重缺乏,标准厂房占园区面积的 80% 左右,入驻企业采用租赁制使用厂房,此时园区综合体正处于园区综合体的第一个产品线——产业城的初步形成时期。

1.6.2　初步发展阶段

此时园区经过了一段时期的发展,园区综合体入驻企业的数量与种类显著增多,员工数量也大幅提高,为了解决员工生活住宿等问题,园区在原有基础上增加了住宅小区以及餐饮业。这时仍处于园区综合体的产业城时期,新增的产业占园区面积虽然很少,但在一定程度上解决了园区发展过程中遇到的问题,有利于园区的发展。此时的园区综合体进入园区综合体的第一个产品线——产业城时期。

1.6.3 成长发展阶段

此时园区经过了一段时期的发展,园区综合体入驻企业的数量与种类显著增多,员工数量也大幅提高,这是园区继续发展的结果。此时单纯的产业城已经不能满足园区发展的需要,园区内部产生特定的服务区,除了满足员工自身休闲娱乐等需求外,还应为他们的健康以及孩子上学等问题考虑,相应的园区内会产生学校、卫生所等公共设施。此时,园区发展趋于成熟,员工收入明显提高,根据马斯洛需求理论可知,在人们能够满足基本的住宿饱腹等需求时会追求更高层次的需求,而服务区的产生在一定程度上满足了人们购物消费娱乐等高级需求,有利于园区进一步发展。同时为满足高层管理商务办公需求的独栋办公楼宇也逐渐出现,园区综合体进入第二个产品线——总部城时期。

1.6.4 成熟发展阶段

这是在前三阶段上进一步升华凝练而成。这一阶段中,园区综合体内入驻企业已达到一定规模,而且商业区的发展程度已经趋于城市中心的商业区,入驻园区的企业员工数量非常可观,此时园区已发展为涵盖产业孵化、金融商务、商业休闲、生活服务、会展会议、教育中心、政务中心等多元功能,并为入驻企业提供总部高层楼宇、独栋办公楼宇等多种形式办公空间及多元化商务商业生活配套,为企业构筑全方位发展扩张的动力平台,并为企业员工提供工作生活一体化的有机空间。这也是达到园区综合体的最后一个产品线——都市城时期。

随着城镇化的发展,城乡二元化结构的调整,园区综合体的最终产品必将成为城乡结合的一种纽带,园区综合体的形成,带来的工业化、商业化、社区化的优势会给乡镇居民带来便利,引导新区的发展与形成且促进城镇化发展。相对的还可以减缓老城区的压力,吸附人口,解决住房供给不足的问题。但是园区综合体占用耕地面积,使众多村民失业,就业压力日益突出。在未来的发展中,建设园区综合体应当考虑这一问题,在降低占用耕地负面影响的情况下进行优化,园区综合体将会快速发展成为新城区。

专栏1-4:苏州园区综合体发展历程

萌芽发展阶段:1994年5月12日,沉睡千年的金鸡湖畔机器声隆隆,中国新加坡两国政府间最大的合作项目——中新合作苏州园区综合体建设打下第一根桩。此前的 2 月 26 日,两国政府签订《关于合作开发建设苏州园区综合体的协议书》。主要从事园区综合体内的土地开发经营,此时园区综合体内部仅包含传统工业厂房,类似于园区综合体的起步萌芽时期。

初步发展阶段:1998 年 2 月 5 日,园区第一个安居小区新城花园首期竣工在很多人的记忆中,新城花园这个落户"新城"的"花园"带来了很多全新的概念。长长的回廊、40%的绿化配置、专业的物业管理,甚至是楼道里会自动关闭的照明灯。以前的纯园区综合体已经不能满足当时人们的需求,与之适应的配置产业逐渐产生,这个小区的建设,对苏州园区综合体的发展也有着相当重要的推动作用。

成长发展阶段:2003 年 5 月,园区综合体开始建设其他方面,金鸡湖大桥此时开始建设,这座连接园区现代大道东西向的重要桥梁,工程总投资 1.3 亿元。不到一年,全长 2 公里多的金鸡湖大桥正式通车,通车后,人们骑辆自行车就可以从湖西逛到湖东,时间不会超过十分钟。这些建设的出现,都给园区的发展带来了积极的影响,使其更加趋于书中提到的园区综合体。

成熟发展阶段:到目前为止,苏州园区综合体已经是一个独立的行政区,也成为苏州市的新城区,里面包含了工业产业与相关为之服务的各种产业,经过将近二十年的发展,已经将一块不毛之地发展成城市新区,值得各个地区园区综合体效仿学习。

资料来源:http://www.sipac.gov.cn/sipnews/jwhg/2006yqdt/200701/t20070130__19830.htm.

2 园区综合体的功能

2.1 园区综合体的主要功能

在传统工业园遭遇瓶颈、产业结构调整升级、新型工业化、城镇化的背景下，随着各种主题产业园的兴起，园区建设的全新开发模式"园区综合体"形态初步形成。根据园区综合体功能性质的不同，我们将其分为生活性服务（包括商业休闲、餐饮、居住和公共交通四类形态）、公共服务和生产性服务（包括工业物流、科技、工业设计、商务、信息和金融保险等）。

2.1.1 生活性服务功能

生活性服务，是直接向园区人员提供物质和精神生活的消费产品及服务，其产品、服务用于解决购买者生活中（非生产中）的各种需求。发展生活性服务，是建设园区综合体的现实需要，有利于扩大园区消费需求，便利职工，加快园区集聚和承载能力建设，为园区经济发展聚集人气。根据生活的基本需要，我们把园区中的生活性服务主要分为商业休闲、餐饮、居住、公共交通等四类服务形态。

1. 商业休闲服务

（1）商业中心。

现有工业园区普遍存在商业网点缺乏的问题，给园区内工作人员的生活和工作造成极大不便，个别园区已出现工作人员因生活不便而离开的现象。在园区综合体的未来发展建设中，需要增设方便园区人员生活的商业中心配套设施。

园区商业中心是园区设施的有机组成部分，是园区及其相邻区域社会公共活动中心的主体，也是组团商业中心或社区商业中心的一种表现形式。园区商业中心以园区居住区的居民为主要服务对象，以便民、利民和满足居民生活消费需求为目标,提供园区工作人员日常生活需要的商品和服务。根据不同时期居民对商业需求层次的不同,可以将商业系统分为便利性商业区和综合性商贸区两个次级功能:

a. 便利性商业区。便利性商业区主要经营内容是为周边居民提供日常用品服务,包括超市和各种社区服务店,消费者行为具有较强的目的性。与带有更多休闲和社交特点的综合性商贸区相比,便利性商业区层次更低,消费活动属于日常行为,顾客通常希望尽快完成,对便捷性的要求更高。在园区综合体发展的初、中级阶段,便利性商业区占园区经济比重较多,主要为园区工作人员及消费者提供基础生活服务。

图2.1　苏化科技园办公楼配套便利店

资料来源:http://www.gusuwang.com/thread-1309913-1-1.html.

b. 综合性商贸区。综合性商贸区集大型购物中心、商业网点和便民服务于一体,承担综合体内居民商业服务功能。商贸区与人们日常生活联系密切,满足人们生活性、娱乐性和丰富性的多样化选择。在园区综合体发展过程的前中期,居民的娱乐和社交活动途径较少,购物活动成为主要的社会生活之一。而与便利性商业的希望尽快完成消费相比,消费者更愿意在更高层次的商贸区中花费时间。

综合体内便利性商业以满足居民日常生活刚性需求为主,主要为烟杂、服饰、银行、邮政、洗浴、健身房等一些维系居民日常生活的业种。在园区综合体发展到一定阶段,居民对商业的需求达到更高层次。综合性商贸区的发展完善了园区的商务环境和生活环境,提升了园区的整体形象和竞争力,并与其他高级服务需求如休闲娱乐等结合紧密。

图2.2　苏州圆融时代广场久光百货

资料来源:http://image.so.com/i q = 苏州圆融时代广场久光百货 &src = srp.

(2)生活休闲服务。

随着社会生产力的不断提高,劳动报酬的增加,人们的休闲时间也越来越多。在休闲之余,用已能达到的休闲娱乐方式,充分发展个性,释放压力,从而对人生和世界获得一种全新的、全面的心理感受。传统意义上的休闲娱乐,只是为了缓解和消除人们长时间工作所带来的疲劳和精神紧张。由于现代生产力的发展,根据马斯洛的需求层次理论,越来越多的人开始转向精神层面的消费与追求,消费结构也随之发生变化,例如接受各种技能的培训、完善自我的再教育、健身美容、艺术鉴赏等。根据休闲学研究者潘国彦先生的五种类型休闲的娱乐方式,我们把园区综合体中的生活休闲分为两种:娱乐型休闲和其他休闲。

a. 娱乐型休闲。在园区发展的初级及中级阶段,消费水平不高,设施处于未完善状态,职工主要以工作为主,空闲时间较少,休闲方式以娱乐型为主。从园区需求来讲,园区的休闲娱乐如下:公共性娱乐场所,如社区广场;亚市场性娱乐场所,如公园;商业性娱乐场所,如酒吧歌厅、舞厅、卡拉 OK 厅、录像厅、电子游戏城、保龄球馆、旱冰场等。

b. 其他休闲。而当园区处于高级阶段,随着生产力的发展,职工空闲时间越来越多。在这一时期,职工要求获得尊重,有自我实现需求,单纯的娱乐型休闲已不能满足他们的需求。

园区的娱乐休闲服务缓解了人们长期劳作的疲劳和压力,追求更高的生活品质,增强园区综合体的便利性及竞争力。综合体提供休闲服务的同时,也要注意园区人员对其的反应,提醒他们注意节制,避免适得其反。

2. 餐饮

餐饮休闲是园区综合体重要的配套功能之一。园区综合体中的餐饮以食堂为主,主要为园区内部员工提供餐饮服务。食堂是员工福利中最重要的一环,提供新鲜营养的饭菜、丰富食堂菜品、提升餐厅服务质量是食堂建设的重点。同时加强园区食堂的管理,给职工提供优质、卫生的工作餐,给就餐人员营造一个干净、舒适、有序的就餐环境。良好解决食堂餐饮问题,才能提升员工对工作的热爱及对整个园区综合体的归属感。

在园区综合体中,一般将餐饮休闲布置在商业系统中的次要位置,但从其他功能部分(尤其是住宅、零售等功能部分)又能够方便地到达的位置。从经营角度看,餐饮部门物品进出量大,因此经常将其布置在每层靠近货梯的位置,以便于运营,同时这样的布局有利于餐饮业与零售业的渗透和互动。另外,餐饮设施的消费者较多且时间集中,便利的疏散条件也是其布局需要重点考虑的因素。园区内食堂管理也至关重要,有效的管理食堂有利于避免出现就餐时间长、食物不卫生、人员拥挤等问题,影响职工工作效率及积极性。张江高科技园区就对园区食堂就餐进行了很好的管理(表 2.1)。

表2.1　上海张江高科技园区公共食堂的部分信息

所属基地	名称	开放时间	面积(平方米)
东联发	中心餐厅	早:7:45 - 8:45 中:11:00 - 13:00 晚:17:30 - 18:30	1564.17
微电子港	中心餐厅	早:7:30 - 9:30 中:11:00 - 13:00 晚:17:00 - 18:00	2500
张江高科技开发 股份有限公司	创新园 良信餐厅	早:8:00 - 9:15 中:11:15 - 13:15 晚:17:30 - 19:00	2500
	张江大厦 药谷餐厅	中:11:15 - 13:15	500
	张江大厦 欧艾斯餐厅	中:11:15 - 13:15	300

随着园区的发展、需求的不断变化,园区食堂服务会逐渐衰弱,餐厅逐渐出现,餐饮服务会引入公司进行食堂承包,提供主体逐渐从园区管理机构转为承包公司。

3. 居住

(1)住宿服务。

居住功能是园区综合体最主要组成部分之一,是提高员工的生活便利性的有效办法,也是综合体中平衡商业、办公、酒店等功能的重要功能。另外,综合体所提供的便利的生活环境,也能够提高居住空间的售价或租金,对改善投资回报率有很大作用。居住系统包括职工宿舍、公寓和高管住宅三个次级功能。

a. 职工宿舍。职工宿舍是综合体中职工的福利,满足职工对于居住的基本要求,一般是多人居住。宿舍设备从只有基本的床铺及共用的卫浴设备,到有厨房可供住宿者自行煮食、有电视机及运动器材不等。

b. 公寓。公寓多为楼房,房间成套,设备较好,可以较好地解决员工相对于宿舍而言的更高层次水平的居住要求。公寓使用者以长期临时居住为主,看重公寓的商务功能,要求对外联络便利,靠近商务设施,对小区环境等方面要求相对较低。

c. 高管住宅。与职工宿舍和公寓相比,园区综合体中的高管住宅配套设施更完善,容许企业管理层及其家庭成员同住,而且居住功能要求较强私密性。另外,为了避免与空间联系过分密切产生的噪声干扰、用地拥挤、难以管理等问题,综合体项目中的高管住宅部分一般位于比较僻静的位置。

(2)酒店服务。

园区商务酒店以园区商业中心载体为依托,餐饮、娱乐休闲等一应俱全,为综合体中的流动"居住"人口提供服务。它主要为商务人士和其他人员提供住宿和餐饮服务,同时也可附带其他高端的商务服务,如会议和展览等。酒店全天候营业的模式有利于吸引各种人流,给综合体带来活力。综合体中的商业、餐饮、娱乐、休闲等可以弥补酒店中这类设施的不足,居住和办公功能也为其提供了潜在的客户来源。

园区综合体中酒店一般包括了两个次级功能,形成差异化竞争,一种是高端酒店,造型美观独特,适宜布置在较为安静、外向度较高的区位,提高综合体的整体档次和形象;另一种是中低端酒店,迎合市场主流需求,吸纳一般顾客,多位于能够满足其功能需要的、交通便利的位置。

4. 公共交通服务

公共交通是园区中必不可少的部分,方便人们的出行、交流等。随着园区综合体的发展,园区中的交通工具和交通方式会越来越多,为实现车辆动态和静态的综合管理,提高园区车辆运行效率,完善园区公共交通服务极为重要。

在初级需求层次,对于一般职工来说,在园区内建立单车租赁业务,既可以支持低碳、绿色出行,又可以减少园区拥堵,方便出行。当然,园区还可以通过设置支线公交或穿梭巴士等公共交通,便于园区与城市间的交流沟通。而停车方面主要是为非机动车停放与公交站点服务,这时只需要一些露天或者蓬塔的场地,用来停放非机动车与公交车等。

在中级需求层次,由于工业园区人群结构内在需求的分化,园区人口层级逐步趋向完善,企业规模由小变大,各种机动车增加,例如小轿车、面包车等,因此要对停车场的面积进行扩充,比如可以将停车设施布置在地下层,因为机动交通对距离不敏感,停车设施的外向低,机动车能够从外部空间顺利到达即可,距离长短并不重要,而且这样还可以有效利用空间位置。

在高级需求层次,园区内各项活动很频繁,关于停车的方便性,更多地体现在车辆在园区中的通行速度,因而停车系统可通过远距离识别技术实现对其身份的识别,使其通过出入口不停车,这样将能大大提高通行速度。

当然,停车场的选取大小需要在建立园区的时候就考虑到园区扩建以及更新升级的问题,事先预留出足够的空间,保持园区较强的生命力。园区的安全措施也要到位,在停车场中需要有如摄像头等监控设施,以防有突发事件发生。

2.1.2 公共服务

公共服务是为园区企业入驻、日常管理等提供一站式服务窗口。在园区建立初期,园区需要为入园企业提供注册、入驻、厂房租赁、物业等一系列服务,现将园区为企业入驻所需提供的服务介绍如下:

①注册服务:园区向有意愿在园区建立公司企业的投资者提供专业化服务,帮助企业在最短的时间内完成注册所需文件与手续的审批,使企业在最短的时间内即可成立公司。如上海宝山工业园,是为注册到宝山工业园区的注册型企业提供服务,其方式主要是在网上发布消息。①

②入驻服务:入园企业需要进行用地和建设手续的办理,园区便通过简化审批环节和程序,减少手续代办时间,提高办事效率来为入驻企业服务,并坚持对企业进行项目跟踪,确保其建设顺利。并根据项目需求和工作实际,开展现场办公、上门服务、预约服务、延时服务等,不断创新服务方式、拓展服务范围、延伸服务链条,为园区企业提供个性化特色服务。

③厂房租售服务:园区为企业建设、扩建所需厂房,包括标准化厂房或者定制化厂房,并提供租售服务,例如牟平韩国沁水工业园②,通过在网上发布招商信息进行厂房租售。

④物业服务:园区需要为企业提供各项物业服务,包括塑造良好的环境,维护园区的公共秩序,保障企业正常生产的供电、供水等,对公共基础设施、设备的检查和维护保养服务以及对突发事件的紧急处理等服务。

2.1.3 生产性服务功能

生产性服务业是指为保持工业生产过程的连续性、促进工业技术进步、产业升级和提高生产效率提供保障服务的服务行业。它是与制造业直接相关的配套

---

① 数据来源:http://www.sbiz.gov.cn/tzfa4.asp.
② 数据来源:http://yantai.dzwww.com/mppd/jj/201112/t20111206__6804001.htm.

服务业,是从制造业内部生产服务部门而独立发展起来的新兴产业,本身并不向消费者提供直接的、独立的服务效用。它依附于制造业企业而存在,贯穿于企业生产的上游、中游和下游诸环节中,以人力资本和知识资本作为主要投入品,把日益专业化的人力资本和知识资本引进制造业,是二三产业加速融合的关键环节。发展生产性服务,是园区发展到一定阶段对园区配套设施的更高要求。我们把园区综合体的生产性服务划分为六大服务:工业物流服务、科技服务、工业设计服务、商务服务、信息服务和金融保险服务。

1. 工业物流服务

物流是指通过有效安排商品的仓储、管理和转移,使商品在需要的时间到达需要的地点的经营活动。发展现代物流业对优化产业结构、增强企业发展后劲、提高经济运行质量起到巨大的促进作用。园区作为制造业基地,有着大量的物资需要存储、运输。制造业企业的原材料以及所生产产品的储存与运输均对现代物流业产生了巨大的需求,使物流业成为工业园区所必不可少的生产性服务业类型之一。制造业企业所需原料、生产产品的储藏、运输运用物流来完成有利于节约成本,提高生产率,因而园区所需的物流业更应该在园区内部发展,从而有力地支撑制造业的发展。

表 2.2　园区中的物流服务类型分析

物流类型	运输服务	仓储服务	客货运代理服务
服务目的	实现物资的流动,包括园区制造业企业所需原材料的运输以及企业产品销售的运输。	为原材料和产品在生产周期中的周转,提供暂时的存放地,并进行适当的防潮等保护措施,以保证产品以及原材料的质量。	对物流过程中的物资流和信息流进行一定的处理,以实现产品增值。
特点	较为传统的服务类型,但随着现代化在物流服务业中的应用,其技术含量、运营效率均有所提高。	知识含量较多的服务。	

若园区中企业是面向单一市场的,并且该园区远离城市中心,则可以选择运输服务和客货运代理服务,由此导致的高成本可由低廉的地价等来抵消。若企

业是面向多个市场的,则由以下几种方式进行选择:一是运输服务和客货运代理服务,决定是否采用这种方式,需要考虑产品特性、所需运送的程度与成本、顾客订货数量与重量、地理位置与方向、距离等因素;二是将货物运送到靠近市场仓库,再由仓库向不同市场进行配送,采取这种方式的话,园区可以帮助企业在市场附近建立大型公共仓库,并由专人管理,同时面向园区不同企业开放,收取一定租金,制定一定的规章章程,实现资源的有效利用。在园区中可以建立物流服务平台,进行信息的发布,进行相应的管理,这方面可以借鉴安徽中小企业建立的公共服务平台,详见专栏2-1。

专栏2-1 安徽中小企业物流公共服务平台

安徽中小企业物流公共服务平台,为中小企业提供物流交易撮合、物流行业信息、新闻资讯、方案咨询等服务。在物流信息方面,通过在平台中发布物流交易信息,并提供查询服务,搭建起物流公司和货主企业的交流平台,降低双方成本,实现信息的传播;开发物流工具和管理软件,协助物流公司管理车辆信息、业务信息、货物跟踪、数据统计等;提供行业数据和资料查询下载,为物流公司选择物流方案以及客户了解数据提供参考依据;咨询和常用链接服务,咨询公共仓库的存贮情况,链接到相关业务。该平台主要是利用网络来实现,平台用户等级分为注册用户、认证用户、收费用户、VIP用户。该平台针对会员开放,并收取一定的会员费,系统硬件如仓库采取租用的形式,软件如信息发布采取收费方式,并对在线交易收取一定的佣金费。

资料来源:http://wenku.baidu.com/view/962874691eb91a37f1115c6a.html.

2. 科技服务

科技服务帮助企业在核心技术的支持、信息的掌握、人力资源等各方面取得优势,从而获取市场份额、取得发展的良机。园区为企业提供的科技服务包括研发、中试、孵化三个过程。

①园区企业在生产过程中,科技研发起着至关重要的作用,主要表现在:相关技术的支持指导,数据的处理分析,各种参考方案的核算选择以及各种生产流程的设计等。产品研发服务、技术检测服务、数据处理服务以及工程设计服务都是园区可以发展的研发服务类型。而园区需要作为企业与科研机构之间联系的桥梁,通过与科研机构签订战略合作伙伴关系来为园区企业提供科研服务,营造良好的产学研相结合的氛围。为鼓励科研机构的发展创新,园区可以采取一定的优惠政策,

例如:非营利性科研机构从事技术开发、技术转让业务和与之相关的技术咨询、技术服务所得的收入按有关规定免征企业所得税等(见专栏 2-2)。

专栏 2-2 苏州工业园区科学研究状况

苏州工业园区大力度推进产学研合作,加快建设以企业为主体的技术创新体系。现已拥有省级以上科技研发机构超 70 家,其中国家级重点(工程)实验室 2 家,重大研发机构 1 家,院士工作站 7 家,工程(技术)中心 41 家,企业技术中心 16 家,科技基础设施建设水平很高。为促进园区科技的发展,该园区还采取了一系列优惠措施,具体如下:产业促进优惠政策、人才吸引优惠政策、租金优惠、科技经费、投融资支持、园区独特的公积金政策、上市公司特别扶持、科技领军计划。这些优惠措施将进一步促进苏州工业园打造高科技工业园区的目标。

资料来源:http://www.jstd.gov.cn/kjdt/sxdt/20110120/1345072657.html.

http://wenku.baidu.com/.

②中试是指产品在实验室研发成功后在正式投入大批量生产前而进行的小规模的试验,以测试产品的性能、优缺点等,判断是否达到大规模生产的条件及要求。中试是衔接研发和生产的重要环节,应由专门的服务部门或者企业来完成,并且对于中试工程师的专业能力要求较高。由于其下一步便是直接进行大规模生产,因而中试服务在园区中的发展就显得尤为重要,更贴近制造业企业的地理位置有利于信息的及时反馈与沟通。园区中试服务主要包括样品制造和产品试验两种类型。

③孵化器在我国也称为高新技术创业服务中心,它通过为新创办的科技型中小企业提供物理空间和基础设施,提供一系列的服务支持,进而降低创业风险和创业成本,提高创业成功率,促进科技成果转化。孵化服务主要是为一些新的科研成果、发明、技术专利等提供场地支持、创业指导、资金支持等一系列服务以促使新科技成果转化为商品的服务。许多园区中均设有孵化器,尤其在高科技工业园区中的分布较为普遍,以提供科技孵化服务。孵化器的形式呈现多样化的特点,可以分为留学人员创业园、大学科技园、海外创业园、创业服务中心、专业孵化器等,能够在企业举步维艰时,提供资金、管理等多种便利。

3. 工业设计服务

工业设计服务是企业生产过程与产品有关的设计服务,可以包括产品设计,包装设计,展示设计及品牌设计等。园区工业设计服务可以有线上线下两种形式。网络工业设计服务平台可以合理运用互联网的优势,运用其思维来整合工业设计资源,为企业带来更多发展。而线下服务主要是面对面服务,其主要包括签订合同、制作模型、设计培训等。两种形式的结合,形成线上线下全覆盖的一体化模式。园区综合体的工业设计服务主要是针对园区内企业的情况与需求,向入园企业提供设计服务。其实现的具体功能如下:

(1)信息集聚功能。

以线下为依托结合线上服务,提供企业、设计机构等单位的信息发布、需求介绍、行业政策法规等信息服务,增进用户间的信息交流与互动;同时收集用户需求和建议,为设计机构和企业的合作搭建桥梁,使企业和个人能够实时掌握行业的最新发展状况。

(2)电子商务服务。

提供电子商务系统、企业产品展示、网上招投标、企业门户网站定制等应用软件服务,以提高企业的设计和管理水平、降低产品管理成本、提高企业的信息化水平。

(3)设计培训功能。

提供基于网络的在线培训、在线咨询、企业状况诊断分析等技术支持服务,为企业解决设计和技术方面的问题,提供相关的设计培训服务,包括设计思维培训、设计技能培训、设计管理培训等,为企业和社会提供学习的平台和培养人才的途径。

园区可以通过在网站上发布招商信息来提供这些服务,例如龚杏(萍乡)产业城在江西现代服务交易网上发布工业设计的招商信息,其提供的工业设计的类型有平面设计、企业形象、包装设计、服装设计、动漫设计、创意设计、影视设计、网页设计、商标设计、模具设计、产品设计、网点设计、模型设计等方面,同时在网站里面发布了相关公司及相关信息,更有效地进行招商。

4. 商务服务

园区中的商务服务,与城市层面的商务服务在规模、类型上均有所不同,其类型更贴近于园区制造业层次,一般规模不大,为园区制造业提供专业化、个性化的商务服务。园区中应当发展的商务服务包括文化教育服务、中介咨询服务、会展服务、知识产权服务、设备维护服务等。

(1)文化教育服务。

文化能凝聚人心,开阔视野,提高素质,从而推动经济发展。一个园区在建设发展的过程中,如果不能形成园区自身特有的文化氛围,必然会对园区未来的发展造成阻碍。在经济发展越来越具有人文经济特征的背景下,园区综合体作为一种新型的园区形式,必须在文化教育服务上,加快园区建设,用文化的力量打造园区的竞争力。园区文化教育主要体现在文化设施和职工培训两方面。

a. 在园区中文化设施包括演艺设施、艺术馆、博物馆等,主要依靠商业运营,大量人流定期或不定期聚集,能够提高园区综合项目的整体形象和档次;非正式的文化设施主要是室外演出场地等,通常与公共活动联系紧密,为人员提供一处交流场所,外向度相对较高,虽基本上不具备盈利能力,但它能够为综合体增添特色,促进交流。

b. 工业园区的发展离不开人才的支撑。为满足园区各类企业人才需求,除直接招聘有工作经验的高级人才外,对于新进员工的专业化培训也是必不可少的。而随着生产技艺的不断更新提高,对于企业员工而言也需要不断地接受培训以适应生产的新要求,这就对园区的职业技能培训服务提出了需求。培训有两种形式,一是可以进行固定地点的专业培训,二是培训机构可组织技术人员进入企业进行现场的培训指导。

园区聚集着众多企业,各个企业观念碰撞,园区的文化教育服务能高效地解决培训成本高、需求大等问题,促进园区和谐发展。园内本地企业和外迁企业一定程度趋向共性,园区统一进行培训服务,有利于促进园区企业职工队伍整体素质的提高。

(2)中介咨询服务。

园区的中介咨询服务,多指中介咨询机构的分支机构以及针对园区特有的制造业企业而形成的有园区特色的功能服务,包括为园区制造业企业提供的会计、法律、资产评估等服务,为企业提供的管理咨询等服务。这些服务在工业园区中起着桥梁和辅助的作用。例如上海张江高科技工业园区以园区的高科技产业为服务对象,已发展了法律、会计、审计、资产评估、管理咨询等较为完善的中介咨询服务体系,为园区的快速发展提供了有力的支持。

园区咨询服务平台主要有三种方式:一是可以开设专门服务的窗口,实行专业化的人工化服务;二是开通企业服务电话热线,落实专人负责,受理企业在发展过程中的各项需求问题;三是开通互联网、传真、手机等服务,实现高效率的解决问题。服务内容包括管理咨询、贸易咨询、工程咨询、资信评估、公司注册、公关咨询、资产评估等相关业务。

（3）会展服务。

举办会展可以吸引大量人群，对园区项目之间的交流合作有非常明显的正面效应，而且会展活动本身具有高度的开放性和参与性，其热烈的气氛也有利于表现园区综合体的活力。会议展览主要的活动是企业召开会议以及特定时段主办、协办、承办各种展览会等。展览设施主要有会议厅、演讲厅、多功能厅、小型展览厅、接待室等设施。不过园区可以根据自身需要建立不同规模和不同类型的会议展览设施，但是总体来说在园区建立初级阶段主要为会议室、接待室，随着经济的发展，园区规模的扩大，多功能厅、小型展览厅等会逐步地出现。

会议展览设施由园区提供并由园区物业后勤指派的负责人进行管理。这些会议展览设施为园区中所有有需要的企业服务，但是为了提高这些设施的使用效率，同时也为了避免场地的冲突，园区内部制定相应的安排制度，按一定的周期来安排会议活动，只需使用企业提前通知并填写申请表，对会议内容、会议时间进行登记，会议室负责人则会进行安排。会议室等设施的清洁卫生与安全管理则由园区后勤部门进行管理。为了合理有效地使用资源，各企业单位使用会议室等设施采取收费的原则，至于具体收费标准则由各园区根据自身需要来制定，但是收取的费用应该用来为园区提供服务使用。

（4）知识产权服务。

目前，我国公民的产权意识、专利意识不是很强，知识产权中介在我国总体情况不是很乐观，普遍存在数量较少，专利代理人缺乏，服务质量不高等现象。而知识产权服务中介提供的服务可以使企业成本得到降低，效率得到提高，资源达到有效利用以及实现专利成果的快速转化。所以在园区中建立知识产权中介至关重要。在园区中知识产权中介可以为园区企业提供的服务有信息咨询服务、知识产权代理服务、知识产权融资服务、知识产权交易服务、知识产权人才培训、知识产权法律服务等。

专栏2-3：苏州工业园知识产权情况

近年来，江苏省首家"知识产权保护试点园区"的建成，1000余万元"知识产权保护基金"的设立以及在2007年的1月份到8月份区内累计申请专利895件，比去年同期增长98%，这一系列的成果都进一步说明苏州工业园区正在不断努力完善知识产权保护体系，营造保护知识产权的良好氛围。并在同年10月19日建成开通知识产权公共服务平台,该平台包括园区知识产权服务中心、园区知识产权举报投诉中心、知识产权中介服务机构和知识产权评估交易机构。另外,苏州工业园知识产权方面的政策也很全面,包括专利申请资助政策、商标与名牌奖励政策、其他知识产权资助政策、国家级知识产权项目、省级知识产权资助政策、市级知识产权项目。

资料来源:http://wenku. baidu. com/link? url = jiwAIlN128w7jssobn6cyfdZcX3 mrq2m3 – i9O2DzaTkOCiVHiwVnf3GFRjCWdZLtEQYK ＿ ZkY0Lxm6TXM7cFrg1wLd EJiYXO188 ＿8flg ＿osO.

(5)设备维护服务。

园区中应当发展的商务服务还包括设备租赁服务、设备维修检测服务。设备租赁服务、设备维修检测服务是制造业生产过程中经常需要的服务,尤其对于资金不是很充足的中小型企业,一些不常用的设备,进行租赁比购买更能节约生产成本,提高资源的利用效率。而大型设备的检测和维修,也需要有专业化的技术,这就对设备检测维修服务产生了需求。而且由于生产设备一般较大,在园区中的分布,缩短了设备的运输距离,在成本上更经济。

这些类型的商务服务,在园区制造业生产的过程中,起到了有利的保障和促进作用,可以提高园区制造业企业的生产效率,降低生产成本,优化生产环节。

5. 信息服务

随着信息在社会生活和生产中的广泛渗透,信息服务已经发展成为一个涵盖广阔、门类繁多、结构复杂的巨大体系。比如:信息采集加工、软件开发、预测

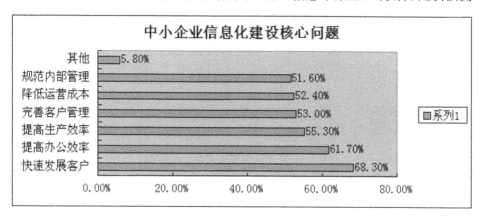

图 2.3 中小企业信息化建设核心问题

资料来源:http://wenku. baidu. com/view/40479244fe4733687e21aa61. html.

分析、图书情报、电子商务、网络服务等。市场一个很大缺陷就是信息不对称性，信息的通畅对市场、企业发展而言非常重要。由图2.3可知，中小企业最想解决的问题是销售和办公，快速发展客户是中小企业进行信息化建设的最主要的目的，同时提高办公效率的比例居第二。

加快园区信息化建设，构建互联互通、资源共享的信息资源网络，以信息带动产业化是园区发展的重要内容。园区企业的信息需求可以采用网络发布（线上信息发布），现实媒体渠道发布（线下信息发布）等形式来实现。

（1）线上信息发布。

线上发布信息主要通过网站、企业内部数据库等网络平台进行信息发布。江西现代服务交易网的信息发布模式很有代表性。该网站是为现代服务业及传统企业提供现代服务供需对接、交易撮合、交付与结算、服务监管等交易环节全程配套服务的网上虚拟交易平台。面向全球、全国、各专业、各领域引进高端现代服务机构入驻，打造高端现代服务业产业集群，建设优质现代服务平台，整合并展示优势行业资源，带动现代服务产业连锁化、规模化、高端化发展的重要职责；同时承担为江西省内企业提供现代企业后勤服务，为企业实现产业升级减轻不必要负担，并依托外力、外脑、外援实现转型升级的重要使命。

图2.4 江西现代服务交易网主页信息

（2）线下消息发布。

根据其功能实现主体的不同，线下发布信息方式可分为三种：一是设立专区发布信息，专区由专人负责，并实行租赁形式。企业在需要发布信息时，可向园区申请租用；二是外包企业发布，例如广告公司可以帮助企业设计、宣传；三是园区入驻企业实现资源共享,达到双赢。

6. 金融保险服务

园区制造业和高新技术产业的发展,离不开资金的支持,其对于金融保险的服务需求是巨大的,资金链条的优良程度一定程度上左右着制造业企业的发展速度和规模。为了更便利地为园区企业提供服务,金融保险类机构也大多会在园区设立分支机构。

结合园区企业对资金的需求,园区金融保险业的类型,应该包括银行机构、保险机构、证券机构和基金机构。这些机构作为金融保险企业的园区分支机构,与城市层面的金融保险机构总部共同构成了完整的金融保险产业链。园区中的金融保险机构,通过开发切合园区企业实际需求的金融业务,不断创新服务手段和领域,为园区企业的发展提供资金上的支持和保障。

2.1.4 功能实现主体

随着经济的发展,社会化分工以及功能服务的多样化,自然而然出现了功能实现主体的多样化。园区综合体提供服务的主体主要包括:一是园区管理机构,提供的服务主要满足园区企业的基本需求,创造园区企业更好的发展环境;二是企业,主要指园区内专业化的生产性服务业企业,提供的生产性服务更为专业、全面。

表 2.3　园区功能实现主体及其特点

功能实现主体	特点
园区管理机构	在园区建立初期,园区企业所需要的各种生产性服务基本上是园区管理机构提供,还没有形成一个外部的生产性服务市场。 园区管理机构提供一般为非营利性的服务,其目的主要是为园区的企业创造更好的发展环境,主要包括工业园区管理机构为促进园区制造业与生产性服务业的快速发展,为制造业的转型升级创造良好的环境而提供的服务,包括注册、入驻、厂房租赁、物业及共享科技平台等虚拟公共服务平台的建立与发展等。
企业	随着园区企业规模的扩大,企业或公司内部的服务项目正在不断分离出来,形成独立的专业生产性服务行业,使得生产性服务业逐步外部化,并逐步形成了服务外包业。企业提供的服务主要指园区内专业化的生产性服务业企业提供的生产性服务,以营利为目的。

2.2 园区综合体的功能配比

2.2.1 发展阶段需求

园区的发展呈现出的阶段不同,则园区企业对于生产生活的需求也不一样。

在工业园区发展的初级阶段或小型规模的工业园区,对生产性服务业的需求较低。这时一般适合引进职工食堂、职工公寓等大型公共设施,并在出行上要保证有公交车的通行等。

在园区发展的中级阶段或中小型规模的园区,对生产性服务业的需求相对提高,对园区配套设施有更高要求,生产性服务体系趋向完善。对于需求的进一步提高,园区在引进餐饮、住宿等服务企业上就要多引进一些小型精致的餐饮企业,条件更好的可以引进国际化的餐饮企业,住宿条件上也要从集体公寓型向精致小居型转化,在园区内不仅要有便捷的公共交通设施,还需建设相应的停车场。

在园区发展的高级阶段或大型规模的园区,对生产性服务业的需求达到了一个理念上的高度,生产生活自成体系,形成小型现代化城市雏形。在这种类型园区中人员的需求不仅在吃、住、行的外观上有改变的需求,对于这些材料的生态环保上也较为关注,所以在这类园区可配备相应的休闲娱乐生活设施,如咖啡厅、酒吧、高尔夫球场等娱乐场所,在园区内还应该建设住宅区,并设有大型美观的停车场。

图2.5 园区发展阶段和不同的生产性服务需求

2.2.2 生活性服务配比

园区综合体中的生活性服务主要分为商业休闲、餐饮、居住、出行四类服务形态。我们以南昌小蓝经济技术开发区为例(专栏2-4)。

专栏2-4 龚杏 (小蓝)产业城项目

龚杏 (小蓝)产业城项目开发总面积约24万平方米,建筑面积约18.9万平方米,占地200亩;其中标准厂房12万平方米,规划标准厂房52栋,综合楼及相关配套设施12万平方米,宿舍楼3栋,办公楼1栋,配建机动车位192个。

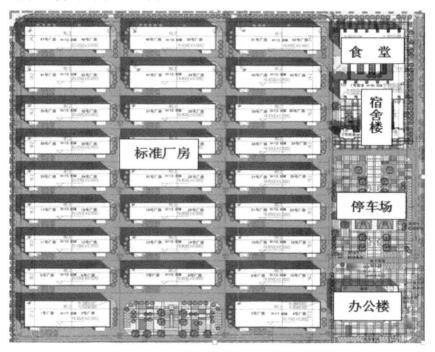

龚杏 (小蓝)产业城项目约引进生产性企业50家,就业人口约8000人,依托江西现代服务交易中心,可实现企业间供需对接、交易撮合、交付与结算、服务监督等全方位配套服务。

以园区食堂为例,根据园区规模,职工人数以及占地面积的不同,开设食堂的数量、规模也不尽相同。园区职工中午一般都在园区内就餐,园区职工人数达到8000,假设开饭时间一个小时,每人就餐时间按15分钟算,一个座位可以有4个人就餐,就需要2000个座位。若考虑每天可能有5%的人不来就餐,只需要1900个座位。若园区不只开设一个食堂,开设两个、三个食堂,则一个食堂需要950个或634个座位就能基本满足。

公共交通服务中的停车系统选人员流动的比例来选地区大小。以龚杏集团为例,园区内8000人,假设在园区内生活的人员占50%,园区流动人口为4000人,以一辆公交或巴士客载客40个人为计算,园区初期可配备公交或巴士100辆。若流动人口中有50%员工自行骑摩托车或自行车上下班,同时考虑每天可能有5%的员工不来上班,则只需配备45辆。

若依上述所言,在园区内生活的人员占50%,即4000人。园区内宿舍有11层,一层左右各16间房,一间宿舍住4个人,一层即128个人,一栋楼即1408个人。3栋宿舍楼即4224人。

园区的生活性服务中的商业休闲服务大多建在综合楼或研发楼底层。其布局可依下图所示:

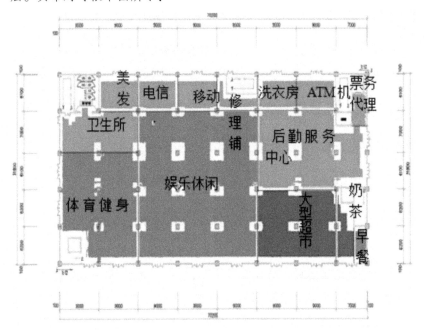

2.2.3　生产性服务配比

(1)园区管理机构可以为入园企业提供注册、入驻、物业租售、厂房租赁等一系列服务。注册、入驻和厂房租赁可设业务点,以便企业进行咨询,或者进行线上交易。而物业租赁可设立物业后勤服务中心。

(2)企业可以提供的工业物流、科技、工业设计、商务、信息、金融等服务皆可由线上线下的方式实现。工业物流类服务的物流服务可以建立一个或几个公共仓库,根据园区的类型,需要存放货物多少、入园企业的数量决定公用仓库的数量。商务服务中的会议展览可以根据整个园区的入园企业规模提供一个或几个中小型会议室,节约成本;或者酒店内部也可建立小型会议室,为入住酒店的高层管理人员或外来客户提供会议室。其余服务可仿照江西现代服务交易方式,线上发布消息,建立各种网站、企业内部数据库、企业邮箱,方便顾客了解企业,便于企业在网站上发布招商消息。通过网络对涉及企业生产销售的诸多方面提供服务,包括企业网站、销售平台、网上交易、网络宣传、库存管理、设备监控、车库管理、会议管理、移动办公等。

不论是园区生活性服务还是生产性服务,可在生产性服务区建立综合大楼,从线上交易网到自营服务店;而生活性服务则从线下实体店转向平台服务商。

2.3 园区综合体的功能定位模式

园区的发展离不开各功能组合的优化配置,由于所在地区区位条件、发展基础不同,园区综合体在建立发展过程中各功能的地位是不同的,有多种形态存在。有的功能处于主导地位,有的功能是辅助功能。根据各功能间的相互作用以及各功能地位的不同,将园区综合体的功能定位模式分为公共配套主导型、金融服务主导型、物流服务主导型和综合配套服务主导型园区综合体。

2.3.1 公共配套服务主导型

定义:公共配套服务主导型的园区综合体类似于基础设施的建设,例如满足园区企业生产需要的标准厂房和职工生活需要的职工宿舍、食堂等。它主要是服务于园区企业及园区内部人员,因而不具有营利性。但是因为它的公益性会吸引相当一部分人流,这些人流可以促进综合体其他功能的实现。

专栏2-5 重庆铜梁工业园区

重庆铜梁工业园区建立于2002年,位于渝遂、成渝、渝武、重庆三环高速公路和319国道之间,是重庆西北部重要的交通枢纽、重庆连接四川和西部其他地区的重要通道。2012年以来,根据铜梁工业园区发展需求,铜梁区完成了淮远河、姜家岩、蒲吕、拦河堰四大生活配套服务区的初步规划,四大生活配套服务区的建设,能够进一步改善产业工人工作、生活环境,有利于解决企业的用工问题,助推企业健康发展。2015 年,园区将全面启动拦河堰、淮远河生活

配套服务区、职工活动中心、姜家岩健身公园等配套设施建设,为工人提供更好的生活环境。同时园区统一规划建设 100 万平方米标准厂房,为企业构筑腾飞平台。

园区已成为城市拓展的重要组成部分和铜梁城市化进程中重要推动力量。按照产城互动、产城融合的要求,下一步工业园区将进一步完善污水处理、垃圾处理、绿化景观、公交等公共服务设施,并加快建设蒲吕、淮远河、姜家岩、拦河堰四大生活配套服务区,确保把工业园区真正建成为铜梁的城市拓展新区。

公共配套服务主导型的园区综合体,政府参与的力度较大,比较适宜公共需求迫切的园区。

资料来源:http://www.cq.xinhuanet.com/2015-04/22/c__1115048621.htm.

2.3.2　金融服务主导型

定义:金融服务主导型是突出金融服务的园区综合体。这种类型的园区综合体一般由政府扶持,借助金融服务带动企业聚集,推动园区发展,构建园区创新创业环境。

专栏 2-6　京南特色园区

京南特色园区突出金融服务。2015 年,北京鸿坤金融谷的招商,吸引了市场的眼球。鸿坤金融谷作为新兴的金融产业园区,除政府的大力扶持外,其可为入驻企业提供优质的金融服务成为最大亮点。

作为一家资产管理规模超 50 亿元,成功投资近 20 多个企业项目,

并帮助多个项目成功上市的金融机构,亿润投资为园区内企业提供综合金融服务,如互联网金融产业投资、企业投融资、融资担保、金融信息咨询等。同时鸿坤金

融谷在与中国银行、浦发银行、招商银行、北京银行、北京农商银行、农业银行、华夏银行深度洽谈项目融资和企业融资搭建金融服务平台,拟解决项目和企业融资问题。

在全面配合政府产业定位、发展规划之外,鸿坤金融谷也得到了政府政策的大力支持,其中,专项资金扶持如国家有关部委申请的专项资金扶持、园区金融孵化器、平台设备租金优惠扶持、上市奖励资金扶持等诸多扶持政策;人才激励政策如为符合条件的高级管理人员和高级专业技术人员优先办理人才引进和《北京市工作居住证》等。

资料来源:http://finance.ifeng.com/a/20150129/13466007.__0.shtml.

2.3.3 物流服务主导型

定义:物流服务主导型是以物流服务为园区综合体的核心功能,物流服务是工业园区发展较为迅速的生产性服务产业类型,有一定的规模且具有多种服务功能,配套设施完善。这类园区综合体多借助区位优势,例如在物流作业集中的地区或几种运输方式的衔接地,交通便利。

专栏2-7　长兴综合物流园区

长兴综合物流园区位于浙江省长兴县主城区以南,总占地面积356.2亩。园区分配载区、仓储区等五大功能区,千吨级泊位6个,将形成年处理货运量500万吨的以产业基地型物流服务为主导,集物流交易、仓储、配载、配送、信息、配套服务等六大中心功能为一体的生态型区域性综合物流园区。

长兴综合物流园区依托资源集聚效应,促进物流服务资源、工具设

施资源、货物资源、管理服务资源的集聚,也吸引工商、税务、运营等政府管理部门和银行、通讯、保险、法律等中介服务进入园区,汽配、汽修、商场、宾馆、广告公司等其他辅助生产生活服务相匹配,在物流园区内形成进驻企业的规模集聚。

长兴县综合物流园区在建立完善的园区服务体系方面:为园区商户提供融资业务、物流培训、生活娱乐等方面的增值服务;为园区人员提供生活便利,如餐厅、便利店;为园区客户提供免费代办证件等服务。在搭建物流信息服务平台方面:为货主和司机提供园区货运信息,为入驻企业提供车源、货源、行业信息等信息,以及为企业提供管理信息系统服务终端。

2.3.4 综合配套服务主导型

定义:综合配套服务主导型园区综合体功能包括商业商务中心、研发培训、文化会展、社会服务设施等各项内容,其中研发创新和商业、商务功能是推动创新型经济和服务业经济发展的关键,综合配套服务是实现产业园区转型升级、内涵式增长的必然选择,综合配套服务主导型园区综合体进入发展的全新阶段。

专栏2-8 苏州工业园区

苏州工业园区是中国和新加坡两国政府间的重要合作项目,于1994年经国务院批准设立,行政区划面积278平方公里,其中,中新合作区80平方公里,下辖四个街道,常住人口约78.1万。

2007年苏州工业园区规划打造高新技术产业中心和现代服务业中心,建设适宜居住和创业的国际化、现代化生态化新城。配套服务包括中央商务区、科教创新区、文化会展区、社会公共服务设施和旅游度假区等。这重新定位苏州工业园区,从工业园区转变为"新城",突破了工业园区的概念,其配套服务提升到一个全新的发展阶段。配合新城的发展目标,配套服务功能完善,涵盖商业商务中心、研发培训、文化会展、社会设施、旅游度假区等各项内容,创新型经济和服务业经济转变为发展重点。

2.3.5 功能定位的影响因素

影响园区综合体功能定位的因素很多,甚至不同模式园区综合体定位的影响因素也不尽相同。下面主要从社会发展状况、经济发展水平、区位交通条件以及政府相关政策四个方面分别阐述其对综合体功能组合与配比的影响。

1. 社会发展状况

社会环境是园区生存发展的基础,它参与了园区综合体开发建设的整个过程,并通过社会理想、社会干预、地方文化背景等因素来影响其功能定位。

其中,社会理想主要体现在区域发展战略及区域规划主导思想方面,它从社会背景出发对综合体的整体功能定位起到提纲挈领的作用。而社会干预是通过决策者和参与者的决策与实施过程对功能定位产生影响的,其干预效果往往具有正反两个方面。当干预方式得当时,功能业态的选择能够满足市场和综合体自身发展的需要,社会干预的效果是积极的;否则,将会产生消极影响。文化背景因素对功能配比的影响主要体现在特色功能的选择和形象塑造上。

2. 经济发展水平

经济因素是影响园区综合体功能定位的最根本的参与因素。区域人均经济规模、经济总规模、产业结构等因素能够影响到综合体发展基本面,从而影响到综合体的功能定位。

经济因素不但总体上决定了园区综合体的产生,相关产业的发展也是园区综合体各项功能开发的依据。从开发内容来看,综合体开发中的商业、办公、酒店、金融保险等,这些功能都与区域经济发展水平密切相关,是相关产业发展到一定阶段的产物。区域经济的发展水平决定了园区综合体开发条件是否成熟，适宜开发的功能，以及功能的开发规模等。

3. 区位交通条件

区位交通因素主要是指园区综合体选址所在区域的自身条件，其优劣状况是园区综合体能否成功开发的先决条件，当然，不同模式的园区综合体对于区位的选择不同。例如物流服务主导型园区综合体主要借助区位优势，多位于交通便利的地方。区位交通条件作为园区综合体实现其功能正常运作的物质基础，不同的区位条件下，适宜开发的功能种类及规模有很大的差异，从而产生不同的功能定位。

4. 政府相关政策

园区作为区域经济发展的重要载体，在区域发展和城市建设中发挥着重大作用。园区综合体作为园区的一种新的开发模式，其发展必须与政府整体发展规划相一致。由于我国行政权力对社会经济活动干预的能动性较强，政府能够通过相关政策左右产业活动的集聚、基础设施的布置、土地使用性质等，能够很大程度上影响园区综合体的开发，进而影响到园区综合体的功能组合与配比。

3 园区综合体的三大产品线

随着时代的发展、生产方式的变革和经济结构的调整,单纯的工业集聚已经没有发展优势,集产业、商务、交流、生活于一体的园区综合体,以企业和企业家为中心,用多元复合功能为产业园区提供配套性服务设施,将成为一种新的园区发展模式。为了适应经济的发展和园区内部发展需求,以不同的客户群体、不同规划、不同功能等为依据,打造"产业城""总部城""都市城"三种各具特色的园区产品线。园区综合体成为产业集聚、人才集聚、商务金融集聚、信息服务集聚的企业圈和高品质生活圈,从而实现园区自身发展和时代发展的与时俱进,真正实现园区经济的健康、协调、可持续发展。

3.1 三大产品线综述

3.1.1 三大产品线的概念

要想充分理解园区综合体三大产品线的内容,首先要明白产品线一词的概念来源。园区综合体实际上是城市综合体在工业园区领域的发展,是房地产领域的工业和商业房地产项目,而房地产领域中的产品线是指企业产品体系中,基于成熟项目总结研发之后,升级为企业产品标准的、进行复制连锁开发的、某一产品品牌的系列产品,又被称为产品模式。如恒大地产的四大产品线:恒大华府系列、恒大金碧天下系列、恒大绿洲系列、恒大城系列。可以看出,产品线具有两个主要特征:一个是产品线需要经过较长时间的产品积累和经验总结;另一个是产品线能够作为一个可复制的产品标准。

3.1.2 三大产品线的简介

1. 产业城

产业城大多位于产业集聚的工业区,周围以生产性企业为主,打造集标准化厂房、个性化厂房定制、研发中试楼宇、配套设施为一体的综合产业形态,是为企业的生产及居民生活提供全方位多层次的立体化配套服务,并在各产业形态之间建立一种相互依存、相互助益的上下游连接关系,实现工业空间、商业空间、居住空间、生活空间之间协调与融合的园区综合体。

2. 总部城

总部城主要服务于企业的总部,以总部经济发展为核心,涵盖产业孵化、金融商务、商业休闲、生活服务等多元功能,旨在提供完善的服务、丰富的资源和信息共享平台,为入驻企业提供总部高层楼宇、办公楼宇等多种形式办公空间及多元化商务商业生活配套设施,为企业构筑全方位发展动力的园区综合体。

3. 都市城

都市城具有商务办公、商业服务等工商业配套,以及居住、餐饮、娱乐休闲、交通等生活服务配套和文化、教育、卫生等公共服务配套,为入驻企业的生产经营及企业员工的生活提供全方位的服务,解决企业及其员工的后顾之忧,为企业员工提供工作生活一体化的有机空间,旨在为企业提供完善的服务和完备的设施,营造良好宜商环境的园区综合体。实际上,都市城构建了一个完整的城镇社区,再加以良好的经营,使其健康地发展,会形成一个以产业为核心的市镇中心。

3.1.3 三大产品线的实例

1. 产业城项目代表

龚杏(高新)产业城:

项目占地200亩,位于南昌高新区艾溪湖组团与瑶湖半岛总部经济组团交界处,毗邻江西赛维BEST、晶能光电、联创光电、南昌出口加工区等优势产业园区,产业聚集度高,产值庞大,配套市场匹配度高,将建成高新技术产

图3.1 龚杏(高新)产业城

业配套基地、中小企业创业基地和创新型企业孵化基地。

龚杏(小蓝)产业城:

项目位于江西省的首府首县——南昌县,立足于打造成江西新兴产业综合配套基地,小蓝经济开发区形成了以汽车汽配为龙头,医药仪器、食品饮料为支柱,电机电器、轻纺服装为两翼的产业发展格局。

图3.2 龚杏(小蓝)产业城

2. 总部城项目代表

天津总部大观:

项目位于"双城双港、相向拓展"的桥头堡——津南区,连接中心城区和滨海新区"双城"的核心区域,定位为聚合总部办公、研发创意和商务配套为一体的天津首席总部综合体。

图3.3 天津总部大观

重庆总部城:

该项目坐落于渝中区大坪中心,是由协信集团与政府联合打造的总部经济园区,成为以世界500强企业为龙头,以国内百强或国内、国外知名企业为重点,集办公、科研、生活、休闲于一体的高端复合产业平台。

图3.4 重庆总部城

3. 都市城项目代表

苏州工业园区：

苏州工业园区是中国和新加坡两国政府的合作项目，位于江苏省东南部，苏州市区东部。作为中新两国政府间重要的合作项目，苏州工业园区力争建设最具优势的产业基地，打造最佳的居住创业环境，建成一个气氛和谐的国际化、现代化、信息化的生态型、创新型、幸福型新城区。

图 3.5　苏州工业园区

南昌恒大城：

南昌恒大城位于南昌县象湖新城金沙三路与汇仁大道交会处，占地 76 万平方米。项目依托小蓝工业园区，运用生态城市、和谐社区和科学管理的规划理念，打造自然和谐、可持续发展的城市型社区。项目内设幼儿园、中小学、社区商业、影院、会所、运动

图 3.6　南昌恒大城

中心、社区诊所等设施，形成一个立足社区、辐射园区的生活性服务中心。

3.1.4 三大产品线的区别

表 3.1 产品线特点对比

特征 \ 产品线	产业城	总部城	都市城
主要人员	企业基层员工、专家、技术人员。	企业中高层管理者、非生产性员工。	企业员工及其家属、城市居民。
产业特征	企业生产制造和研发基地。 以制造业为主的第二产业。	企业总部所在地,商务办公区。 主要有商业服务和生活服务的第三产业和信息产业。	集商务办公、生活居住和休闲娱乐为一体的城镇社区。 商业、金融、餐饮、娱乐、文化、卫生、教育等在内的第三产业。
配套设施	单双层标准厂房租赁和专用厂房定制 低层写字楼、员工公寓等商业和生活配套。	低层办公楼宇和高层办公大楼 商务住宅(公寓、套房) 商务酒店、商务休闲、会展中心、广告咨询等商业服务设施。	商务大厦、办公大楼和商业门面房、家庭住宅、公寓、别墅、餐饮、购物、休闲娱乐等生活配套设施。 文化、教育、卫生、交通、社区中心等公共管理配套设施。
市场范围	本区域范围内。	范围较广,面向全国地区,甚至是国外企业。	本区域范围内及周边城镇地区。
联系	均是为园区提供生产性和生活性服务,但规模大小和功能配比不同。三个产品线之间并不是独立的存在,根据自身经济实力,经济发展状况,对园区功能的需求等,实事求是地做出合理的选择,促进园区综合协调健康快速发展。		

　　每种产品线都有其独立的主导产业规划,配以完备的配套设施,建立相互依存的价值关系,从而使它能够适应园区的各种发展需求,适应处于同发展层次的工业区,并能够进行自我调整与更新。不论是中小企业、大型企业,还是企业分部、企业总部,都能够从中寻找到适合自身发展需求的园区综合体。为每一个入驻企业提供一个全方位多层次的服务平台,打造高品质的生活圈和企业圈,发现

并实践越来越多的创新思想与实际价值,实现企业生产与城市生活的无缝对接,全面协调发展。

3.2 三大产品线的优势分析

3.2.1 产业城

产业城是产业配套基地,是企业的生产制造基地,一般包括标准厂房、定制厂房、办公场所、研发基地、生活服务设施等配套设施。产业城是以产业集聚为发展核心的园区综合体,是区域经济发展、产业调整和升级的重要空间聚集形式。

一方面,通过完善与整合产业链以及形成产业集群效应,丰富企业的发展环境,加强产业链上下游的合作以及促进产业集群内的互动,实现园区内产业的互补和多元化,优化资源配置和实现资源共享,增强园区的招商引资能力,同时对周边地区具有强有力的辐射作用,可以拉动周边地区的产业、就业、税收等方面的发展,有利于打造高端的产业园区形象,打造高端品位和品质,增强园区的竞争力和认知度。

另一方面,个性化的生产配套和人性化的服务配套对企业有一定的吸引力,而且个性化与人性化的设计理念,增加消费者和企业的驻足机会,带动资金流、信息流、物流、人流的良性扩张,改善了园区的投资环境。园区内良好的发展环境,可以让企业迅速地发展壮大,为园区提供完善的发展平台,降低企业的运营成本,从而实现企业高效率,低成本的扩张。如龚杏(高新)产业城基地建筑形态涵盖标准厂房、研发办公大楼、宿舍、食堂、球场等,从生产、技术研发及产品设计、总部办公、生活休闲、商业及金融服务、营销咨询等六大功能,充分满足入驻企业要求。

产业城的规划理念要尽可能地提高土地利用率,优化配套设施,整合空间结构,并带动周边土地增值,延伸园区空间,缓解紧张的空间资源,促进土地集约利用。其空间的高度整合、功能多样复合、资源与人气不断聚合的特性,有效地弥补了新区建设过程中所存在的人口导入困难、基础设施不完善等缺陷,资源的集约化丰富和优化了园区的空间结构,打破了原有的空间布局和规划。

而且,产业城的推广能够迅速地解决目前传统工业园区面临的"用工荒"问题。生活配套为入驻企业的员工提供生活性服务,丰富园区内的生活功能,实现产业工人的"生活家庭化""工作社区化",从而避免原有产业园区发展模式所带

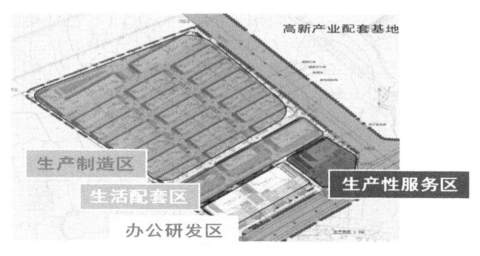

图 3.7 龚杏(高新)产业城规划图

来的诸如空巢、候鸟等社会问题,为园区注入活力和人气,在很大程度上提高员工的生活质量,进而提高员工的工作效率,为企业创造更高的价值。

总而言之,产业城的理念体现了"企业集中、要素集聚、产业集群、土地集约"的总体要求。同时对加快园区的商业产业更新换代;规避商业的无序竞争;提高工业园区的发展水平、优化居民的生活状态、扩大居民的消费需求、释放存量、扩大增量、增加就业岗位、开拓税源等都会做出突出的贡献,对区域经济的良性再造、产业结构优化升级、城市资源的合理配置等也会起到不可估量的作用,有利于走新型工业化、新型城镇化、新型信息化道路,加快推进节约型社会建设。

专栏 3 - 1:宏信创新产业园

宏信创新产业园项目位于湖南省湘潭天易示范区核心板块,是由宏信实业集团旗下子公司湖南天人合产业发展有限公司携手湘潭天易示范区共同打造的长株潭城市群首个综合性产业地产高端项目。整个项目共分为五大功能区域:生产制造区,商务办公区,中试研发区,企业定制区,综合服务区。为企业提供多功能通用厂房、商务独栋办公楼、个性化厂房定制以及各种生产、商务配套设施,可容纳 200 家以上企业发展。重点引进和集聚以高端生产服务业为龙头,以机械、机电制造、金属加工、电子信息、能源环保为主的四大产业,发展制造业研发中心、科技中介服务机构和部经济中心,集聚科技人才,促进资源共享。

该项目占地 1400 余亩,规划总建筑面积 100 余万平方米,预计五年左右时间完工。目前宏信创新创业园项目正在顺利推进,一期工程占地272亩,厂房建筑面积总计13万多平方米,已经于2014年年底基本完成。目前,一期厂房已进驻14家企业,总投资4.92亿元,而二期500亩土地的工程也已经开工建设,2014年6月份基本完工。整个园区项目工程完成后,可容纳企业200余家,预计年生产总值将达到50亿元以上,年税收近2亿元,可解决两万人的就业。

宏信创新产业园规划图

1. 提升产业结构和产业集群度,强化创新、开拓市场,进一步推进产业转型升级

宏信创新产业园通过完善入园工业项目的"五个一"工作机制和"三促"服务机制,装备制造、食品加工、新材料三大产业得以做大做强,有利于吸引产业集聚,优化产业配置,促进产业互动和资源共享,对于开拓市场,促进产业优化升级和转型,提升园区的名气和品质有重要作用。另一方面,企业的入驻和做强必然能够带来大量就业,有效解决园区就业问题,同时有利于提升园区的人气和活力,达到税收拓展,增加居民收入的目标。

2. 为企业提供良好入驻平台,提升区域价值和能力,推动城市化进程

项目共分为五大功能区域:生产制造区,商务办公区,中试研发区,企业定制区,综合服务区。为企业提供多功能通用厂房、商务独栋办公

楼、个性化厂房定制以及各种生产、商务配套设施,为企业的入驻提供良好的基础设施和服务,解决企业入驻前期难题,打造高端品位和品质,增强园区的竞争力和认知度。同时注重个性的发挥,将现代建筑和生活配套休闲环境融为一体,充分享受交通枢纽为项目城市功能带来的交通便利,以及为产业功能提供的全面支持,有利于改善园区投资环境,提升区域价值和能力,全面促进区域可持续发展。

资料来源:http://wenku. baidu. com/view/6be94e6c561252d380eb6e02. html? from = search.

3.2.2 总部城

总部城是为企业打造的总部基地,涵盖产业孵化、商务办公、商业服务、生活服务等多元化功能。同时它也是以生产性服务业、商务生活配套作为补充的综合性产品线,拥有商业广场、酒店、办公大楼、公寓等综合配套,形成一个高效率的生活圈、服务圈以及商业圈。如无锡总部商务园,这是高端总部企业的主题社区,园区规划有总部办公、高档酒店、高端商业、会展中心等丰富模块,将打造一个无锡市乃至长三角地区主导产业鲜明、基础设施完善、道路交通便捷、生活设施完善的现代化企业总部商务办公聚集区。

图 3.8 无锡总部商务园

总部城以总部经济为核心,该产品线以商业活动为主,并不涉及生产制造领域,主要是为企业的非生产性经营活动提供全方位服务。总部城注重提升产业层次,逐步实现产业的高端化发展,营造多层次的公共空间和景观环境,汇集商业、办公、居住、购物、娱乐等多种功能于一体,满足入驻企业及其员工的多层次需求。园区内部建设有商业大厦、低层办公楼等多种形式办公空间,以及会展中心、酒店公寓、商业广场等多元化商业生活配套。其中不同功能模块的组合开发模式有以下几个作用:一是有效整合了园区的现有资源,实现资源的优化配置;二是提高土地的利用效率,节省了建设空间和时间;三是提升员工生活和工作效率,营造良好的企业发展环境;四是发挥园区的区域价值,增强园区综合实力,促进经济转型。

此外,通过合理的交通连接各个功能的园区空间,大大缩短了工作与生活的通勤时间,其中各个组成部分都有公共交通系统贯通其中,这些公共交通设施连同布置在步行街交叉点上的中庭或广场,以及各种步道、扶梯或电梯设施,共同构成了多样化立体式的内部交通网络,达到了绿色出行、改善城市交通、缓解交通压力的目的。

专栏3-2:无锡总部商务园

无锡总部商务园是总部经济综合体的典范,是集商务配套于一体的综合体,位于无锡中心城区——北塘区,毗邻北塘区政府,占地850多亩,规划建筑面积约120万平方米,是集总部办公、科技研发、商务生活配套于一体的总部综合体。其功能如下:

无锡总部商务园鸟瞰

1. 提升产业层次,扩大园区的辐射力

无锡总部商务园大型办公的聚集会引发巨大的规模效应,形成一个新的商务中心圈,总部和各种研发、销售、结算、物流、展示交流等产业中心的建设和集聚,创新驱动加快转型升级,做强总部经济,提升老城区可持续发展能力,提升了产业层次,有利于实现产业高端化、推动产业转型,完善城市功能,提升城市品质,发挥整合城市优质资源,增强城市竞争力,扩大税源经济,增强城市整体实力,扩大园区的影响力和辐射力。

2. 优化城市空间结构,美化环境,解决拥堵

无锡总部商务园是集商务配套一体的综合体,在园区里面建立一个第五大道的地标性的建筑,一个生态低密度的办公集群,一栋希尔顿的精品酒店,从而形成无锡产业高端化的新载体。其中独栋办公是一个较为新颖的办公物业,但在国外一些发达地区,类似于这样的低密度商务花园已经是办公物业中的一个主导趋势,它们不仅为办公人员提供不一样的工作体验,还注重为城市塑造全新的办公形象,对于国内而言,追求良性的办公结构,实现区域的自我生长和持续发展更是每一个力创全优的大都市所追求的目标。无锡作为正处于迅速发展的城市,随着企业发展和新经济形态的不断涌现,交通便利,环境优美,集生态型、创意型、独立型、智能型为一体的商务花园将成为解决城市拥堵,缓解土地紧张,优化城市空间结构,降低碳排放的解决方案。

3. 增强城市综合实力,带动经济转型

建成后的总部商务园区主要引进跨国公司的区域性总部、全国大公司长三角总部、"退城入园"企业的研发、销售、物流中心等,成为无锡市乃至于长三角地区主导产业鲜明、基础设施完善、交通环境便捷、生活服务配套的现代企业总部商务办公聚集区。意在依托北塘区所拥有的交通价值,面向全国和长三角区域招贤纳才,吸引企业入驻,打造最具影响力的总部经济所在地,能够带动区域内产业发展,并为社会提供办公岗位,持续推动商业、第三产业发展,再创造数万人的就业机会,对于增强地区综合实力,改善局面生活水平和生活环境带来良好的积极效应,将成为北塘区区域经济转型升级、实现可持续发展的强劲动力。

资料来源:http://www.docin.com/p-534771898.html.

3.2.3 都市城

都市城是园区综合体的产品线中最为复杂的一个,它是传统产业园区城市化发展的结果,都市城以产业集群为核心,通过产业凝聚力形成一个商圈,以其

影响力带动周边区域的发展,形成一个商业圈、生活圈和城市圈。都市城拥有商业区、居住区、休闲娱乐区及社区中心等主要配套,如办公楼和商务大厦、酒店和住宅、商场和商业街、餐饮和娱乐、运动和休闲、交通和物流等设施,它以完善的功能设施吸引企业入驻,并以企业及其员工的需求和供给市场为资本吸引大量的生产服务性和生活服务性产业的集聚。对都市城的开发和经营,大量的人员需求会带动周边地区商业、住房、科研、教育、交通等基础设施的建设,实现产业再造和经济转型,真正起到"建设改造一片、带动提升一方"的作用。

都市城妥善解决了园区人口集中、成片居住的问题,促进了社会结构优化,改善了城市环境和形象,同时可以改善民生,提高居民生活水平,优化生态环境,具有良好的社会效益。都市城内部多种功能配套的共生营造出丰富的空间形态,运用高科技设施组织和打造景观空间,改善了园区的投资环境和居住环境,并积极地引导消费,全方位地提升了园区的竞争力。

专栏3-3:中新广州知识城

中新广州知识城项目是继苏州工业园、天津生态城之后中新合作的又一标志性项目,使新加坡先进的管理经验与中国国情相融合,在知识城得到成功的运用,旨在创建一座独具一格、活力四射、可持续发展的低碳城市,把知识城建设成具有国际一流水平的生态宜居新城,成为引领中国知识型产业高端发展和广东经济成功转型的新引擎。

这个综合的发展规划包含了高科技商业园区、住宅区、零售商业区、休闲区和包括社区中心在内的公共设施。绿色连接廊道与湖泊水系交相成趣,而大型绿化带则将知识城分割成北部、中部和南部三个区域,共同形成了贯穿整个知识城的生态网络。目前,知识城项目已经确立发展包括新一代信息通信技术、生物医药、节能环保技术、新一代材料、文化创意产业与科学教育服务在内的六大支柱产业以及总部经济。

1. 引入新加坡"邻里中心"的概念,结合地区实际情况

"邻里中心"作为一个从新加坡舶来的概念,跟小区商业街和农贸市场并非同一个概念,而是一个集商业、文化、体育、卫生、教育等社区服务于一体的"居住区商业服务中心",为园区内的企业和员工提供"一站式、全方位、多层次"的服务场所。根据广州地区的实际情况,建立集行政管理与社区服务、医疗卫生、文化体育、社会福利与保障、市政

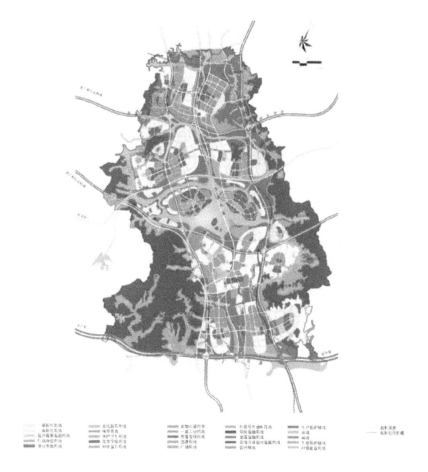

中新广州知识城总体规划图

公用、交通、商业金融服务等综合性服务设施,让园区内人员能够享受到日常生活中所需要的一切服务。

2."一核两区多园"的产业布局

一核:即以行政区、商业区为中心,重点发展研发服务业、创意产业、教育培训业、生命健康服务业、形成中心知识城的核心区。两区:北部产业片区以现有工业园区为依托,重点发展先进制造、生物技术产业;南部产业片区主要依托科学城,重点发展信息产品制造、新能源与节能环保产业。多园:在中新知识城核心区和南北两个产业片区规划建设研发设计园、创意产业园、生物技术园、信息技术园,新能源产业园等园区。

3. 多中心的城市结构，分散式规划建设

中新广州知识城并未采用集中式建设的规划理念，而是由三个新的市镇组成多中心、多等级的新城结构，规划结构强调城市的紧凑发展，北部市镇发展新兴产业，中部新市镇打造成为整个知识城的中心，南部新市镇作为次中心。这种多中心分散式的结构更加合理，适应性更强，在实际运营过程中，便于管理，运营成本低。

资料来源：http://wenku.baidu.com/view/ee4e6ebdc77da26925c5b08e.html.

3.3　三大产品线的开发条件

3.3.1　区域条件

区域条件主要是指园区综合体选址所在区域的原有条件，是园区综合体能否开发成功的先决条件。区域条件作为园区综合体实现并正常发挥其功能的物质基础，其不易改变和不可复制的特性决定了我们必须根据不同区域的特性来构建功能类型各异的园区综合体。区域条件直接关系着园区综合体的功能定位及作用价值，其中包括城市经济状况、交通条件、资源与环境基础。

1. 经济发展状况

园区综合体通常位于城市周边区域，具有强大的空间整合能力，能够承载城市的经济和文化等功能，符合城市化进程的需要。因此，园区综合体的建设与城市的发展需求息息相关，对城市的经济发展状况也有一定的要求。园区综合体的开发需要一定的经济实力和多元的产业带动，要求城市各方面均衡发展，即城市升级与产业升级相结合的总体发展模式，完备的城市形态、完善的城市功能、完美的城市风貌相融合，城市建设与产业发展相融合。城市经济发展状况决定了综合体产品线的定位和内部功能的配备，同时也是影响着园区综合体开发成功的重要因素之一。一般来说，都市城对城市经济的要求相对较高，一般适合城市经济基础雄厚的地方，总部城次之，产业城的要求相对较低。但并不是绝对的，产品线开发的选择还要受其他多种条件的制约和影响。

2. 交通条件

由于园区综合体的居住、商业、办公、酒店等各项功能模块产生的交通量不同，园区交通设施的完善程度直接影响到其功能的选择与组合。快速便捷的交通是保持园区综合体与城市紧密联系的纽带,四通八达的交通网络能够保证园区内部以及外部的人流、物流和交通流畅通无阻。此外,区域内所容纳的交通方式越丰富,能够对园区综合体的各项功能产生更多有利影响,强大的市场吸引力会将更多的企业和消费群体吸引至园区空间中,达到资源利用最大化的目标。

3. 资源与环境

园区综合体对区域内的资源与环境有一定的要求,充足的资源和良好的环境是建设园区综合体的前提。工业会消耗大量的水电,产业城需要有足够的工业用电和工业用水供应,少数资源密集型产业还需要相应的自然资源和原材料。虽然总部城和都市城对资源的要求相对较低,但仍然需要能够维持其运转的资源供应,而且两者对区域及其周边环境的要求相对较高,企业及其员工需要良好的工作环境和生活环境。

园区的存在对区域环境具有反作用力,合理规划园区不仅会营造园区内部的良好环境,还会辐射周边地区,营造一个可持续发展的良性生态循环,创造社会效益。重度污染产业会对环境造成巨大的伤害,这些产业都必须远离居住区,尽量不破坏当地的自然环境,最大限度地降低污染性产业对自然环境和居住环境的负面影响。

3.3.2 政府政策

政策是发展园区综合体的基本保障,它对园区综合体的开发具有正反两面性的影响,恰当的政策有利于对园区开发的准确定位,政策法规对容积率、建筑密度、绿地率等指标的限定能够使园区开发具有经济效益、社会效益和环境效益。同时,政策的约束力能保证综合体公共职能的完善,从而增强它的公众吸引力和社会影响力。相反,政策缺失或政策支持不当会对功能定位产生消极的影响。政府过度重视综合体的名片效应会导致对其未来市场容量、区域资源条件、消费水平等因素的考虑不足,严重偏离市场发展规律,必然导致园区的建设不甚理想甚至整个计划失败。因此,园区的建设必须坚持"政府支持、市场引导、企业运作"的原则,由政府投资建设公共基础设施和信息平台,形成完善的物质基础和服务网络,提供相应的政策支持,为园区的建设创造原始条件。当然,从市场有效性和效益特殊性来说,它既有经济效益又有社会效益,其自然垄断性较强,仅靠市场调节会出现供求失衡的情况,所以必须由政府承担一部分投资或进行必要的干预以达到供求平衡。

3.3.3 企业能力

园区综合体具有占地广、投资高而且回收期长等特性,这对于园区开发运营企业的要求较高。开发企业行使规划、开发和管理职能,负责园区的基础设施、土地开发、土地使用和转让、招商引资等。企业需具备资金管理能力、开发与招商能力等。

1. 资金管理能力

园区开发投资规模大,周期长,资金需求量巨大,因此,寻求长期资金的支持,加强资金管理是企业持续经营和生存发展的重要保证。作为融资平台,资金筹措一直是园区开发企业所关注的问题。园区开发企业应不断开拓资金来源,寻求多元化融资以拓宽融资渠道,完善融资结构,以满足园区开发所需要的资金。在面对外部环境变化和企业内部战略调整的情况下,园区开发企业应通过提升企业现金流的管理水平,合理的控制营运风险,提升企业整体资金的利用效率,从而满足企业发展的需要。

2. 经营管理能力

经营管理是指企业对整个生产经营活动进行计划、组织、指挥,协调与控制,并激励企业成员,以实现其任务和目标。开发企业需要明确经营模式,保证园区开发有利可图、长远发展。通常的经营模式有工业土地使用权转让、标准厂房出租、有偿园区管理服务、基础配套服务和生活配套服务等。园区可以根据自身的情况,采用有多元化的经营模式,保证短期收益和长期收益,更有效地保障入园企业的长期发展需求。

3. 开发与招商能力

园区开发企业需围绕园区城市建设规划指标,参与园区开发建设和供水管理等领域,通过地产开发和有偿物业服务创造收益。开发企业需承担园区宣传推广和招商引资工作,具体负责组织对外招商宣传、形象策划与推介以及网站的建设管理和维护工作,负责招商引资政策咨询、法律咨询等事务,负责入园项目的审批、协调服务。这可以在促进园区开发管理专业化、提高开发建设质量、增强园区核心竞争力、实现可持续发展等多方面产生积极作用。

3.3.4 市场供求

园区的综合协调发展和对多元化的高质量追求,成为综合体开发的催化剂。

随着工业化和商业的迅速发展,园区内部缺乏必要的相互联系,园区功能的不全面性,无法满足园区人们多层次的需求,在一定程度上会造成园区整体混乱和无序化,严重地制约了园区的可持续发展和自我更新。另外,消费者的消费方式也发生了很大变化,尤其是在一个集商务、休闲、购物等多功能的项目内,人性化与个性化的倾向越来越明显。因此,园区综合体必须满足园区发展急需转型的需要,以及不同物业消费者的不同需要、消费心理特点、区域文化及不同功能物业的发展要求,并以其功能的复合性,使其在经营上有明显的价值互补、价值提升的优势,各种功能在一天中不同的时间段运行,能为园区多样化生活提供 24 小时服务。

总之,园区综合体产品线的开发,应当因地制宜、循序渐进。因为园区综合体作为一种全新的地产开发模式,涉及园区空间布局、园区功能定位、区域经济发展等多个方面,在规划建设园区综合体之前需要考虑市场需求、区域特点、交通规划以及经济效益等综合因素,综合体的建设对区域发展水平、开发商实力、交通地理环境等都有着严格的标准。不仅园区之间的情况存在差异,即便同一个园区,综合体各部分的定位、规划都应该根据具体情况有所不同。因此,不能简单地以园区综合体的规划在建数量来衡量综合体的推进速度。如果综合体的建设超出了园区承载能力,反而会影响园区的健康协调发展。

3.4　三大产品线的定位

园区综合体定位是一项系统工程,涉及项目发展面临的城市背景、区域背景、行业背景、文化背景、项目本身先天条件等多方面因素。具体来说就是对市场需求的把握,包括自身优势、周边环境、消费能力、竞争状况、网点规划、园区企业发展需求等,此外还要注重对区域消费文化的深入调查研究,不仅能使项目走差异化经营路线、寻找市场空白点,尽可能减少产品雷同率,造成不良竞争,还能形成自身独具特色的品牌文化定位。

3.4.1　定位依据

通过以上的分析可以看出,无论是整体功能还是内部功能的定位都要以经济、社会、区域、企业、市场及政策等条件为依据,具体为:

(1)区域条件:自然地理环境、区域经济状况(包括人均产值和总产值、人均收入和支出、产业结构、产业发展水平、利率、地价等等)、用地性质及现状、地块规划指标、交通条件、区域配套、发展优势等。

(2)社会发展:园区所在城市结构、城市性质、梯级城市、城市化率、基础设施建设水平、人口增长率、人口年龄结构、人口的教育水平及职业构成、家庭生命周期、劳动力人口数据、居民消费习惯、地方文化背景等。

(3)政策法规:社会经济发展政策、土地供给政策、土地利用规划、城市总体规划、城市控规、交通发展规划、园区设计、园区规划和建筑设计的行业规范等。

(4)企业能力:企业产品开发与设计能力、市场与客户服务能力、产品与服务提供能力、生产与品质保障能力、人力资源开发与利用能力、成本管控能力、品牌策划与运作能力、后勤保障支撑能力等。

(5)市场需求:商圈商业地产的业态分布现状、酒店规模现状、办公用房规模、流动人口数据、消费人群的现状、购买力统计数据、居住区开发现状等。

3.4.2 定位程序

园区综合体产品线定位是项目开发中最重要的环节,它决定项目的发展方向、开发模式、开发节奏、营销策略、效益水平等,为项目的规划设计、开发策略、资源整合、营销规划等工作提供依据。园区产品线定位的过程主要包括整体的定位与各功能物业的分项定位两大部分。

1. 整体功能定位程序

基于对园区所在城市区域的宏观定位的思考,确定园区综合体产品线整体功能定位的流程如下:

①通过对园区所在城市的宏观经济条件、产业结构、交通布局、人口特征等进行背景分析,结合园区自身特点,确定产品线发展面临的机遇和挑战;

②在自身条件分析基础上,对区域发展战略、发展方向和发展动力进行分析,确定园区服务空间发展的现状区域;

③在确定现状区域的基础上,结合园区面临的机遇和挑战以及园区自身发展的需要,确定园区功能的未来定位区域;

④园区发展的机遇和挑战、现状区域和定位区域三者结合,对园区功能做出定位。

2. 内部功能定位程序

明确了园区综合体的总体功能后,再对各个物业分别进行定位,根据子物业市场需求的大小确定子物业发展的潜力和可行性,然后确定子物业的体量,通过整体经济预算评价获得最优子物业的组合与配比。

3.4.3 定位方法

1. 整体定位方法——三位一体法

一是充分把握园区综合体所在区域的市场背景,提出定位的初步方案;二是充分借鉴类似的开发成功经验,对定位的初步方案进行修改和完善;三是召开各方面的专家研讨会,对初步修改方案进行论证、改进,直至定位方案最终确定。如下:

表 3.2 三位一体法

定位手段	定位条件	定位思考	定位结论
市场分析	城市背景	从城市发展脉络寻找园区综合体发展方向。	园区综合体的总体发展战略。
	区域背景	确定综合体的区域地位。	综合体的形象定位。
	行业分析	根据行业目前的特征来判断行业未来发展趋势,确定其合理的物业功能配比。	物业发展功能定位和客户定位。
	物理条件	园区综合体的 SWOT 分析。	项目发展优势劣势分析以及机会点威胁点判断。
经典案例借鉴		从成功和失败的案例中得到启发。	修正定位。
专家论证		根据不同专家的观点和看法,正确地把握项目定位。	完善定位。

2. 园区综合体分项定位

在园区综合体分项定位中最重要的是体量(规模)研究与产业研究。

(1)园区综合体的定量研究。

园区综合体的定量研究主要是研究不同物业的体量与规模。其主要物业通常包括:商务物业、零售商业、娱乐休闲、居住物业及公共设施的建筑面积和用地面积。园区综合体开发从规划到完成一般需要 5~10 年,甚至更长。因此,园区综合体中各物业的规模是动态的。如商务物业(写字楼)定量,主要是通过市场调研、结合理论研究方法。零售商业定量,通过商业市场研究结合现状供需数据、用商圈计算与模型分析判断综合体内零售商业的体量。

在园区综合体的综合开发过程中，各种开发类型物业之间是存在一定的价值联动关系的，物业的规模一定要预留未来发展的空间。确定不同物业合理的规模，并充分考虑其未来的发展空间，将直接影响项目的整体规划布局及最终的综合价值最大化的实现。

（2）园区综合体产业研究。

园区综合体的产业是园区综合体中重要的一个功能部分，需要单独分析研究。园区综合体的产业研究包括产业的市场研究、产业的定位研究、产业的定量研究、产业的业态研究、产业的规划研究、产业的营销推广、产业的经营管理研究等，并以此来确定不同产业的发展建设规模。

园区综合体定位一定要避免"就园区论园区"。园区综合体功能的确定要着眼于本区域的基本活动部分，要从区域的角度看其作用和特点，包括园区与区域的关系，园区之间的分工。园区综合体功能定位离不开区域分析的方法，园区性质要与区域发展条件相适应。在某园区综合体具体功能定位过程中，要在准确分析该园区历史发展脉络、区域条件、政策优势、社会经济发展条件等因素的基础上，准确判断影响该区域发展的主要影响因子和制约条件，综合运用经验分析方法、要素结构分析方法、SWOT 分析法、因子分析法等方法，发挥各种方法的优点，定量与定性相结合，充分挖掘园区产品线的发展潜力和竞争优势，避免园区内部劣势，为园区产品线合理定位提供坚实的支撑。

4 园区综合体的规划与建设

园区在发展过程中,会经历产业城、总部城和都市城的不同阶段,在这些不同的阶段中,园区要考虑到厂房、公寓、办公等建筑类型的规划与建设。同时,还要考虑这些建筑在园区的空间布局以及艺术处理等问题。

4.1 园区综合体厂房的规划与建设

园区内厂房的建设是园区综合体中建设环节最基础的一个部分,产业城园区内厂房的设计主要从设计原则、剖面处理、立面处理上来简单地论述。

4.1.1 厂房体型与厂房空间设计概述

工业建筑是指从事各类工业生产以及直接为工业生产服务的房屋。从事工业生产的房屋主要包括生产厂房、辅助生产用房以及为生产提供动力的房屋,这些房屋被称为"厂房"或"车间"。直接为生产服务的房屋是指为工业生产存储原料、半成品和成品的仓库,以及存储与修理车辆的用房。这些房屋均属工业建筑的范畴。

工业建筑按其建筑形式可分为单层厂房、多层厂房、层数混合的厂房,在园区综合体中重点研究多层厂房。

多层厂房中,其中两层厂房广泛应用于化纤工业、机械制造工业等。其他类型多层厂房多应用于电子工业、食品工业、化学工业、精密仪器工业等轻工业。这类厂房的特点是生产设备较轻、体积较小、工厂的大型机床一般放在底层,小型设备放在楼层上,厂房内部的垂直运输以电梯为主,水平运输以电瓶车为主。建筑在城市中的多层厂房,能满足城市规划布局的要求,可丰富城市景观,节约用地面积,在厂房面积相同的情况下,四层厂房的造价最经济。

4.1.2 多层厂房的特点

1. 生产在不同标高的楼层上进行

多层厂房的最大特点是生产在不同标高楼层上进行,每层之间不仅有水平的联系,还有垂直方向的联系。因此,在厂房设计时,不仅要考虑同一楼层各工段间应有合理的联系,还必须解决好楼层与楼层间的垂直联系,并安排好垂直方向的交通。

2. 节约用地

多层厂房具有占地面积少、节约用地的特点。例如建筑面积为10000平方米的单层厂房,它的占地面积就需要10000平方米,若改为五层多层厂房,其占地面积仅需要2000平方米就够了,就比单层厂房节约用地五分之四。

3. 节约投资

减少土建费用:由于多层厂房占地少,从而使地基的土石方工程量减少,屋面面积减少,相应地也减少了屋面天沟、雨水管及室外的排水工程等费用。

缩短厂区道路和管网:多层厂房占地少,厂区面积也相应减少,厂区内的铁路、公路运输线及水电等各种工艺管线的长度缩短,可节约部分投资。

4.1.3 多层厂房的适用范围

多层厂房主要适用于较轻型的工业,在工艺上利用垂直工艺流程有利的工业,或利用楼层能创设较合理的生产条件的工业等。结合我国目前情况,较轻型的工业采用多层厂房是首要的先决条件。如纺织、服装、针织、制鞋、食品、印刷、光学、无线电、半导体以及轻型机械制造及各种轻工业等。

不少工业,为了满足生产工艺条件的特殊要求,往往设置多层厂房比单层厂房有利。如精密机械、精密仪表、无线电工业、半导体工业、光学工业等等,为保证精密度需设置温湿度稳定的空调车间,为保证产品质量需作高度洁净车间,或需其他特定条件的内部要求等。如空调车间采用单层厂房时,地面及屋面会大大增加冷负荷或热负荷条件,若改为多层厂房则可将有空调的车间放在中间层,可减少冷热负荷;又如要求高度洁净条件的车间,在多层厂房中放在较上层次容易得到保证,而设在单层厂房中则难以得到保证。

4.1.4 多层厂房的结构形式

厂房结构形式的选择首先应该结合生产工艺及层数的要求进行。其次还应该考虑建筑材料的供应、当地的施工安装条件、构配件的生产能力以及基地的自然条件等。目前我国多层厂房承重结构按其所用材料的不同一般有混合结构、钢筋混凝土结构和钢结构。

（1）混合结构。

取材和施工均较方便，费用又较经济，保温隔热性能较好。当地基条件差，容易不均匀下沉时，选用时应加慎重。此外在地震区亦不宜选用。

当楼板跨度在 4 ~ 6 米，层数在 4 ~ 5 层，层高在 5.4 ~ 6.0 米左右，在楼面荷载不大又无振动的情况下，均可采用混合结构。

（2）钢筋混凝土结构。

刚度较好，适用范围广，是目前经常采用的一种形式，有梁板式和无梁式两种。

（3）钢结构。

重量轻，强度高，施工方便，是国外采用较多的一种结构形式，应用呈发展趋势。

4.1.5 多层厂房的设计原则

1. 满足生产工艺的要求

生产工艺是工业建筑设计的主要依据，生产工艺对建筑提出的要求就是该建筑使用功能上的要求。因此，建筑设计在建筑面积、平面形状、柱距、跨度、剖面形式、厂房高度以及结构方案和构造措施等方面，必须满足生产工艺的要求。同时，建筑设计还要满足厂房所需的机械设备的安装、操作、运转、检修等要求。

2. 满足建筑技术的要求

①工业建筑的坚固性及耐久性应符合建筑的使用年限。由于厂房的永久荷载和可变荷载比较大，建筑设计应为结构设计的经济合理性创造条件，使结构设计更利于满足安全性、适用性和耐久性的要求。

②由于科技发展日新月异，生产工艺不断更新，生产规模逐渐扩大，因此，建筑设计应使厂房具有较大的通用性和改建、扩建的可能性。

③应严格遵守建筑模数的规定，合理选择厂房建筑参数（柱距、跨度、柱顶

标高、多层厂房的层高等),以便采用标准的、通用的结构构件,使设计标准化、生产工厂化、施工机械化,从而提高厂房工业化水平。

3. 满足建筑经济的要求

①在不影响卫生、防火及室内环境要求的条件下,将若干个车间(不一定是单跨车间)合并成联合厂房,对现代化连续生产极为有利。因为联合厂房占地较少,外墙面积相应减小,缩短了管网线路,使用灵活,能满足工艺更新的要求。

②建筑的层数是影响建筑经济性的重要因素。因此,应根据工艺要求、技术条件等,确定采用单层或多层厂房。

③在满足生产要求的前提下,设法缩小建筑体积,充分利用建筑空间,合理减少结构面积,提高使用面积。

④在不影响厂房的坚固、耐久、生产操作、使用要求和施工速度的前提下,应尽量降低材料的消耗,从而减轻构件的自重和降低建筑造价。

⑤设计方案应便于采用先进的、配套的结构体系及工业化施工方法。但是,必须结合当地的材料供应情况,施工机具的规格和类型,以及施工人员的技能来选择施工方案。

4. 满足卫生及安全的要求

①应有与厂房所需采光等级相适应的采光条件,以保证厂房内部工作面上的照度;应有与室内生产状况及气候条件相适应的通风措施。

②能排除生产余热、废气,提供正常的卫生、工作环境。

③对散发出的有害气体、有害辐射、严重噪声等应采取净化、隔离、消声、隔声等措施。

④美化室内外环境,注意厂房内部的水平绿化、垂直绿化及色彩处理。

⑤总平面设计时将有污染的厂房放在下风位。

4.1.6 多层厂房平面设计

多层厂房的平面设计首先应满足生产工艺的要求。其次,运输设备和生活辅助用房的布置、基地的形状、厂房方位等等都对平面设计有很大影响,必须全面、综合地加以考虑。

1. 生产工艺流程和平面布置的关系

按生产工艺流向的不同,多层厂房的生产工艺流程布置可归纳为以下三种类型,其特点如表4.1所示。

表 4.1 多层厂房的工艺流程

	自上而下式	自下而上式	上下往复式
特点	把原料送至最高层后,按照生产工艺流程的程序自上而下地逐步进行加工,最后的成品由底层运出。	原料自底层按生产流程逐层向上加工,最后在顶层加工。	有上有下的一种混合布置方式,能适应不同情况的要求,应用范围较广。
适用范围	一些进行粒状或粉状材料加工的工厂,面粉加工厂和电池干法密闭调粉楼的生产流程都属于这一种类型。	轻工业类的手表厂、照相机厂或一些精密仪表厂的生产流程都属于这种形式。	适应性较强,是一种经常采用的布置方式。印刷厂的生产工艺流程就属于这种形式。

对于每一层来说,由于生产工艺流程有直线式、直线往复式和垂直式三种,与此相适应的厂房的平面形式也有所不同。

①直线式:即原料由厂房一端进入,成品或半成品由另一端运出。其特点是厂房内部各工段间联系紧密,唯运输线路和工程管线较长。厂房多为矩形平面,可以是单跨,亦可以是多跨平行布置。这种平面简单规整,适合对保温要求不高或工艺流程不能改变的厂房,如线材轧钢车间。

②直线往复式:原料从厂房的一端进入,产品则由同一端运出。其特点是工段联系紧密,运输线路和工程管线短捷,形状规整,节约用地,外墙面积较小,对节约材料和保温隔热有利。相适应的平面形式是多跨并列的矩形平面,甚至方形平面。适合于多种生产性质的厂房。

③垂直式:特点是工艺流程紧凑,运输线路及工程管线较短,相适应的平面形式是 L 形平面,即出现垂直跨。在纵横跨相接处,结构、构造复杂,经济性较差。

2. 多层厂房的平面布置方式

①内廊式。

特点:各生产工段需用隔墙分隔成大小不同的房间,用内廊联系起来,这样对某些有特殊要求的工段或房间,如恒温、恒湿、防尘、防振等可分别集中。

适用:各工部或房间在生产上要求有密切联系,又要求生产过程中不互相干扰的厂房,如图 4.1 所示。

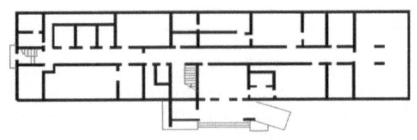

图 4.1 内廊式平面布置

②混合式。

特点:能更好地满足生产工艺的要求,并具有较大的灵活性。但其缺点是易造成厂房平、立、剖面的复杂化,使结构类型增多,施工较复杂,且对防震不利。如图 4.2 所示。

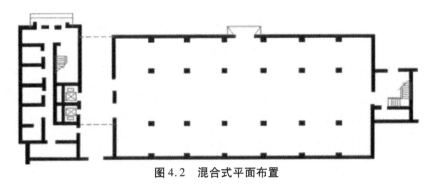

图 4.2 混合式平面布置

③统间式。

特点:这种布置对自动化流水线生产更为有利。

适用:工艺联系紧密,无干扰,不需分隔,工艺要求大面积或有通用性、灵活性的厂房如图 4.3 和图 4.4 所示。

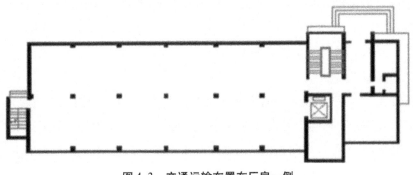

图 4.3 交通运输布置在厂房一侧

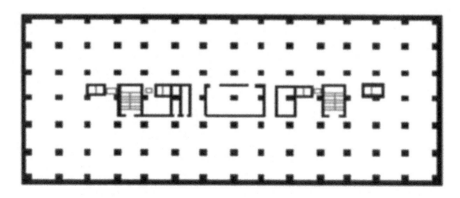

图 4.4　交通运输及辅助用房布置在厂房中部

④套间式。

特点：通过一个房间进入另一个房间的布置形式为套间式。

适用：有特定工艺的要求或要求保证高精度生产正常进行（通过低精度房间进入高精度房间）的厂房。

3. 多层厂房的柱网

多层厂房的柱网选择时首先应满足生产工艺的需要，并应符合《建筑统一模数制》和《厂房建筑模数协调标准》的要求。此外，还应考虑厂房的结构形式、采用的建筑材料、构造做法及在经济上是否合理等。多层厂房的柱网一般包括以下几种类型，如表4-2。

表4-2　多层厂房的柱网类型

	内廊式柱网	等跨式柱网	对称不等跨柱网	大跨度式柱网
适用	零件加工和装配车间。	仓库、轻工、仪表、机械等工业厂房中采用较多。	适用范围基本和等跨式柱网相同。	需要人工照明与机械通风的厂房。
优缺点	生产与交通互不干扰，管道可集中设置在走道天棚的夹层中，既利用了空间，又隐蔽了管道。	便于建筑工业化，便于生产流水线的更新，用轻质隔墙分隔后，亦可作内廊式布置。	厂房构件种类，比等跨式多些，不如前者优越，但有时能满足生产工艺，合理利用面积。	适应性更大，楼层结构的空间可作为技术层，用以布置各种管道及生活辅助用房。

续表

	内廊式柱网	等跨式柱网	对称不等跨柱网	大跨度式柱网
柱网尺寸	常用(6＋2.4＋6)×6(7.5＋3＋7.5)×6	常用(6＋6)×6(7.5＋7.5)×6(9＋9)×6	常用(4.8＋6＋4.8)×6(6.5＋7＋6.5)×6(5＋8＋5)×6	跨度一般大于等于9米

柱网布置类型示例如下图 4.5 至图 4.8 所示：

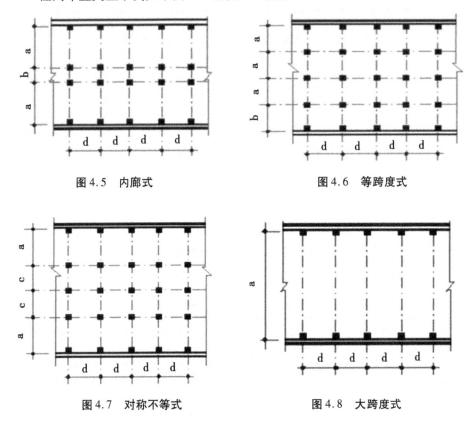

图 4.5　内廊式　　　　　　　　　　图 4.6　等跨度式

图 4.7　对称不等式　　　　　　　　图 4.8　大跨度式

4. 楼、电梯布置及人、货流组织方式

①梯、电梯布置。

楼梯布置原则：人货互不交叉和干扰,布置在行人易于发现的部位;在底层最好能直接与出入口相连接。

电梯布置原则：方便货运,最好布置在原料进口或成品、半成品出口处;尽量减少水平运输距离,以提高电梯运输效率;电梯间在底层平面最好应有直接对外出入口;水平运输通道应有一定宽度,在电梯间出入口前,需留出供货物临时堆放的缓冲地段;电梯间附近宜设楼梯或辅助楼梯,以便在电梯发生故障或检修时能保证运输。

②人、货流组织方式。

楼、电同门进出布置方式如图4.9中(a)相对布置,(b)斜对布置,(c)并排布置所示。

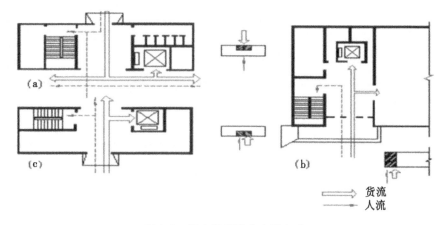

图4.9 楼电同门进出布置方式

楼、电分门进出布置方式如图4.10中(a)同侧进出,(b)对侧进出,(c)邻侧进出所示。

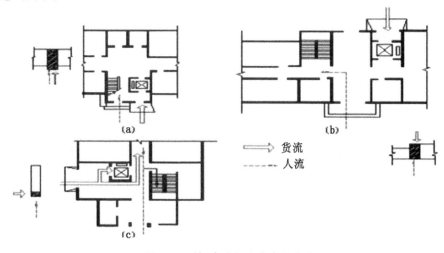

图4.10 楼、电分门进出布置方式

5. 生活及辅助用房布置

多层厂房生活间的位置,与生产厂房的关系,从平面布置上可归纳为两类。

①设于生产厂房内。

将生活间布置在生产车间所在的同一结构体系内。其特点是可以减少结构类型和构件,有利施工。生活间在车间内的具体位置有两种。

a. 生活间在主体结构内位于端部,如下图4.11、图4.12所示。

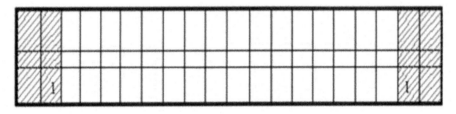

图 4.11 生活间在车间两端

这种布置不影响车间的采光、通风,能保证生产面积集中,工艺布置灵活。但对厂房的纵向扩建有一定限制,由于生活间布置在一端,当厂房较长时,生活间到车间的另一端距离就太远,造成使用上不方便。为此,在车间的两端都需要设置生活间。

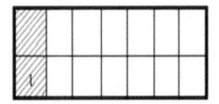

图 4.12 生活间在车间一端

b. 生活间在车间的中部,如下图4.13、图4.14所示。

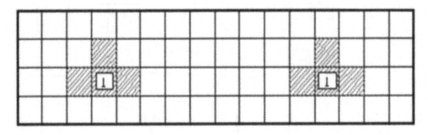

图 4.13 生活间在车间的中部(靠内)

这种布置可避免位于端部的缺点,与厂房两端距离都不太远,使用方便,还可将生活间与垂直交通枢纽组合在一起,但应注意不影响工艺布置和妨碍厂房的采光、通风。

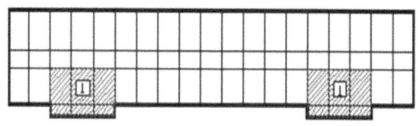

图 4.14　生活间在车间的中部(靠边)

c. 生产车间与生活间层高关系。当生产车间的层高低于3.6米时,将生活间布置在主体建筑内是合理的,有利于车间与生活间的联系,使用方便,结构施工简单,设计时采用这种布置方式较多。

在生产车间的层高大于4.2米时,生活间应与车间采用不同层高,否则会造成空间上的浪费。降低生活间层高有利于增加生活间面积,充分合理地利用建筑空间。此时生活间的层高可采用2.8~3.2米,以能满足采光、通风要求为准。但此种布置的缺点是剖面较复杂,会增加结构、施工的复杂性。

②设于生产厂房外。

生活间布置在与生产车间相连接的另一独立楼层内,构成独立的生活单元。这种布置可使主体结构统一,还可以区别对待,使生活间可以采用不同于生产车间的层高、柱网和结构形式,这就有利于降低建筑造价,有利于工艺的灵活布置与厂房的扩建。生活间与车间的位置关系通常有以下两种。

a. 生活间在主体结构外位于山墙面。生活间紧靠车间的山墙一端,与生产车间并排布置,不影响车间的采光、通风、占地面积较省,但服务半径受到限制,车间的纵向发展要受到影响,如图4.15、图4.16所示。

b. 生活间在主体结构外位于侧墙面。将生活间布置在车间纵向外墙的一

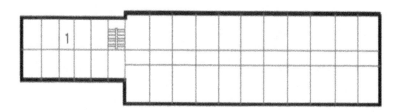

图 4.15　生活间附在山墙旁

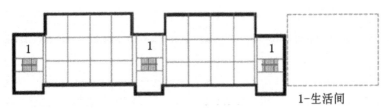

1-生活间

图4.16 生活间自成单元(在山墙旁)

侧,这样,可将生活间布置在比较适中的位置,车间的纵向发展,不受生活间的制约,但生活间与车间的连接处,会影响车间部分采光与通风,占地面积也较大,如图4.17所示。

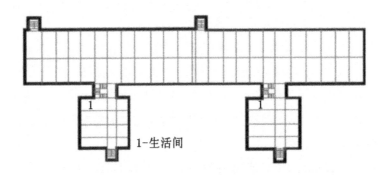

1-生活间

图4.17 生活间位于侧墙面

生活间组合方式,多层厂房的生活间,主要根据生产车间内部生产的清洁程度和上下班人流的管理情况分如下几种情况,如下图4.18至图4.21所示。

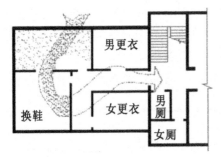

图4.18 生活间集中布置,脏洁路线交叉

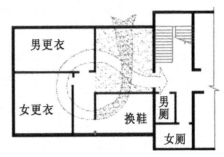

图4.19 生活间集中布置,脏洁分开

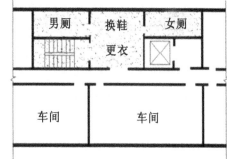

图 4.20 生活间分层布置图   4.21 生活间分层布置

4.1.7 多层厂房剖面设计

多层厂房的剖面设计主要是研究确定厂房的层数和层高。

1. 层数的确定

多层厂房的层数选择,主要是取决于生产工艺、城市规划和经济因素等三方面,其中生产工艺是起主导作用的。

①生产工艺对层数的影响。

厂房根据生产工艺流程进行竖向布置,在确定各工段的相对位置和面积时,厂房的层数也相应地确定了。

②城市规划及其他条件的影响。

多层厂房布置在城市时,层数的确定要符合城市规划,城市建筑面貌、周围环境及工厂群体组合的要求。此外厂房层数还要随着厂址的地质条件、结构形式、施工方法及是否位于地震区等而有所变化。

③经济因素的影响。

多层厂房的经济问题,通常应从设计、结构、施工、材料等多方面进行综合分析。从我国目前情况看,根据资料所绘成的曲线,经济的层数为 3~5 层,有些由于生产工艺的特殊要求,或位于市区受城市用地限制,也有提高到 6~9 层的。在国外,多层厂房一般为 4~9 层。最高有达 25 层的。

2. 层高的确定

多层厂房的层高是指由地面(或楼面)至上一层楼面的高度。它主要取决于生产特性及生产设备、运输设备(有无吊车或悬挂传送装置),管道的敷设所需要的空间;同时也与厂房的宽度、采光和通风要求有密切的关系。

目前,我国多层厂房常采用的层高有 4.2、4.5、4.8、5.1、5.4、6.0 米等几种。其影响因素如下几大关系。

①层高与生产、运输设备的关系。

多层厂房的层高在满足生产工艺要求的同时,还要考虑起重运输设备对厂房层高的影响。一般只要在生产工艺许可情况下,都应把一些重量重、体积大和运输量繁重的设备布置在底层,这样可相应地加大底层层高。有时在遇到个别特别高大的设备时,还可以把局部楼层抬高,处理成参差层高的剖面形式。

②层高与采光、通风的关系。

为了保证多层厂房室内有必要的天然光线,一般采用双面侧窗天然采光居多。当厂房宽度过大时,就必须提高侧窗的高度,相应地需增加建筑层高才能满足采光要求。

设计时可参考单层厂房天然采光面积的计算方法,根据我国《工业企业采光设计标准》的规定进行计算。在确定厂房层高时,采用自然通风的车间,还应按照《工业企业设计卫生标准》的规定,每名工人所占厂房体积不少于 13.3 立方米,面积不少于 4.2 平方米,以利提高工效,保证工人健康。

③层高与管道布置的关系。

生产上所需要的各种管道对多层厂房层高的影响较大。在要求恒温恒湿的厂房中空调管道的高度是影响层高的重要因素。若管道布置在底层或顶层,这时就需要加大底层或顶层的层高,以利集中布置管道。若管道集中布置在各层走廊上部或吊顶层的情形,这时厂房层高也将随之变化。当需要的管道数量和种类较多,布置又复杂时,则可在生产空间上部采用吊天棚,设置技术夹层集中布置管道。这时就应根据管道高度,检修操作空间高度,相应地提高厂房层高。

④层高与室内空间比例关系。

在满足生产工艺要求和经济合理的前提下,厂房的层高还应适当考虑室内建筑空间的比例关系,具体尺度可根据工程的实际情况确定。

⑤层高与经济的关系。

在确定厂房层高时,除需综合考虑上述几个问题外,还应从经济角度予以具体分析。下图 4.22 所示表明了不同层高与造价的关系。从图中可看出不同层高的单位面积造价的变化是向上的直线关系,即层高每增加 0.6 米,单位面积造价提高约 8.3% 左右。

目前,我国多层厂房常采用的层高有4.2、4.5、4.8、5.1、5.4、6.0米等几种。

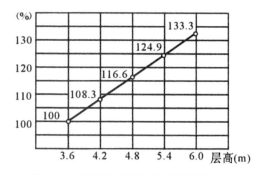

图4.22 层高和单位造价的估算关系

4.1.8 多层厂房立面设计

进行多层厂房立面处理时,可借鉴单层厂房立面处理和多层民用建筑的处理,使厂房的外观形象和生产使用功能、物质技术应用达到有机的统一,给人以简洁、朴素、明朗、大方又富有变化的感觉。

1. 体型组合

多层厂房的体型,一般由三个部分的体量组成:①主要生产部分;②生活、办公、辅助用房;③交通运输部分。

一般情况下,辅助部分体量一般都小于生产部分,它可组合在生产体量之内,又可突出于生产部分之外,这两种体量配合得当,可起到丰富厂房造型作用。

多层厂房交通运输部分,常将楼梯、电梯或提升设备组合在一起,故在立面上往往都高于主要生产部分,在构图上与主要生产部分形成强烈的横竖对比,使厂房造型富有变化。

2. 墙面处理

多层厂房的墙面处理是立面造型设计中的一个主要部分,应根据厂房的采光、通风、结构、施工等各方面的要求,处理好门、窗与墙面的关系。

多层厂房的墙面处理方法与单层厂房有类似之处,即是将窗和墙面的某种组合作为基本单元,有规律地重复地布置在整个墙面上,从而获得整齐、匀称的艺术效果。一般常见的处理手法有:垂直划分、水平划分和混合划分。

3. 入口处理

可把垂直交通枢纽和主要出入口组合在一起,在立面作竖向处理,使之与水平划分的厂房立面形成鲜明对比,以达到突出主要入口,使整个立面获得生动、活泼又富于变化的目的(见表4.3)。

表 4.3　工业建筑入口的立面处理

人流入口	突出入口	
在立面设计时应作适当的处理。因为使人流出入口重点突出,不仅在使用中易于发现,而且它对丰富整个厂房立面造型会起到画龙点睛的作用。	最常用的处理方法是,根据平面布置,结合门厅、门廊及厂房体量大小,采用门斗、雨棚、花格、花台等来丰富主要出入口。	也可把垂直交通枢纽和主要出入口组合在一起,在立面作竖向处理,使之与水平划分的厂房立面形成鲜明对比,以达到突出主要入口,使整个立面获得生动、活泼又富于变化的目的。

4.2　园区综合体办公建筑的规划与建设

园区的发展过程中,当产业城发展到一定程度,就会发展到总部城的阶段,就会考虑到园区办公建筑的规划与建设。

4.2.1　办公楼的主要建筑空间

园区综合体办公楼的主要建筑空间包括办公空间、科研空间、培训、休闲空间、展示空间、交通/服务空间等(如图 4.23)。

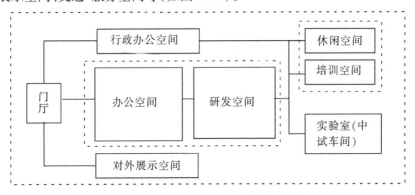

图 4.23　园区综合体办公楼的空间构成

1. 办公空间

办公空间是办公楼的主体空间。在我国,人均办公空间至少为 4.0 平方米,单个的办公建筑净面积至少为 10 平方米。园区综合体内的办公空间一般包括各部门办公室和普通员工办公室,在建筑的分割上包括单间办公室、半开放式办公室和开放式办公室(如图4.24)三种类型。园区综合体内的办公空间要注重信息化的沟通,预留电源接口和网线插口,注意计算机的配备和员工工作环境的营造。同时随办公团队的组合变化,可能有灵活办公的需求,在家具的选择和柱网的设计上应综合考虑。

图4.24 园区某办公楼内开放式办公空间

2. 培训/休闲空间

高科技行业知识更新速度快,工作人员需要快速接受新的知识。在部分大型园区的办公楼内往往设置图书馆、培训中心、学习交流室等供员工学习的场所。为了缓解工作人员的工作压力,园区综合体办公楼内往往会设置咖啡厅、水吧、健身房等休闲娱乐空间。

3. 展示空间

高科技企业往往为了自身形象和品牌的需要,在办公楼内设置特定的展示空间,展示自身的科技产品,为达到良好的参观效果,往往带有一定的互动性,对公众开放和参观,成为企业的展示窗口。

4. 交通/服务空间

交通空间主要包括门厅、楼梯间、电梯间等,服务空间主要包括员工食堂、卫生管理用房、值班室、员工休息室、计算机房、文印室、消防控制室、配电室等。

4.2.2 办公楼的一般特点

园区综合体内的办公建筑有着自己的一些重要特征。

1. 低密度,规模适宜

由于高科技企业更多地依靠人的知识性的脑力劳动,更多呈现知识密集型产业发展趋势,依靠相关行业人才,在企业的规模一般以中小型为主。园区综合体内的企业呈现出小而多、小而精的特点,相应地其企业所需办公楼的规模也大多偏小。

类似高层写字楼的建筑形式在园区综合体比较少见,大多数是多层的办公楼。他们的办公规模普遍不大,大多集中在几千平方米,也有少数达到数万平方米。一类是由多栋多层办公楼或部分高层办公楼聚集在一起形成商务办公园区的形式,吸引相关的科技企业入驻办公,例如光谷软件园,就有微软技术中心、深圳华为、东湖软件等 110 余家相关信息行业企业入驻,形成集群效应(图 4.25)。另一类是企业将自身生产,办公等建筑集中在一个园区内,由于单个企业办公研发功能一般规模有限,在建筑形态上也多采用多层和低密度的形式。

2. 重视交流场所

园区综合体内办公人员的特点在一定程度上决定了其办公模式。园区综合体内的工作人员呈现出高学历、高收入的特点,其中,中、高级职称人数占到从业人数的 13.6%（如图4.26）,在年龄上则以20—40 年龄段的人员为主,未婚比例较高。他们

图 4.25　光谷软件园一角

重视工作效率的提高,并不一味地以延长工作时间为方式来进行工作。对于办公环境质量有一定要求,希望其办公环境是舒适并且景观优美,喜欢利用下午茶等一些活动形式增进相互交流,对相关交流场所有一定要求。

交流是产生创造的重要手段,高科技产业需要相关人员进行各种形式的交流。一些公司还定期举行类似"头脑风暴"的活动,以加强人员之间的相互交流

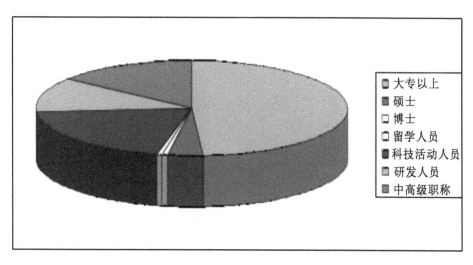

图 4.26   我国国家级园区综合体工作人员构成情况（根据中国科学技术部相关资料整理）

活动。办公建筑中多样化的交流空间的塑造,将极大促进科技人员的想象力和
创造力。交流空间包括两类,一种是较为正式的交流空间,包括办公室和各类会
议室、信息发布中心等相关场所,在工作时间,对某一工作问题或者项目进行个
别或者小范围、大范围的集体讨论,互相发表建议和方案,讨论出切实可行的解
决方案。另一种是非正式的交流空间,包括水吧、咖啡厅、室外休息平台、中庭休
息平台(如图 4.27)等,这种交流则可能是不同专业、不同部门、不同公司的一种
非正式交流,这种形式的交流能让相关人员换角度去思考问题,往往会有爆炸性
的思维碰撞发生。

　　3. 注重建筑品质
　　园区综合体的发展在我国各地尚属新鲜事物,发展的时间多在最近一二十
年,园区综合体内的办公楼的建设往往伴随着企业经济实力的发展,注重建筑品
质,乐于采用新材料和新技术,建筑往往采用较高标准,如图 4.28 是光谷生物城
某办公楼阳台细部,综合运用了网面玻璃、穿孔金属板、红色砖贴面等材料作为
阳台栏杆/栏板细部材料,产生了既统一又有区别的质感。在低碳时代,新能源、
新材料和节能环保行业类的企业更是积极采用各种新的节能手段和低碳建筑策
略。在环境的处理上也精心设计,建筑质量和环境品质都比较好。

　　4. 代表企业形象
　　园区综合体办公楼是各个企业对外的重要窗口,办公楼的外部形象是外部

图 4.27　北京海淀区上地信息产业基地百度大厦中庭交流场所

人员了解企业的第一印象。一个衰败破旧的办公楼,必然会使业务方对企业实力产生疑虑,而园区综合体内的企业,多数从事的是高科技相关行业,其办公楼应彰显企业的行业特性,代表企业文化,树立企业形象。同时,各个办公楼也组成了园区综合体的基本风貌。

图 4.28　光谷生物城某办公楼阳台细部

4.2.3　办公楼的建筑设计

园区综合体办公楼是园区综合体的重要组成部分,园区综合体的规划对高科技园区办公楼的设计有着极为重要的影响作用。更为高效的紧凑规划布局、对园区高效的资源配置、低碳的交通出行方式等都是低碳建筑发展的基础。

1. 办公楼平面设计

①办公楼的平面构成内容。

高层办公楼平面设计一般由两部分构成,一部分是将办公室作为同一平面上下重复的标准层部分,另一部分是门厅层等的特殊层部分。因为标准层的设计占整个办公楼的一半以上,它对大楼的整体效率和使用上的方便性能产生很大的影响,因此,可以说在办公楼的设计中是最为重要的部分。其他楼层和各个房间多以标准层为依据而进行的。

②标准层的平面设计。

a. 办公室的朝向和平面布局。在进行办公室平面设计之前,要先对办公室和核心间的位置关系进行研究。要将面临道路或南向的一侧作为办公室的采光面,尽量将办公室设计得规则整齐。在郊区建的办公楼,因用地有较大的宽余度,但为降低热负荷等方面,也要尽量考虑办公室的朝向和方位的关系。

b. 办公室的进深。现代高层办公楼很少靠天然采光的,尤其是大空间办公室或景观式办公室,但天然采光无疑对办公环境是一个重要条件。一般就办公室而言,单面采光的办公室进深不大于12米。面对面双面采光的办公室两面的窗间距不大于24米。一般而言,办公室的进深一般都在12~18米,因为它和标准的对向式办公室布局容易取得一致。

c. 灵活可变性。租赁大楼追求两种灵活可变性:一种是"出租方的灵活可变性——好租",另一种是"租用者的灵活可变性——好用"。出租方的灵活可变性,无论是要将整楼层出租还是划分成小块出租用,在出租的规模上都要有灵活的对应措施,保证在每一个最小的区域设置出入口,以及配置完整的设备系统。租用者的灵活可变性,就是要保证提供规则的平面形式、无偏差的设备布局等,从而形成具有均质的办公空间。

d. 安全疏散流线。在进行安全避难流线设计时,要尽量同日常流线设计的一致,并且容易识别,以避免在发生火灾等避难疏散时造成混乱。并且,为了保证避难通道在火焰和烟雾中的安全,设计要做到发生火灾时,能将走廊和楼梯间同其他部分明确分开。具体内容详见本章第四节有关部分。

e.办公室空间的分区。一般是先进行具体的办公家具等的布局设计,然后根据其所需空间及生活流线,再加上室内环境的布置,进行分区设计。在进行分区设计时,首先对构成各楼层的垂直面进行分区(称为长筒式或者垂直竖向式),在此基础上,再进行楼层内的分区。

在对楼层内进行分区时,要考虑到从共用部分开始的流线,办公室的进深尺寸、采光面的朝向等办公室的物理性条件和每个分区的性格、连贯性和有无接待等功能性条件,并且将来有关机构变更的对应措施等,也要放在分区设计中考虑。

f.办公室的布局。根据分区设计,将适合个人和组织办公业务特性的办公家具和机器设备进行组合,对办公室进行布置。通过对这些办公家具的组合而产生的最小单元叫标准空间,它被作为办公室布局的标准,与此同时,从保证个人最低限的空间和环境这个意义上来讲,它也是一个应该遵守的单元。在变化(组织变动大小的指标)较大的机构中,并不是在每次的机构改革中办公家具的布局也发生变化,而多是采用保持办公家具和机器原样不动,只对人员进行调整的办法。

办公室桌椅布置有以下几种方式,其优缺点各不相同:

对面式:这是一种传统的布置方式。优点是便于集中工作;容易把握工作状态。缺点是不易保密;采光方向不尽合理;相互干扰多。

单列式:优点是互相干扰少;来访者不会妨碍大多数人的工作。缺点是部门管理不集中。

自由式(景观办公室):按办公园区精心规划,表面呈不规划布置,实际有内在规律。优点是可按工作关系自由调整,办公环境及景观可按不同园区布置;可节约公用走廊。缺点是易有噪音干扰;为电话插座布置增加难度。

2. 办公楼建筑立面设计

①立面墙窗洞口的设计。

建筑立面的墙体和窗洞设计在建筑立面设计中占有很大的比例,墙窗比率直接影响到立面设计的总体印象,中高层、高层及超过百米高度的办公建筑不能设计或者考虑外平开窗。采用推拉门窗时,窗扇必须有防脱落措施。空调机搁板如果处理不当,就会严重破坏设计师原有的设计意图,对设计造成不小的影响,在设计初期可以将空调机搁板考虑为一种设计元素融入设计之中,将不利因素转换成有利因素加以利用,形成立面完美统一。同时对办公建筑要求越来越高的今天,建筑节能已经日益成为不可忽视的问题之一。在设计师强调建筑立面造型的同时,应当综合考虑建筑节能和对太阳能的利用。在炎炎夏天,太阳通过大片玻璃幕墙进入室内,也是造成建筑大负荷耗能的原因之一。在设计中应当考虑到将立面造型与建筑节能相结合。

②立面线条设计。

建筑立面设计风格多种多样,目前比较流行的是简洁大方的立面风格,在拥有干脆利落的立面线条的同时,细节之处富有变化。建筑立面线条相当于办公建筑的"身材曲线",在整体感官效果中起决定性作用。对于高层办公楼,简洁大方的立面设计很容易透出商业而又现代的个性特征。在设计中设计师应当加强自身建筑艺术素养,设计出更有生命力的建筑。

③立面材质设计。

建筑线条对于建筑外观和造型起决定性作用的同时,也不能忽视建筑立面的材质设计。一般来说,建筑材质可以营造更加出色的建筑环境特色和气场。在材质设计中,一方面要满足相关的防火规范。另一方面,建筑材质应当与建筑造型相结合,互相照应而形成一个和谐统一而又富有个性的建筑体。

④立面色彩设计。

色彩作为建筑立面中一个不可或缺的重要因素,色彩设计得好坏却直接关系到人们对建筑的第一印象。建筑色彩设计过程中会受到一些"规律"的制约,正因为有所制约色彩才能真正发挥它的作用,成为不被遗忘的建筑力。下列几条是建筑色彩设计过程中必须遵循的原则:

a.公共性原则。建筑立面色彩不同于室内色彩,室内色彩是只有使用者才看得到并且感受到,但立面色彩是经过它的人都可以见到并且审视它的。因此,在进行建筑立面色彩设计时必须谨慎处理,并做公共性考虑。

b.符合审美规律的原则。当根据相关因素,选定建筑基调色后还需搭配,这当中就有许多色彩构成规律在起作用。应遵从这些客观审美规律,尽量排除主观随意性,不被自己的偏爱、流行所左右。配色过程中的审美规律主要体现在以下几点:

ⅰ.要有鲜明性,配色要明确、清晰、恰到好处。对比是构成色彩鲜明性的重要手法,特别是色相和明度的对比。

ⅱ.要有秩序性,节奏和秩序是造型设计中的灵魂,没有秩序、序列的色彩搭配合显得杂乱无章,创造不出和谐的美感。在色彩设计中规律性地安排色彩要素的变化,如相同色相的不同明度或不同纯度的层次性增减,就会形成较大范围的色彩韵律推移,这种秩序和序列就形成了色彩的节奏感、韵律感,从而使色彩产生了生动、有条理的序列关系。

ⅲ. 要有主从性。任何事物都是相辅相成的,在色彩搭配过程中,须采用一种主要的配色手法,如明度对比、色相对比等。没有色彩面积大小等主从关系,也就失去了相互依存的条件,建筑色彩设计必须使建筑具有某一种主调色彩。

c. 整体环境协调的原则。进行建筑立面色彩设计时,环境必须是首要考虑因素,能给环境增色的建筑色彩设计,才能称得上是好的设计,单体建筑色彩设计时要注意与整体的和谐关系。群体建筑往往由于风格、功能、技术、经济等原因,会形成众多不同的造型,拥有诸多差异,而色彩可以成为联系它们的"纽带"。换言之,建筑色彩设计时,应把整体和谐的环境意识放到"自我标榜""自我欣赏"之上。

d. 与建筑功能相适应的原则。与建筑功能相适应是建筑色彩设计最根本性的原则,色彩虽然是建筑诸外观形式中最先跃入眼帘的,但毕竟使用要求才是建筑追求的最根本目标,因此,外观色彩也应有助于表现建筑的内在功能。

e. 色随形变有机构成的原则。色彩的变化,通常应和建筑形体大的块面转折、小的线脚装饰完整关联,有自然的收头,有统一的贯串,只有这样才能充分发挥色彩的魅力。

建筑色彩在办公建筑设计中的比重不可小觑,建筑色彩作为建筑造型的最直接表达者,是最优先进入视线及感官的元素。所以在办公建筑设计中,应当综合考虑建筑色彩和建筑造型及材料。一般情况下,灰色或者银色,以及大面积的玻璃幕墙给人的是商业化、现代化的建筑风格,而灰蓝色、灰红色或者饱和度不高的建筑色彩通常给人以稳重之感。另一种建筑色彩风格是追求标新立异,例如使用明度很高的建筑色彩,黄色、红色或者纯白色,通常给人以耳目一新的感觉。在这种情况下设计者应当有足够的设计水准对各种色彩进行应用和驾驭。

4.3　园区综合体公寓建筑的规划与建设

园区在进一步发展之后,当总部城发展到一定程度,就会发展到都市城的阶段,就会考虑到公寓建筑的规划与建设。

随着社会快速发展,人们的生活水平有很大的改善,企业员工的居住标准也获得了迅速的提高。按照最新国家标准规定,园区公寓的居室使用面积标准已可从一般职工人均最低 3 平方米(8 人双层床居室),到管理层(单人居室)16 平方米的较大范围。(如表 4.4)这就使新建的园区公寓在设计思路上有了更大选择的空间,可以根据不同员工群体和个体的特点,更加切合实际需求,提供多样化的居住空间环境。

表 4.4　居室的面积规范

居室类型与人均使用面积						
		1 类	2 类	3 类	4 类	
每室居住人数(人)		1	2	3—4	6	8
人均使用面积(平方米/人)	单人床、高架床	16	8	5	—	—
	双层床	—	—	—	4	3
储藏空间		壁柜、吊柜、书柜				

4.3.1　公寓的单元功能空间设计

"蓝领"员工近些年呈现年轻化的趋势,他们的工作、生活以集体活动为主,工作时间与业余时间严格区分,虽然他们大部分的业余时间是在公寓居室里度过的,但对个人居住空间私密性的要求大幅降低,基本限于个人生活行为的一般私密性要求,而企业基于经营效益的考虑与权衡,公寓的居室空间大多数宜采用多床(每间 3 床位或者 3 床位以上)为主。工人大部分的业余时间是与公寓发生联系的,他们的生活及相关活动各异,这也必然导致行为的多样。然而,由于教育背景、职业分工上的差异以及平均收入水平较低等"先天性"的原因,迫使设计师不得不在有限的空间内设计出满足使用者需求的空间环境。由此可见,单元空间的有效利用是设计的立足点和关注点。如图 4.29 所示。

1. 功能空间的功能组成分析

工人是依靠"社会"(群体系统)为自己提供信息和情感交流,通过"社会"对他人了解并使自己得到承认,而园区公寓内的功能空间是这个交往群体的最基本的单元,在设计时应注重对功能空间的把握,以及对工人的需求(包括环境需求、对公共空间的向往和归属感的需求)的充分考虑。

①睡眠休息空间。

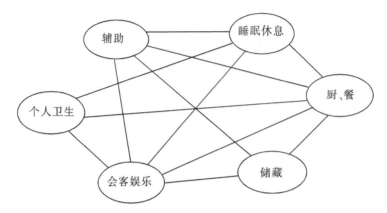

图 4.29　单元功能空间关系图

a. 空间特点。

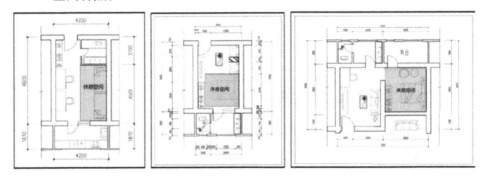

图 4.30　睡眠空间不同形式示意图

睡眠休息空间是园区公寓单元功能空间中最主要的组成空间,它是每个公寓基本单元的静区,必须满足员工休息、更衣、整理床铺等活动的要求。(如图4.30)睡眠休息空间主要是指床铺所占空间及员工睡眠活动的最基本空间,床铺的所占空间的净面积一般为 1.89 平方米,而活动最基本的空间为 0.13 平方米(如图4.31),总共大约为 2 平方米。以双人间为例,在公寓内,两张床铺占去了主要的空间,床铺的摆放极大地影响着整个公寓单元空间利用。利用床位及其应有的设施,有效地分动静区域,在满足员工对私密性与领域性的要求的同时,也方便同寝人员的交流。在访谈中,很多员工都是刚刚毕业的学生,都很倾向于校园时期的上铺下桌的布置方式。

b. 设计要点分析。在园区公寓的休息空间设计中的重点是应与其他空间的区分。

②起居空间。

起居空间在园区公寓中是以功能复合的形式存在的,在其中的主要活动是半私密性的学习和开放性的交往,当然还有餐饮、交通等辅助性的活动。起居空间是公寓活动空间的中心,它的复合化使之成为功能转化的中心,一天繁重的工作,很多员工希望身心能很好地休息,自然环境能够良好地到达,所以起居空间需要和阳台相连。在其中主要依靠桌、椅等主要使用的家具来限定空间,桌面的宽度一般为 700 毫米 ~ 800 毫米,而长度根据使用需求,电脑、书籍、工具等,至少要 1100 毫米,而起居空间

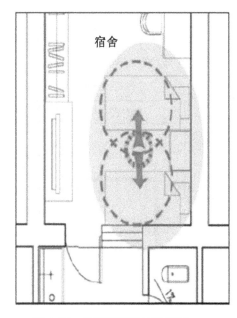

图 4.31 睡眠空间干扰示意图

图 4.32 起居空间

最重要的功能是解决会客、交往等活动。起居空间随着家具布置的变化可以达到不同的效果,如将桌子分开布置就形成半私密的活动区,合并在一起则形成开放式的活动空间(见图 4.32)。

③卫生清洁空间。

卫生清洁空间一般包括盥洗空间和如厕空间,是公寓内重要的功能空间,作为临时性的园区公寓的卫生间只需满足简单的个人卫生即可,但随着生活质量的改善,工人对此要求也不断提高,二分室开始最为常态出现,而现在员工对在

公寓内洗澡的热衷,也开始影响卫生空间划分,三分室开始出现。

多人居住的公寓可以采用将淋浴、如厕、盥洗分开布置,形成二分室、三分室,这样可以减少早晨、上下班的使用高峰的不便(如表4.5)。

表4.5 卫生清洁空间实用中的优缺点

名称	集中式	二分室	三分室
图示			
定义	集中式是将卫生空间的各种功能集中在一起,即把洗脸盆、淋浴、便器等卫生设备布置在同一空间内。	二分室是将卫生设备根据需要,分为两个部分,盥洗与卫生、淋浴分开布置。一般常在公寓中出现。	三分室是在二分室的基础上将淋浴再独立成单独一间,常见于住宅,公寓中很少使用。
优点	节省空间,管线等布置简单,较为经济。	在一定程度上能够解决卫生空间不同功能同时使用的矛盾。	各空间可同时使用,特别是使用高峰期可以减少彼此间干扰,各空间功能明确,干湿分离,使用起来方便,舒适。
缺点	当某个人使用时,会影响公寓其他成员的使用,因此不适合多人的公寓使用,很难设置储藏等空间。	淋浴与便器仍在一室,仍存在一定相互干扰的现象,不能彻底解决使用中的冲突。	占用空间较多,成本较高。

另外,可根据需要将卫生间设在居室不同的位置,一种是卫生间靠近走廊布置,这种方式对房间干扰少,但通风和采光条件差;另一种是外置式,即将卫生间靠近外墙布置,有时可与结合阳台设置。优点是卫生间的通风采光好,但对居室的采

光有一定的影响。结合两者的优点,可以尝试在通廊式公寓的南向单元采用外置式卫生间,北向采用内置式。南向卫生间外置,对采光影响不大,且结合阳台设计,可使室内获得柔和均匀的自然光,形成热缓冲空间;北向采用内置式卫生间,能保证北向房间自然采光,并可通过其他手段解决卫生间的采光通风问题。

卫生清理空间设计时,不仅考虑使用需求,还应当注意其与其他功能空间的关系。由于功能的特殊和时间的不确定,使得公寓其他各主要功能空间都应当与其有较为直接的联系,但同时,卫生间作为公共的私密区也应当有一定的独立性。

4.3.2 公寓单元空间与公共空间的组合设计

园区公寓是有着比较清晰定位的建筑类型。它不需要承担社会礼仪等象征的作用,而是在有限的空间内划分资源以满足相应的使用需求。公寓因其组织形式简单直接,更完整地体现了建筑形式系统的自主性原则。当代园区公寓规划与设计理念。在继承传统宿舍组织的基础上产生了突飞猛进的进步,研究园区公寓的平面模式,是认识这种改变的基础和第一步。(如图4.33)

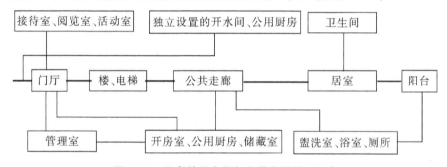

图4.33 公寓单元空间与公共空间关系示意

1. 园区公寓公共空间的功能组成类型

平面类型:

内廊式(见图4.34):建筑平面紧凑、走廊利用率高,经济实用,但建筑内部单元之间不可避免会受到走廊的干扰,但北向房间缺乏日照、通风卫生不足,过长的走廊采光与通风也都不好,且易导致单调感。通过将长廊隔一段距离朝外开放的处理手法,使走廊成为半室外空间,丰富了建筑空间。并且在转折的节点处设置了活动室和阳台等,提供了员工公共活动的场所。

外廊式(见图4.35):平面紧凑,经济实用,且采光、通风较好,但建筑内部单元之间不可避免会受到走廊的干扰,过长的走廊易导致单调感。在布局上通过折廊、曲廊,局部放大等手法创造节奏与韵律,形成丰富的空间层次,改善自然通风采光条件。

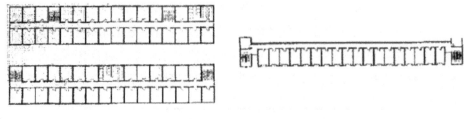

图 4.34 内廊式   图 4.35 外廊式

短廊式(见图 4.36):公共走廊服务两侧(中央走廊)或一侧寝室(单边走廊),寝室间数少于五间。其改善了长廊内通风采光差、洗浴设施使用混杂、相互干扰大等缺点,但不利于节约用地。房间成组布置,将干扰大的盥洗、厕浴等辅助用房和楼梯间按功能分区与居室隔开,还可以解决"动"和"静"两组空间互相干扰的问题。

单元式(见图 4.37):楼梯、电梯间服务一组寝室群,每组寝室群共用盥洗设备。这类公寓可以节省公共交通面积;单元内部动静分开,相对减少互相干扰;降低卫浴设备的共用状况,改善了居住卫生条件;公寓之间独立性更强,空间层次丰富。缺点是设备较多,建设投资较高,人均建筑面积偏大,卫浴设施的使用灵活性不佳。而且当单元内部居住人数较多的时候,穿套的公共房间也会相互干扰,有不便之处。

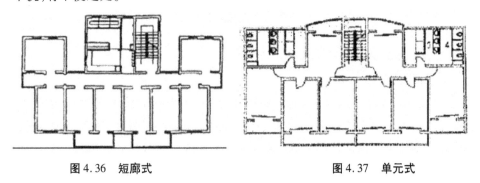

图 4.36 短廊式   图 4.37 单元式

2. 功能空间的组合设计

"居住行为与居住空间的精密关系,将居住行为的属性结构物化为居住空间的组织结构,将各种功能属性、各种空间尺度的居室空间,根据它们之间所需的分割与联系,加以组织的方式,在居住空间集约化的前提下提高居住生活质量。"调研发现,工人对室内功能空间组织布局呈现出以下的趋势:

①私密性。

工人选择企业提供的公寓,其目的是为了拥有相对独立、自由的空间。如何利用家具的布置将空间有序地分隔为不同私密度的部分,并且利用家具营造不同私密度空间的氛围,是园区公寓设计中应该注重的(见图4.38)。

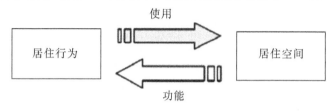

图 4.38　行为与空间的关系

②注重空间的利用最大化。

园区公寓的面积有限,因此在家具的选择与布局上,需要分析行为尺度以及利用适应性强的家具布置方式,灵活机动地利用有限的空间。

③注重收纳空间的设计。

公寓内居住的工人,兴趣广泛,有一定的购买能力,生活用品的数量都比较多,因此在设计公寓家具时要基于工人的使用习惯,合理设置收纳空间。

3. 单元空间功能的合理分区

公寓单元的设计主要针对功能进行合理的分区,将不同使用性质的空间,通过家具的选择、摆放形式,以区域限定的方式加以划分,避免同寝的其他人员在从事不同行为时发生干扰,从而提高居住的舒适性。居室内的功能分区主要有:公私、动静、洁污。功能分区的好坏直接关系到居住空间的优劣。

4. 功能空间组合的舒适性表达

①对功能空间的舒适性的认识。

舒适指的是居住空间的适用性能,舒适度则是这种性能的量化表达。目前,居民的生活水平得到了提升,产业员工的生活也发生了巨大的改变,暂时性、过渡性的居住生活已被舒适的公寓生活取代。对于园区公寓的舒适度并不与面积成正比关系,而体现在空间组织合理、空间心理感受等方面。园区公寓建筑的空间舒适性由两部分组成:一部分是心理上的,也就是公寓室内空间使用时的感受;另一部分是物性感受,也就是公寓内部空间、家具设施的尺度。而心理感受直接受到空间尺度的影响。因此就要求设计师从工人的生活方式以及对舒适自己的体会出发,通过一定的设计手法来达到园区公寓的舒适性。

②基本空间尺度。

工人的行为影响着公寓空间的设计,主要体现在对尺度的把握上。园区公寓作为工人的主要休息场所,由于园区公寓作为过渡性居住空间的特点,而其居住人群又大多数为青年人,因此青年的人体工学尺度对空间的设计把握有很好的借鉴作用。公寓空间是"蓝领"员工周围的基础环境,空间尺度是非常重要的因素。从公寓内人际交流距离来讲,可分为5种距离空间:站立交流空间、坐立交流空间、公共空间、互动空间、识别空间。在这5种空间距离中,1.5米和2.0米是公寓成员之间关系的转折点。在1.5米的空间距离内可以进行坐、站立交流,而2.0~2.5米的空间距离内可以有效地进行互动、娱乐等公共交往。

a.房间尺寸。居住空间的基本尺寸包括单元功能空间的开间、进深、层高等。在园区公寓的设计中,由于考虑的因素不同(如造价、气候、生活习惯等),这些数值也是不固定的。

ⅰ.进深与面宽。影响居室开间与进深的因素主要有:居住人数、公寓类型、家具布置。普通员工一般是四人间,对于管理层的员工,因其所处的领导的位置,对私密空间的要求更高,所以一般为单人间,这两种形式的公寓在尺度上就会有很大的不同。家具布置:园区公寓的空间有限,在其内使用的家具例如床铺、工作桌等体量较大,它们的摆放形式对公寓的空间大小有决定性的作用。很多新建的公寓都采用桌铺组合的家具,以充分利用竖向空间。当单侧布置时,居室的开间不宜小于2.4米,一般为3米左右;当两侧布置时,3.3~3.6米的开间较为合适(见图4.39)。

不同的公寓类型:公寓根据卫生间布置与否,其居室的进深和面宽各有不同,而卫生间中洁具的布置方式不同

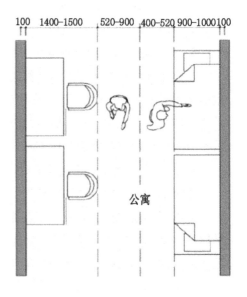

图4.39 室内空间行为尺度示意

（在上一章节中有论述，这里不再重复），以及储藏空间的设置方式，将给居室开间、进深带来较大变化，从而直接影响到每间居室的面积大小。新建园区公寓，2人一间居室的情况最为普遍，不设置独立卫生间的公寓，其开间和进深较为普遍采用的尺寸是 3.3 米、3.6 米和 5.4 米；房间中设置独立的卫生间，则根据卫生间位置的不同，其开间和进深可加大到 4.2 米和 6.9～7.8 米。

气候：一般情况下，北方地区的园区公寓宜采用窄面宽、大进深的方式，利于保温节能；而南方宜采用大面宽、小进深的方式，利于通风散热。

ⅱ.层高。园区公寓的层高一般受到经济条件、家具选择、心理需求以及气候等因素的影响。

家具：采用单层床的居室，层高一般控制在 2.8 米左右；而采用双层床铺的居室，要考虑上层床铺的高度。一般情况下，上铺床面距地面的高度约 1.8 米，保证上铺站立的空间需求，净高应在 3.2 米左右。而当采用竖向设置的组合式家具时，上铺床面距地面的高度应加大到 1.82 米左右；上铺床面距天花板的距离，应满足"蓝领"员工在上铺的活动空间需求：若员工坐在上铺叠被，上铺到顶的距离为 1.05 米；若跪着叠被，则距离约为 1.3 米，房间的净高，前者要求至少 2.55 米，后者至少 2.8 米。考虑到人在上铺直立的机会较少以及经济性的因素，上铺距天花板的距离可为 1.3 米左右。因此，这种上床下桌式布局所需房间净高在 3 米左右，层高需 3.1 米。

心理要求：居室内层高的变化会对"蓝领"员工的心理产生影响。当房间居住人数相对较多时（如四人间），可适当加大层高，否则容易产生压抑感；管理层员工的房间居住的人数相对较少，可以适当降低层高，这样可以增加居室内的安全感和归属感。

综合以上因素，3.1 米～3.3 米是较为合适的园区公寓层高。

ⅲ.房间人数。调研发现，员工对居住人数的选择上依次为 2 人、1 人、3 人、4 人，影响对居住人数选择的因素最主要的是性别与在企业中的职位，女性对于一人居住的公寓选择比较多，另外就是管理层的员工大多选择单人间公寓，但相对来说经济条件不允许，虽然这样有效地保证了个人的私密性，但长期缺少交流会使他们感到孤单，感觉缺少关怀。随着年龄的增长和阅历的丰富，员工对交往的需求和私密空间的需求同时在变化，二者之间应合理地结合。

结合我国目前居住标准、企业的经济状况以及调研中得到的"蓝领"员工居住的意愿，较为合理的单元间居住人数为：普通员工 3 人/间，管理层 1 人/间。

iv.空间感受的要求。人周围的空间可以简单地分为行为空间和知觉空间。行为空间包含人及其活动范围所占有的空间。在园区公寓中就是指员工立、卧、行等各种姿势所占有的空间;知觉空间是满足人们心理需要所影响的空间,其包含行为空间,并以其为中心向周围扩散,当然其大小也受行为空间的影响。如员工坐在桌前工作娱乐时,仅就其行为空间而言,水平方向需要 700 毫米,垂直方向需要 1300 毫米,这足以满足活动的基本行为尺度的要求。但是如果在此空间周围充满实体家具,左右有柜子隔挡,头上有悬挑出的书架,就会让人感到很拥挤、压抑。因此应适当加大该尺寸,以满足员工的心理需求,增加的部分就称为知觉空间。可见,知觉空间的存在是十分必要的,舒适度也有很好的体现。

4.3.3 公寓建筑的外部形态设计

1. 园区公寓建筑外部形态的影响因素

园区公寓的主要职能是居住,应该设置在住宿区当中,与周围建筑的协调,有效地融合是园区公寓外部形态设计的基本目的。例如龚杏(高新)产业城配套公寓(如图4.40)。

图4.40 龚杏(高新)产业城配套公寓

①建筑材料及结构等因素。

建筑材料及结构体系对园区公寓建筑的形式有很大的影响。建筑物整体比例及其外形上的虚实处理较少受建筑材料的约束和影响,但是,不同的建筑材料仍会表现出不同的,甚至是差异很大的外形。如石材、木材、砖、钢筋混凝土(适应不同气候有多种形式变化)能表现具有不同特征的公寓外形。砖、钢筋混凝土混合结构、大型壁板、大模板以及框架轻板等不同体系可产生不同的形式。这些材料的质地色泽都不相同,构成的建筑外形都以其特有的质感、材料对比和色彩变化给人以不同的印象。

②社会文化因素。

社会文化因素对园区公寓的影响是广泛的,其物化为特定的建筑形态,成为人文环境的一部分。不同地区的人有着不同的社会及文化背景,在特定的文化影响下,渐渐会形成某种共同的行为模式和心理特征。工业园区范围下的园区公寓建筑外部形态设计,与工业园区整体的文化定位有直接的关联。外部形态设计应与工业园区整体文化定位相统一,与场所范围内的其他建筑相协调,从建筑外观的角度表达工业园区的人文精神。

③内部空间的形式的影响。

在我国目前的条件下,适用、经济依然是居住建筑的设计出发点,因而公寓,尤其是大量建造的园区公寓,其形式受到经济条件和内部空间的严格制约,其约束了进深、开间、层高和内部空间的组织,同时也相应地约束着公寓建筑的外部体型。建筑的外部形态是其内部空间组成的外在表现形式,通过门、窗、入口等形式体现。建筑细部的点缀也是公寓建筑造型设计必不可少的部分,通过细部的巧妙构成,对公寓建筑的整体形象做出烘托,继而展现出不一样的风格。(如表 4.6)。

表 4.6 影响立面的不同因素

影响因素	特点说明	设计把握
入口	入口是进入公寓内部的通道,对于形体较为简单的公寓建筑,它往往是立面的视觉中心。对于园区公寓来说,入口形式与功能、整体造型等方面密切相关。一些低层公寓入口不布置门厅,只是作为基本人流通道,设计较为简单,多从材料、颜色等方面加以强调;而对于多层或高层公寓来说,其入口位置常需布置公共门厅,造型较为丰富。	入口设计往往通过在形体上做加、减法来实现。如独立于公寓主体之外设置小门厅,或利用形体凹入或凸出部分进行虚实对比,巧妙地布置入口等。

续表

影响因素	特点说明	设计把握
窗	公寓建筑的窗是为通风、采光而设,除功能因素外,窗户也是公寓造型中的一个最基本的元素,由于公寓多为框架结构以及内部功能的外部反映,(如卫生空间的位置对窗的影响)窗户的布置有很大的可变化性,合理地进行门窗组合可有效地协调墙面的虚实关系。	一般说来,框架结构的公寓建筑外部形态设计较为规整,多是以窗的序列组合形式形成墙面虚实变化的节奏和韵律,且在窗框的形式、分割和凹凸上采取多样设计,丰富立面造型。在窗的设计上多以横、竖向长窗或大小差别明显的单体窗在同一立面上的并置来形成对比效果,形成活跃的建筑气氛。
阳台	在公寓建筑中,结合平面功能的不同,阳台也可以有凹阳台、凸阳台以及外廊式。阳台空间是公寓内部空间向外的延续与拓展,在建筑功能上往往兼有阳台和厨房等多重属性。	阳台的造型设计在建筑整体造型设计中对建筑立面效果的影响很大。在公寓建筑中,由于空间划分的确定性,有节奏的层叠、错动是公寓建筑设置阳台空间的需要,也是增加空间层次、消解公寓建筑"笨重"体量的方式。
楼梯	楼梯布置对于园区公寓建筑形体塑造有很大的影响。对公寓形体的影响主要是通过相对独立的楼梯间来完成的。为增添公寓建筑的灵活性,楼梯间常以独立形体依附于公寓主体,或者与公寓主体在形体上相互咬合,两者在体量或高度上形成鲜明对比。	公寓楼梯间通过采取丰富多样的设计手法,可以成为公寓形体塑造的点睛之笔。
屋顶	屋顶是建筑的重要组成部分,屋顶造型直接影响着建筑整体的视觉造型效果。园区公寓建筑屋顶形式一般有平屋顶、坡屋顶。平屋顶是最常见的公寓屋顶形式,施工方便,造价经济。但平屋顶容易让人产生单调呆板的印象。坡屋顶建筑有单坡和双坡之分,其中双坡屋顶公寓建筑中较为常见,是屋顶隔热、丰富屋顶造型的普遍做法,坡度平缓,形体舒展。单坡屋顶多见于低层公寓。	一些公寓山墙的形式做得丰富以掩盖平屋顶的单调;而有些则结合出屋面楼梯间等,形成高低错落的造型。

2. 园区公寓建筑外部形态设计的原则与方法

园区公寓本身可以是多样化的建筑空间,由此产生的建筑内、外部空间,例如建筑的外廊、架空、屋顶等室内外的过渡空间,可以增加建筑外部形态的变化。良好的外部形态不仅可以为园区工人的生活提供舒适的物质环境,还可以营造亲切、温暖、宁静的家庭气氛,给人以精神、感官上的愉悦。

园区公寓建筑外部形态创作应符合建筑的整体意象,体现建筑的整体风格,与工业园区内的其他建筑相互协调,并将每一个细部都有机地组合在一起,达到大方得体的形象。

①外部形态设计的原则。

园区公寓是十分典型的公寓建筑类型,其楼栋空间的组成和空间组合形式的选择完全按照公寓建筑设计的基本原理与方法,园区公寓的建筑外部形态设计应遵循以下几个原则:

a.整体性原则。园区公寓建筑外部形态创作应符合建筑的整体意象,体现建筑的整体风格,与工业园区内的其他建筑相互协调,并将每一个细部都有机地组合在一起,达到大方得体的形象。

b.认同感与归属感的全面塑造。工作生涯在园区工人的一生中是重要的一段时间,从调查统计中可以看到,90%的"蓝领"员工希望在工作期间能住在一个设施较齐备、环境较好的公寓里。在园区公寓的外部形态设计中应从公寓的内部空间氛围,到公寓的外观形象,再到整个公寓区的外部环境全面统筹考虑,让"蓝领"员工把公寓当作他们自己的"家"来看待,共同爱护,继而得到全面认同感与归属感。

c.可持续的设计意识。公寓的设计应该考虑到日后改扩建的可能性和方便性。随着社会、经济的发展,住宿标准会越来越高,在现有的基础上加装更好的设施,加大使用空间的可能性非常大,因此在设计中应该考虑这种趋势,为今后公寓的改建保留一定的余地。

②外部形态设计的手法。当建筑设计手法侧重于建筑形态上时,建筑设计手法的基本内容就包括有立意性手法、布局性手法、单体性手法、单体处理手法、细部处理手法。本书对公寓类建筑的外部形态设计的手法进行分析,着重阐述单体处理手法。

a.形体。公寓建筑的体型是多样的,并联式、联排式低层公寓的体量特征是小巧和丰富的;多层、高层住宅则体量较大,体型相对简单,并有较强烈的节奏感。园区公寓设计一般采取均衡体型,即静态造型,包括对称和不对称的均衡,这种体型给人以稳定感。在形体的塑造过程中,在协调的比例的前提下运用增补(加法)与切割(减法)等基本手法。

b.色彩。色彩运用从某种程度上来说是一种抽象思维。建筑是由不同大小体块、不同的色彩组合穿插后的视觉平衡。在色彩的运用上包括渐变和重复两种方式。渐变方式,从浅色变为深色,从暖色转为冷色,都是一种增加层次感的方式。而重复不同,它起着强调、强化的作用。色彩的运用给公寓建筑增添了不少内涵。

c.立面的构图。

ⅰ.垂直构图。有规律的垂直线条和体量可组成建筑物的节奏和韵律,如高层公寓的垂直体量以及楼梯间、阳台和凹廊两侧的垂直线条等能组成垂直构图(如图4.41)。

图4.41　垂直分割线条　　　　　图4.42　水平分割线条

ⅱ.水平构图。水平线条划分立面容易达到给人以舒展、宁静、安定的感觉。尤其是一些多层、高层公寓以及以垂直体型为主的公寓常常采用层层的水平线条来划分立面。水平线条的处理很容易取得协调的效果。

水平线条一般以室外阳台、外廊、横向长窗等构件组织而形成。阳台和凹廊都有较深的水平阴影,常与墙面形成强烈的虚实、明暗和色泽对比;窗的作用不仅仅是采光,而且起着沟通室内外空间、把室外景色引入室内、以扩大室内感觉的作用。园区公寓常采用横向长窗,这种水平线条在建筑外部形态上也能起到水平分隔的作用;水平遮阳板在建筑外形上也起水平分隔立面的作用,层层水平连续不断的遮阳板产生十分强烈而有节奏的阴影效果;此外,还有一些水平线条,如窗台线、水平装饰线条也可以起到水平分割立面的作用(如图4.42)。

ⅲ.成组构图。有些园区公寓常常采用单元拼接组成整栋建筑。在这样的情况下,外形上的要素:窗、窗间墙、阳台、门廊、楼梯间等往往多次重复出现。这就自然形成了建筑外形上的成组构图。这些重复出现的种种要素并无单一集中的轴线,而是由若干均匀的、有规律的轴线形成成组构图的韵律(如图4.43)。

ⅳ.网格式构图。网格式构图是利用长廊、遮阳板或连接的阳台与柱子组成垂直水平交织的网格,有的是把框架的结构体系全部暴露出来,作为划分立面的垂直与水平线条。网格构图的特点是没有像成组构图那样节奏分明的立面,而是以均匀分布的网络表现生动的立面(如图4.44)。

随着社会的发展,更多地借鉴国外优秀建筑实例,适时地运用到我们的建筑设计中去,建筑的外部形态设计水平将会逐步提高。

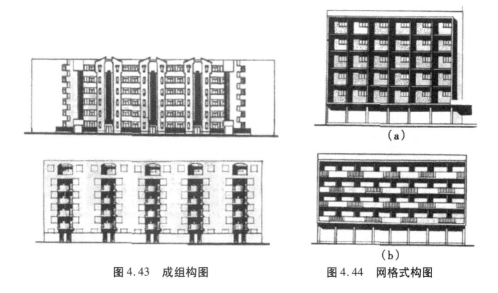

(a)

(b)

图4.43 成组构图   图4.44 网格式构图

4.4 园区综合体的建筑空间布局

4.4.1 空间结构

1. 总体空间结构

园区综合体具备基本的城市功能,两者有类似之处,因此对其总体空间结构的分析可从城市地域形态结构入手。城市地域形态结构指城市地域轮廓形状,是城市物质实体在空间上的投影。城市地域形态是在城市发展的各种动力作用下形成的,这些动力主要有:沿交通线发展的轴向力;对磁心的向心力;外部吸引力(或城市离心力);用地等自然条件的影响力;人为因素的改造力。

①轴向式结构。

一般而言,城市主要受交通线的轴向作用易形成带状城市地域形态,这些交通线成为市发展轴,并且两个相反方向的超长轴与城市半径之比值大于 1.6。而城市发展轴并非一条或平行的若干条,而是由相互交叉的轴线构成时,形成由三个或三个以上的超长伸展轴的星状地域形态。类比园区综合体,形成轴向式空间结构。

形成园区综合体轴向布局的轴线,不仅仅是交通线,更可表现为大型的人造景观轴、河流或水体、商业步行街、中庭、功能走廊或呈线状布局的休闲娱乐设施等,轴线可长可短,可曲可直,也可以是两条及以上平行或交叉的轴线。这些轴线成为园区综合体的空间结构中心,综合体中的功能空间分列轴线两侧,沿轴线呈轴向布局。

另一种情况,园区综合体没有突出的内部轴线,商业、居住及酒店等功能空间沿外部主要道路临街布局。

轴向式结构布局方便,对土地及项目内外环境适应性强,交通导向明显,方便开发及布局,容积率较小,总体结构简单明快。但如流线过长,则会加大通行成本,各功能区间不便往来,空间显得狭长,应注意轴线的变换、过渡与调整,加强与功能物业间的衔接(见图 4.45)。

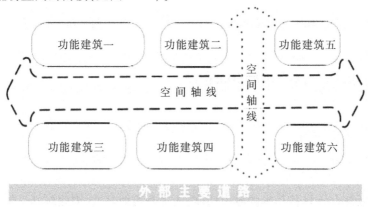

图 4.45　总体空间结构之轴向式结构

②向心式结构。

城市在主要受到磁心的向心力作用下易形成团块状城市地域形态,城市的生产和生活活动在向心力作用下向市中心地区集中,城市地域呈同心圆状向外延展,城市伸展轴与城市地域半径的比值小于 1.0。类比园区综合体,形成向心式结构。

该结构下,处于园区综合体中心位置的中心广场、绿地系统、休闲娱乐设施、公共活动场所或核心建筑成为综合体核心,产生辐射效应,提升整体价值,甚至成为区域标志。园区综合体中心的公共空间,是相对独立区域,同时通过放射性交通道路又可方便联系围合布局的各功能物业,充分发挥综合体的集聚效益,提高综合体的向心性与凝聚力。然而,向心式结构对交通条件的要求很高,需要及时汇集及疏散人流,同时中心区域需要与周边功能物业进行空间的有序过渡,以免影响整体景观(见图 4.46)。

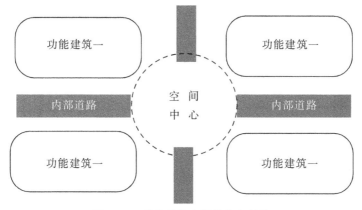

图 4.46　总体结构之间的向心结构

③综合式结构。

综合式结构综合轴向式及向心式两种结构模式,同时拥有公共轴线及中心公共区域。该结构类似于组团式城市形态,然而不同于组团城市中的以河流、农田或绿地进行条块分割,园区综合体的综合式结构布局紧凑,容积率大,充分利用土地资源,各建筑空间紧邻,功能间联系紧密,形成很强的整体凝聚力,并能运用各类轴线,布局完善的通行系统,提高综合体的利用效率及整体价值。

综合式结构没有既定模式,规划设计的主观性较大,由于其土地及空间利用率高,是种集约度很高的空间布局形式,适合在大城市或中小城市核心区等土地紧张区域进行开发布局。通过建筑高度的合理搭配与功能空间的合理衔接与变换,减少综合体内部拥挤感,并形成良好的外观形象及利用价值(见图 4.47)。

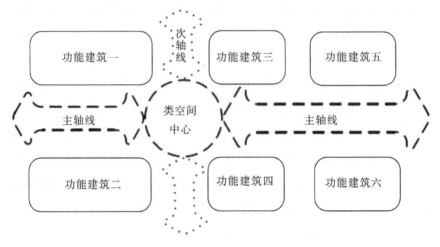

图 4.47　总体空间结构之综合式结构

2. 功能组合结构

①功能独立式。

功能独立式指将园区综合体中的商业、餐饮、休闲娱乐及居住功能在水平方向上独立布置,不同功能类型布局于不同建筑物,相互之间保持一定独立性。各功能之间通过道路、天桥等交通系统相连,功能之间区分明显,私密性强,相互干扰少,并方便进行分期开发与后续经营管理,可认为是城市功能分区原理在园区综合体中的应用。

功能独立布局,一般占地面积大,容积率较小,土地利用率偏低,对施工技术要求较小,建设成本相对较低,同时交通布局简洁明了,室外空间可灵活布局,不适于用地紧张的区域,而适于一般规模与档次的园区综合体布局。

②竖向叠加式。

竖向叠加式是将园区综合体中的主要功能空间在垂直方向上进行空间布置,餐饮、居住、商业、酒店等功能中的两种或以上布局于同一建筑物内,并通过垂直电梯等通行系统建立相互联系。

竖向叠加式布局加大了对土地资源的集约化利用程度,使功能空间立体化布局,同时提高了园区综合体的建筑高度,这需要更高的建设技术及功能设计水平,适于在城市中心或地价高的地区开发。竖向叠加式的空间结构要求能够快速集散人流,应加强出入口数目及疏散通道设置。

③综合组织式。

综合组织式是结合功能独立式与竖向叠加式两种功能组合结构形式,在水平和垂直两个维度同时布局园区综合体功能要素,水平方向表现为并列关系,竖直方向表现为叠加关系。通常将商业、休闲娱乐设施、酒店大厅等人流活动量大的功能布局于底层,而将居住、办公写字楼、酒店客房等要求一定私密性的功能进行竖向叠加布置。这种结构形式可充分利用土地资源与空间资源,布局紧凑而不至于显得单调,并且功能使用效果较好,但同时应加强规划设计,使各功能空间既相互联系又有一定独立性,不至于功能使用混乱(见图4.48)。

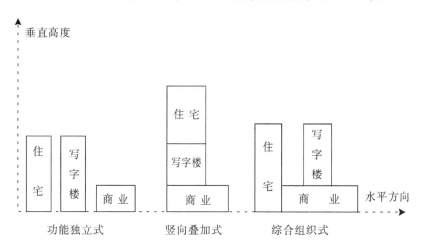

图4.48 园区综合体功能组合结构

上述三种功能组合结构模式是最基本的,而现实中园区综合体在进行功能布局时,往往会协调利用这三种模式,以达到综合体功能空间的高效、合理、方便、节地。

4.4.2 空间布局协调

1. 内部空间协调

①各功能组合结构的协调。

园区综合体各功能要素的服务对象、价值实现方式、区位要求不同,需要在空间结构模式确定之后,进行各功能空间的布局协调。工业活动在于大量的固定人员,办公写字楼常短时间内集散大量人流,且需要相对安静的环境,住宅对私密性要求最强,适宜选择内部区域布局;酒店往往同时具备餐饮、住宿、休闲娱乐、办公等需求,一般自成体系,较大规模的公园或广场在不同区域空间有不同的价值效果(见表4.7)。

表4.7 园区综合体功能空间选择及依据

功能空间要素	空间布局选择	空间布局依据
工业建筑	a. 建筑外围独立布局。 b. 位于综合体的边缘。	a. 方便汇集工作人员,便于后续管理。 b. 减少对内部住宅等功能的干扰。
办公建筑	a. 位于综合体的中心区域。 b. 建立综合体形象标志。	a. 环境安静、与工厂功能互补。 b. 集约土地、便于功能间联系。
公寓住宅建筑	a. 建筑独立布局。 b. 位于综合体相对安静的区域。	a. 保证居住私密性与安全性。 b. 环境安静、节约土地、方便联系。

②内部交通构建。

园区综合体内部交通主要包括停车场、步行及非机动车通道、机动车通道等。交通构建应注意流线分流设计,减轻相互间干扰,并通过指示牌、道路标志、无障碍设计及路况监控等信息化管理手段等达到内部交通的合理化设计。

停车场主要提供机动车停车需求,对于工业及商业等功能建筑的停车场设置,中小规模综合体一般采用路边停车,建立露天停车场,辅之地下停车,大型综合体主要设置地下停车场,以减少土地浪费及缓解人流压力。写字楼、住宅、公寓等都需要特定停车位,宜独立设置停车场,并根据土地紧张程度及机动车数目选择停车方式,并注重人车分流。

对于步行交通构建,商业、餐饮、休闲娱乐及居住设施应能短时间内实现人流无障碍通达,宜进行立体化设计。在综合体内部一层空间设置步行及非机动车道路,并能允许消防、救护等特殊用途车辆的通行;在商业、写字楼或住宅等功能空间的二层或以上布设步行连接通道,以方便人流集散,减少地面的干扰,并通过垂直电梯联系同一建筑物内的各功能空间;在商业等低层的功能建筑屋顶设置步行区域或屋顶花园,增加人流活动空间。

机动车通道是综合体交通的重要组成,方便人流快速进出,降低时间成本。机动车通道宜在综合体外侧区域进行布置,以减少对内部步行通道的干扰。综合体出入口区域加强交通疏导管理,发挥机动车的快速、便捷特性,增加绿化及隔音设施,减少机动车噪音影响。

2. 与外部空间协调

①与区域功能搭配。

城市内部各区域,由于历史背景、资源禀赋、区位条件、管理策略及风俗习惯的不同,形成城市不同的功能区域。园区综合体体量巨大,有多种功能空间,并具备城市基本功能属性,对所处区域房地产开发及价值提升作用明显,园区综合体应与城市功能区域搭配。园区综合体的功能布局应体现区域特点,使自身发展具备区域基础,与区域产生同向作用力,推动区域进步。综合体内部的功能要素应等同或比之区域有所提升,比如人文科教方面实力强的区域在综合体布局时应侧重文化、教育等功能的布局,而企业众多、经济发达的区域应注重商业等功能的布局。

②与城市景观协调。

每个城市都有自己相对独特的城市景观构成,建筑是凝固的艺术,建筑景观是城市景观的重要组成。园区综合体作为城市重要的建筑集群,应能体现城市建筑景观特色,继承城市建筑文化。同时,园区综合体应发挥在城市区域中的价值与带动作用,不宜简单地复制城市固有的建筑设计特色,而要适当有所改造创新。

在保持城市特色景观要素的同时,综合体各功能空间的对比不宜过于突兀,与城市整体建筑色彩差异不宜过大(见表4.8)。

表4.8　园区综合体功能空间设计策略

功能空间	景观设计策略
工业厂房	宜采用简单明快、线条简单的设计策略。
办公建筑	宜采用相对较暗的色彩与外观设计,以体现其工作场所的高档与正式。
公寓住宅	宜采用相对柔和的线条与色彩组合,具备生活特色。

③外向交通整合。

园区综合体对外要求有方便发达的交通网络,以加强同区域的联系,应与区域原有交通系统有效衔接,以免造成区域交通拥挤。综合体内外人流、物流的联系,主要靠公交等机动车、非机动车、步行来实现,经济发达地区还可以通过地铁、轻轨实现内外联系。

园区综合体应与外部区域有宽敞的出入口及内外缓冲空间相连,并宜在出入口及缓冲区实行人车分流、不同车型分流等措施;加强到达综合体的公交系统的建设布局,建立与区域重要地点的交通联系,增强综合体的吸引力和辐射力;采取旧网拓宽、人为限行、道路信息化引导等措施缓解综合体出入的交通压力。

4.4.3　区域布局策略

随着我国工业园区转型升级的不断推进、许多新园区的不断规划建设以及生产性服务业在工业园区中的快速发展,在上面研究的基础上探讨工业园区生产性服务业的具体空间布局策略是极为必要的。下面着重从两个方面进行阐述,一是空间系统,即从整个工业园区的角度出发,提出生产性服务业的规划组织策略,二是空间要素,即从更为微观的角度,从组成生产性服务业空间的院落、建筑形态等分布要素来探讨规划策略。

1. 空间系统组织

空间系统的组织是站在整个园区的角度对于生产性服务业的空间布局提出规划策略,包括三条:一是空间分布模式的选择与完善;二是与制造业空间的良性互动;三是优越的交通条件和空间可达性。

①空间分布模式的选择与完善。

目前我国生产性服务业在工业园区中的分布呈现出总体上的集中和部分上的分散。总体上的集中,是指工业园区中的生产性服务业倾向于在园区集中式发展,但也有一少部分是分散的,有些是产业本身的需要,但也有很大一部分是因为园区存量土地不足以及缺乏足够的空间规划引导。这就要求工业园区在选择空间分布模式时,要充分考虑与园区产业、功能的衔接,采取适宜的模式,并随着园区的不断发展,产业的不断需要,逐渐完善改进,使之趋于合理。

首先,应加强园区生产性服务业功能区的空间规划建设。随着工业园区生产性服务业的逐渐发展,对于空间的要求逐渐提高,并且有逐渐集聚的趋势,以进行资源共享、技术交流等。这就要求工业园区加强园区内生产性服务业功能区的建设,根据产业情况布局专业化功能区和综合化功能区。专业化功能区包括物流园区、孵化器、科技研发基地等。综合性的生产性服务业中心中分布的多为金融、商务服务业、中介咨询服务业等。例如苏州工业园区即规划形成了物流中心、国际科技园等专业生产性服务业功能区,又形成了环金鸡湖的综合性的生产性服务业功能区,多种类型的功能区促进了生产性服务业的迅速发展,为园区制造业的升级和园区经济的发展提供了强大的动力(图 4.49)。

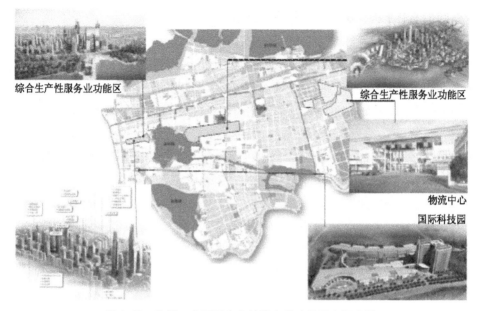

图4.49 苏州工业园区生产性服务业功能区空间布局

其次,考虑到园区的用地和产业情况,不断完善空间规划。目前我国工业园区尤其是发展历程较长的工业园区普遍存在着土地资源紧张的问题,一次性拿出大量土地进行生产性服务业功能区有一定困难。这样的园区应该遵循循序渐进原则,一方面鼓励园区内产业落后,不适合在园区发展的低端制造业迁移到更适合发展的区域,腾出用地进行生产性服务业功能区的建设;另一方面,对于工业园区中零散分布的生产性服务业以及制造业剥离和新引进的生产性服务业,应该鼓励其在功能区内发展,逐渐形成功能区的集聚效应和吸引力,从而不断完善和优化园区生产性服务业空间布局。

②与制造业空间的良性互动。

园区生产性服务业空间与制造业空间的良性互动,包括两个方面:一方面是通过功能分区的划分、工业组团的构建等方式,形成两者空间上的联系;另一方面是生产性服务业空间与那些噪音较大、对生产性服务业影响较大的制造业空间之间应做好隔离措施。

塑造良好的空间联系,可以采用三种方法来进行。一是建立相对功能清晰的分区,混杂的产业布局模式会造成产业间的相互干扰,不利于园区产业的发展,而建立功能相对清晰的产业布局,则有利于产业间的合作和竞争,排除各产业间的不利干扰。要建立这种功能清晰的分区,并不是指生产性服务业与制造业之间的绝对分离和毫无联系,而是在园区规划建设时对园区空间进行统筹,合理布局制造业和生产性服务业空间,避免引进企业的随意分布,造成布局上的混乱和用地上的不经济。例如江西龚杏(高新)产业城,就是采用厂房—公寓(食堂)—研发楼的布局的方式,功能清晰合理。(图4.50)

图4.50　江西龚杏(高新)产业城布局

二是设立围绕工业邻里的工业组团。围绕工业邻里建设的工业组团,在工业邻里中布置工业组团所日常需求的生产性服务业,可以加强各企业间的联系,形成良性互动的空间。(图4.51)

三是加强整体空间设计,形成统一的园区空间形态。生产性服务业和制造业在空间、用地、形态上的差异较大,在园区进行规划建设时,除进行用地规划的设计外,对于整体进行空间形态的设计和比选,有利于形成园区整体的空间形态和风貌。对于整体的空间设计,一方面要注意园区内部生产性服务业和制造业的协调,另一方面要注意园区生产服务业与周边区域的协调。

园区制造业空间和服务业空间进行必要的过渡和隔离的方法有三种,一是

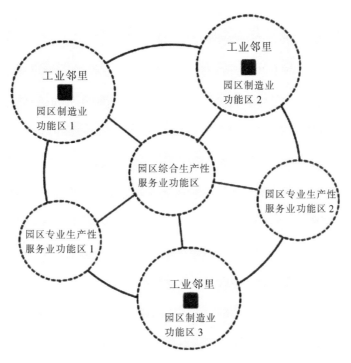

图4.51　园区生产性服务业与制造业多层次的空间联系

设定绿化隔离带。绿化隔离带是园区在布局对其他产业干扰较大的产业时采取的主要方式。以往制造业之间的绿化带,更注重的是其隔离的功能。而作为生产性服务业和制造业之间的绿化带,除发挥其隔离功能外,还可以增加游玩、休憩等功能,丰富其空间形态。二是通过水系进行过渡。对于水系较多的工业园区,可以通过对于现有水系的改造,使其成为制造业与生产性服务业之间的隔离地带,这样做还增加了环境的质量。三是通过过渡性产业空间。在对环境要求较高和污染较为严重的制造业之间,可以布置过渡性的产业空间,这些产业应该选择对于生产性服务业影响不大,而且可以利用污染较重企业的废弃物进行再生产的产业类型(图4.52)。

③优越的交通条件和空间可达性。

相对于制造业而言,园区中的生产性服务业对于空间区位和交通条件的要求更高。生产性服务业宜布局于园区主要道路或者园区的主要出入口处,以方便对外联系,方便园区企业能够更加容易找到所需的服务,尤其像物流等对于交通条件的要求则更为突出。而园区生产性服务业和制造业之间一方面要加强交

图 4.52　过渡和隔离的方法

通联系,缩短两者的距离,提高沟通的效率,另一方面要减少制造业的物资流和生产性服务业产生的人流直接交叉,避免两者之间相互影响和交通高峰期间的交通拥堵(见图 4.53)。

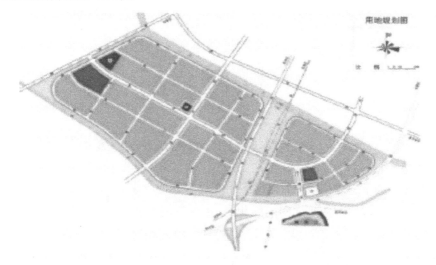

图 4.53　连云港出口加工区利用两个主要入口布局物流用地

2. 空间要素组织

空间从园区的整体考虑后,就要研究各空间要素的规划策略。空间要素包括空间组合、空间环境、建筑形态等。这里针对这些空间要素,分别提出了相应的规划策略。

①进行与园区发展阶段相适应的空间建设。

在空间建设时序上,应与园区的发展阶段相适应。工业园区生产性服务业的空间建设,是一个动态的,不断完善的过程,在空间建设之时,应考虑空间建设在与功能匹配基础上的循序渐进,建设符合园区发展需要的生产性服务业空间。虽然工业园区开始规划建设时有了明确的产业定位,但是所有企业不可能一次便引进到位,必然是一个逐渐入驻、逐渐发展的过程。而各个生产性服务业企业对于空间的要求以及用地规模的要求也不尽相同。因而,在园区初期规划建设时,应充分考虑到空间开发的时序性和空间需求的多元化,做好规划,留有余地。例如苏州工业园区国际科技园在开始规划之时便确立了分阶段建设的目标,以适应园区发展阶段的要求。其发展建设结合了工业园区每个阶段对于研发的要求,为苏州工业园区的发展提供了有效的生产性服务业支持。苏州工业园区建设之初,需要大量的研究型研发,因而国际科技园的首期科研功能较多。二期则根据园区对于研发的需求,扩大了规模。到了第三期,对于研发功能提出了更高的要求,则国际科技园的空间开发更注重智能型办公空间的建设。第四期,加强了与研发相关联的配套设施的建设,完善了研发产业链。这样随着园区发展阶段而进行分期建设的空间,能更好地服务于园区的整个产业发展(图4.54)。

②营造多元化的空间组合。

由于园区生产性服务业企业功能的多样性和规模的差异性,对于空间的要求呈现多元化。这就要求园区在进行空间布局时,既要充分了解各种类型的生产性服务业对于空间的要求,建设不同的空间类型以满足企业的多元化需求,又要给空间以足够的弹性,有根据企业的需求进行拆分或者组合的可能。

空间组合的类型可以有多种,根据园区生产性服务业的特点,可以按照院落式、临街式和自由式三种空间组合来进行规划建设(图4.55)。院落式容易形成较为私密的空间环境,其内部院落空间可以形成非正式的交流空间,利于入驻企业的交流,且避免了外界的干扰。在进行院落式空间组合的建设时,不仅要注意

图4.54 苏州国际科技园分期建设平面

院落内部界面和空间的处理,还要加强院落临街界面的处理,形成既相对封闭,又与外界有机联系的空间形式。这类空间组合类型一般适用于科技研发等对环境要求较高的生产性服务业类型。而临街式的空间组合,则更利于与外界的交流与沟通,利于对外展示良好的形象,金融保险业、商务服务业等生产性服务业类型可以采取此种布置,临街一侧或者两侧进行布置,形成丰富的街道空间。而自由式一般是一种低密度、花园式的空间组合形式。充分利用自然条件,形成花园式的空间环境,而各个建筑单体灵活布置在环境之中,有利于启发灵感,贴近自然。孵化等生产性服务业类型可采取此种形式,一方面,在孵化的企业一般规模不大,小体量的建筑单体更适合企业的需求,另一方面,孵化企业中的工作人员对于环境的要求也较高,自由灵活的布局有利于创新思维的形成。园区在规划建设时,应根据产业定位,合理选择空间组合的类型和比例,以使入驻生产性服务业企业能够根据自己的实际需求来进行选择。

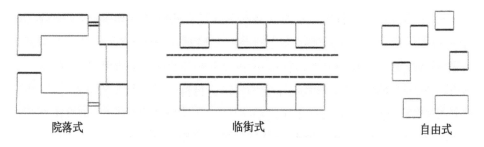

院落式　　　　　　　　　　临街式　　　　　　　　　　自由式

图4.55　园区生产性服务业多元空间组合形式

园区也应该注意提供大小规模不同的空间组合,以适应不同规模入园企业的需求。例如硅谷中的商务花园,针对不同规模企业的需求,其空间规模也是各异的。像 inter 和 oracle 等大型的企业,根据自己的需求建设规模较大的商务花园,占地面积超过 800 英亩。这些商务花园中研发、办公等生产性服务设施齐全。而对于中小型企业而言,几座建筑聚合而成的小型或者微型的商务花园则备受青睐。

③塑造层次丰富的空间环境。

相对于园区制造业空间较为单调的空间环境,生产性服务业需要层次更为丰富的空间环境。层次丰富的空间环境,可以促进生产性服务业的良性发展,还可以与园区制造业空间的相对单调形成鲜明的对比,共同组成体系完整的园区空间环境。塑造层次丰富的空间环境,应该从物质环境和人文环境两个方面来着手。

物质空间环境的塑造,应该着力建设生产性服务业集聚区的共享公共空间环境,建筑组团内的半开敞空间环境以及院落内封闭空间等多层次的空间环境系统(图4.56)。形成开敞—过渡—半封闭—封闭的空间环境层次,满足园区生产性服务业从业人员对于非正式交流空间的需求。公共共享环境应以开敞型空间为主,适宜大规模人群交流需求。入口空间作为从共享到半私密的过渡性空间,应加强引导性设施和标志性设施的建设。组团环境相对较为私密,而建筑空间则为完全私密的空间,这两者的环境建设要注意座椅、茶座等设施的布置,为员工提供休憩、交流的场所。

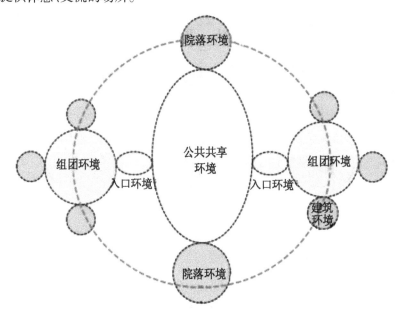

图4.56　园区生产性服务业多层次空间环境

对于生产性服务业而言,人文空间环境的塑造更为重要。生产性服务业从业人员多为高科技人才和白领,十分重视良好的空间环境。人文空间环境的塑造,应做到形成良好的文化氛围、强烈的归属感和空间认同感,真正做到以人为本。可以从以下三个方面来进行塑造。首先,按照社区化的模式来营造人文空间环境。其次,以环境为主题进行空间的规划建设,形成多样性的空间环境,并通过增加标志物等,来提高环境的可识别性和可参与性,提高归属感。再次,可以给予生产性服务业企业以建筑的命名权,以提高企业对于建筑空间环境的认同度。

④建设富于变化的建筑形态。

一是要把生产性服务业建筑塑造成为园区的景观节点。二是充分利用旧工业建筑进行空间的改造和提升。三是注意与周边工业建筑的协调。园区工业建筑多为方形的标准厂房,模式化的建筑形式略显单调。而生产性服务业不会受到生产流程等的束缚,其建筑形态也更为灵活多变。因而,应充分利用其灵活

图 4.57　海宁经编工业园区中国经编总部商城

丰富的特点,建设园区的强势地标性建筑,起到统领整个园区空间形态的作用,并可以形成错落有致的丰富的空间景观。例如海宁经编工业园区的经编总部商城,建筑形态采用明显区别于园区工业建筑的现代化风格,形成了园区的地标(见图4.57)。

有些园区由于发展的时间已较长,有大量的工业建筑面临着改造更新,充分利用废弃工业建筑进行功能的升级和空间的改建是这类园区节约园区土地和改造成本的有效方式,并且易于形成丰富的空间形态且容易引起制造业企业对于生产性服务业企业的心理认同感(图4.58)。

园区生产性服务业的建设应注意大体量建筑与园区周边企业工业建筑的协调。园区所需生产性服务业例如产品展示所需的会展场所,物流等均需要较大的用地,且其建筑形体巨大,这就涉及这些大体量建筑与周边制造业企业的标准厂房的形态协调问题。园区建设这类体量巨大的生产性服务业建筑时,应充分

图 4.58　园区中利用旧厂房改造的生产性服务业空间

考虑其与周边环境的协调以及对周边企业的影响。应在建筑色彩、形体等方面予以限定,使其融入整个园区的建筑空间形态之中。

1999 年,在深圳地产界颇负盛名的天安工业开发有限公司向外界宣布:要斥巨资建一座"天安数码城"(见图 4.59)并明确提出,要建一个融科技开发、生产、时尚生活、商业于一体的综合性小区,并使之成为中小民营高科技企业的创业摇篮。公司的目标也十分明确,走五位一体的模式:科技发展产业基地、科技成果转换、优良环境高尚住宅。一方面是宣扬其为民营科技的创新园地,另一方面却是休闲舒适的生活空间(见表 4 - 9)。

图 4.59   深圳天安数码鸟瞰图

表 4 - 9   深圳天安数码城主要经济技术指标

指标名称		数据	备注
用地面积		300000.00 平方米	
总建筑面积		800000.00 平方米	
其中	厂房面积	400000.00 平方米	
	高级住宅	230000.00 平方米	
	公寓	60000.00 平方米	
	商业及配套设施	40000.00 平方米	
建筑密度		37.5%	

续表

指标名称		数据	备注
容积率		2.67	
绿地率		32.02%	
创新科技广场（二期）	占地	27000 平方米	
	建筑面积	85000 平方米	
	绿地面积	76000 平方米	
	主力户型	300~600 平方米	共计 151 个单元
数码时代大厦	用地面积	23699.4 平方米	
	建筑面积	110000 平方米	地下 2 层,地上 26 层
福田天安科技创业园	占地	8157.8 平方米	
	建筑面积	35446 平方米	
	配套服务设施	4814 平方米	
	培训中心	5077 平方米	
	科技企业孵化器	20105 平方米	

在配套设施上,不仅仅体现在如前所述的完全信息化的服务之上,让业主、住户享受全新的数码生活还极力吸引相关服务机构。如世界知名快餐店肯德

图 4.60　深圳天安数码城

基、中国电信等进驻天安数码城也让一些知名的咖啡厅健身房等加盟。更重要的是,一个全新概念的高尚住宅小区——高尔夫海景花园成为天安数码城诸多创业者一个休憩的港湾。

这是园区的规划布局,分为四部分,一是产业区,是每一个城市产业综合体的主体;二是生活区;三是商业区(见图4.60);四是供员工或企业活动的公共广场。每一个城市产业综合体在建筑形态上大概都是按照这个比例去建设的。

配套:数码自身生活设施、休闲设施应有俱全。区内银行、邮电所、快递公司、航空公司、货运公司、食肆、快餐店、娱乐场所等商业服务设施配套完善(见图4.61)。

图4.61　深圳天安数码功能分析和配套设施

4.5　园区综合体的建筑艺术处理

4.5.1　建筑特点

园区建筑和民用建筑一样,具有建筑的共同性质,但是因为园区建筑为生产服务的使用要求和民用建筑为生活服务的使用要求有很大差别,所以园区建筑又具有自己的特点。各种综合体建设提出很多民用建筑设计中不常遇到的问题:如厂房承受巨大的荷载,沉重的撞击和震动,厂房内有生产散发的大量余热和烟尘,空气湿度很高或有大量废水,有各种发蚀性液体和气体,以及很高的噪音等等。又如有些园区为了保证产品的质量要求,厂房内须保持一定恒温条件,或有防爆、防尘、防菌、防辐射等要求。此外,现如今综合体建设还必须设置各种与厂房有关的运输设备,因而设计园区建筑时应充分考虑这些特点,结合具体情况加以合理解决。

图4.62　华夏幸福基业园区综合体

　　在综合体发展的初期,综合体内业态比较单一,主要以生产厂房为主。由于生产规模不大,建筑技术不发达,生产都是在简单的、单跨或只有少数几个跨间的建筑中进行。这些厂房以侧墙上的窗口采光,在生产散发余热的厂房中,在屋顶设置气楼以通风,生产运输则只能利用人力小车。随着生产的发展与建筑技术的进步,人们在跨间内安放了吊车以搬运笨重的物料。由于生产规模的扩大,单跨的厂房在面积上远不能满足生产要求,于是人们将一些单跨建筑并连在一起,并在屋顶上安置玻璃或将气楼安上玻璃以采光,并安装了内部排水系统,逐渐形成现代复杂的多跨厂房(见图4.62)。在生产的不断发展中,仍然不断提出新的要求,如恒温、无尘等等。为了适应这些新的要求,出现了所谓"密闭厂房",它不需天然采光和自然通风,因而没有侧窗和天窗,建筑结构简化了,更易于控制生产所要求的条件,也可以节约能源。此外,由于生产工艺技术不断发展,工艺变革和设备更新的周期逐年缩短,为了适应这一要求就出现了所谓"灵活厂房",它们在平面布局、柱跨度和间距大小、结构选型、地面设计等方面都采取了相应措施以满足灵活性的要求。

　　从以上简单的发展过程可以看出,园区建筑的设计与建造都须遵循一条重要的原则,即设计园区建筑应紧密结合生产的各种主要要求进行,这些新提出的工艺要求不断促进建筑技术和设计工作的发展,而建筑技术和设计工作的提高又为满足生产要求提供了更大的可能性。因此,工艺和建筑二者应该是统一的,任何片面强调某一方面的要求,都可能给另一方面造成不良后果。

4.5.2　绿化与美化布置

一个园区的生产,总要不同程度地把各种有害气体、粉尘、余热、振动和噪声等向外扩散,势必影响和污染园区及其周围环境。如果在园区总平面设计中能够妥善地进行绿化和美化布置,将会显著地减弱上述影响并使其得到有效的改善,从而可以起到保障园区工人及其附近居民的身心健康、消除疲劳和焕发精神的积极作用。因此,绿化和美化布置不是可有可无的装饰和点缀,而是其中重要的一部分。这项工作应和园区总平面设计的其他要素统一考虑和同步建设。

园区综合体一改传统工业园区"求生产少绿化"的园区模式,应尽量打造高质量的景观绿化设施,创造环境优美的园区形象。园区综合体的绿地有共享布置与单独布置两类。共享布置,即在园区综合体内重要节点处,设置公共绿地,以公园绿地和大片绿化的形式,塑造园区综合体良好的环境氛围,使这些公共绿地空间成为联系园区综合体各个功能区域的纽带,成为园区重要的活动场所。单独布置,即各个企业在自身园区内部,为企业自身设置的绿化用地,大多小而精,为员工休息提供了好去处。

绿化和美化布置的主要内容通常包括建卫生防护林带、修整和绿化园区道路、美化厂前区和主要出入口、组建围墙和外部照明,设置板报、画廊、光荣榜、露天水面和水池等公共设施和建筑小品,以及开辟球场和休息场等等。要设法使绿化和美化布置与整个园区的建筑群体有机地集合起来,相互衬托,彼此配合,构成一个统一协调的建筑艺术的人文环境。一个园区通过绿化和美化布置,不仅美化和净化了园区环境,还可起到宣传和鼓舞斗志,振奋革命精神的作用,同时也给城市规划和建设工作带来良好影响。

为了增加园区内环境的美观,在适当地方可以布置少量水池、喷泉、雕塑等,这取决于园区的规模和建筑标准。对于园区的布告牌、光荣榜、路灯、座椅,以及大门、围墙等的处理,在总平面设计时应给予足够重视,否则在相当程度上会影响园区的美观(见图4.63)。

绿化和美化布置应贯彻因地制宜、就地取材的原则,防止脱离生产实际,浪费资金、单纯追求美观的倾向。在可能的条件下,应尽量利用生态和保护园区原有的自然绿化环境,国内有些企业用廉价材料和花草树木将园区装点成"综合体公园"。

图4.63　天津天安数码城亲水空间

　　例如北京亦庄联东 U 谷园区以绿色、生态、环保为主题,大面积草坪、北方特有常绿灌木、树种有层次地布局,并通过绿隔引导交通。从东往西,以一条800 米中轴景观大道贯穿,内部多变的点式组团绿化、水系小品与带状公共绿化参差错落、相互渗透于不同建筑之间,相对独立的同时又通过主景观带将各景观节点有机联系起来,保证整体园区景观的有机协调性。让建筑与景观、人与景观实现对话,为企业提供智力、生产力提升的绿色引擎(见图4.64)。

4.5.3　体形空间的总体设计

　　体形空间是一个统一体的两个方面,互为存在的条件。总体设计就是对整个园区范围内的建筑体型和空间进行全面规划。根据生产类型、企业规模和所处具体环境的不同,各类园区在体形园区空间方面有着不同特点,总体设计的目的就是要结合这些特点,在可能条件下使建筑群体在体形上统一、和谐,比例适度,空间上舒展、完整。例如龚杏(高新)产业城,占地 200 亩,建筑面积 25.4 万平方米,容积率 1.79。产业城建筑形态涵盖标准综合体、研发办公大楼、宿舍、食堂、球场等,从生产、技术研发及产品设计、总部办公、生活休闲、商业及金融服务、营销咨询等 6 大功能,充分满足入驻企业要求。综合城依托南昌高新区完善的高新技术产业基础,以园区形态为开发模式(见图4.65)。

　　以单层综合体为主的大型建筑群,比较典型的如大、中型机械制造厂,其特点是建筑物数量多、体形较规则,高度相差不大,在建筑物之间形成一种比较规

图 4.64　北京亦庄联东 U 谷园区绿化布置

则、相互连通的空间(见图 4.66,图 4.67)。当相邻建筑物的占地面积不同时,可在建筑物较小的一边再布置一两个更小的建筑,使它们总的轮廓和另一地段上较大综合体近似,以求获得整齐、均衡的效果。由于全厂建筑物在高度上起伏较小,所以一般多结合总平面布置的分区,在全厂高度上安排几组不同的层次;例如厂前建筑较低,主要综合体群体较高,辅助综合体稍低,最后区带为动力站和仓库等小型建筑,但有高度上比较突出的构筑物(如烟囱、水塔、冷却塔等)作为

图 4.65 龚杏(高新)产业城鸟瞰图

结束,如图所示。组织这类建筑群体的空间,实际上是结合全厂道路系统的布置和确定建筑物的间距同时进行。因此,在安排主、次干道、一般通道、大小广场时,应使园区内空间有适当的大小和疏密变化,以避免单调、呆板的后果。

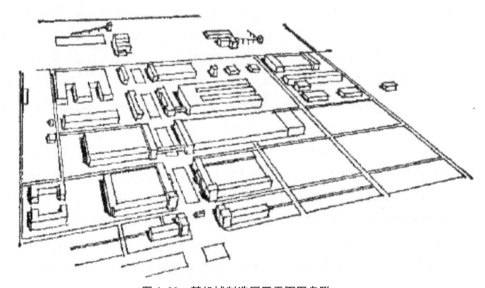

图 4.66 某机械制造园区平面图鸟瞰

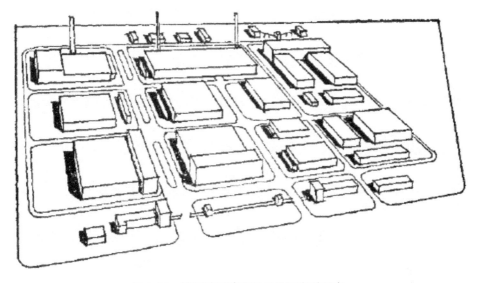

图 4.67　某机械制造园区总平面鸟瞰示意

近代发展起来的联合综合体往往主综合体面积很大,而单建的辅助建筑面积较小,二者悬殊。这时应注意安排好大小体形之间的主从关系,使较小的建筑均匀地、协调地布置在主体建筑的周围。或将其设计成多层布置在某个侧面,使之高低错落、互为衬托、互相对比。园区内空间也应比较集中,不宜过多变化,(见图4.68)。

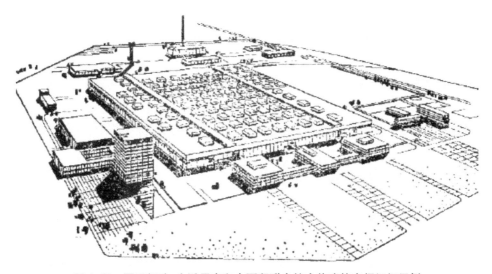

图 4.68　园区行政、生活用房和大面积联合综合体建筑空间组织示例

图 4.69　江西龚杏(小蓝)产业城建筑群高低错落

　　以多层综合体为主的建筑群或兼有单多层综合体的建筑群(见图 4.69),其特点是建筑物在园区内的位置受生产工艺影响一般较小,布置比较灵活,建筑体形在高度上变化较大,空间变化的可能性较多。这类园区如建在城区内还可能在用地方面受到特殊条件的限制,因此,应结合周围原有综合体或民用建筑统一考虑。进行这类建筑群的体形空间设计时,应充分利用这些特点,使之在建筑构图上完整、和谐与生动。

　　在组织广场和干道的空间时,首先要恰当地确定广场的面积大小和干道的宽度。除了应满足使用要求外,主要还应考虑人在其中的实际感觉,尽量避免空旷或拥挤局促两种偏向。

　　园区综合体是适应当代城市发展而产生的房地产开发模式,其具有功能复合、体量庞大、集约土地、满足多重需求、市场发展潜力大的特性,开发布局合理则能带动区域经济社会发展,提升区域形象及价值。

5 园区综合体的投融资分析

5.1 园区综合体投资环境评价

5.1.1 投资环境的概念

投资环境(investment environment),也可称为投资气候(investment climate)或商业环境(business environment),在国外的研究中一般与跨国直接投资所面临的环境相联系,是由影响投资规模的各种外部因子构成。

凯恩斯的投资理论认为,厂商是否进行投资取决于投资的预期利润率与投资成本(利率),若投资的预期利润率大于利率,值得投资;若投资的预期利润率小于利率,不值得投资;当投资的预期利润率等于利率,是均衡投资量。

当投资的预期利润率既定时,投资取决于利率,利率上升,则投资需求量减少;利率下降,则投资需求量增加,投资需求是利率的减函数。

$i = e - d - r$

其中,i 为投资需求;

   e = 自主投资;

   r = 实际利率;

   d = 投资需求对利率变动的敏感系数

凯恩斯把 e 看作外生变量,其实 e 本身也可看作是一个由多种变量决定的函数,投资既然是一种社会经济活动,就不可能孤立地存在着,而必然受到投资环境的制约。事实证明,投资环境与投资之间存在着正相关关系,良好的投资环境能极大地增加系统的产出,使投资曲线向右移动。

对于投资环境的界定,最初集中在对投资产生影响的自然地理条件和基础

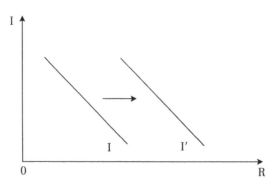

图 5.1 投资函数与投资环境

设施条件等硬性条件的研究,随着投资活动的范围和规模不断扩张和投资理论研究也不断深入,人们开始意识到投资不仅受到以上硬条件的影响,更会受到各种软性条件的影响,如某地区为了吸引投资而制定关于某项投资的优惠政策等。常见的投资环境的软性条件有政府政策、社会环境、法律制度、劳动力质量和人文环境等。

著名经济学家厉以宁(1993)认为:投资环境是指投资者进行投资活动所具备的外部条件,包括投资硬环境和投资软环境。

世界银行前副总裁 Stern(2002)认为:投资环境影响回报和风险,是由政策、制度和具体执行行为组成的环境,包括现存环境和期望环境。

综上所述,投资环境是影响或制约投资活动及其结果的一切外部条件的集合。包括与一定投资项目相关的自然、政治、经济、社会和技术等诸方面的因素,这些因素相互交织、相互作用而形成一个复杂的系统。因此,园区综合体的投资环境就是影响或制约园区综合体投资活动及其结果的一切外部条件的集合。

5.1.2 投资环境评价的意义

所谓投资环境评价,即采用一定的原则和方法对投资环境这一有机整体的质量优劣程度进行评判的辩证思维过程。投资是带动经济发展的原动力,投资环境评价是园区综合体投资决策的重要依据。

对于园区综合体的投资主体而言,投资环境评价目的在于为投资决策提供依据,寻求资本最大增值和获得最优效益的有效途径,投资主体选择投资对象或投资客体的过程,本质上就是进行投资环境分析与评价的过程。投资主体考察待选地区的地理位置和自然资源状况、基础设施状况、经济发展状况、社会文化背景以及政策环境和法律等状况,并对这些因素做出综合评判以决定是否投资、投资方向和投资规模。

5.1.3　投资环境评价的原则

1. 全面与重点相结合的原则

园区综合体投资环境是一个多因素、多层次、复杂的要素系统。在对园区综合体投资环境进行评价时,需要运用系统分析方法把握园区综合体投资环境系统的诸多要素,并对影响系数大的要素运用重点分析法,分析在整个系统中的权重,做到全面和重点相结合,这样才能保证评价的全面性和针对性。

2. 主观与客观相结合的原则

园区综合体投资者在进行某项园区项目投资时,首先明确的是投资动机,如资本增值、规避风险等,另外还需要结合投资者的客观环境做出相关的一系列决策,其中既包含建立在大量数据信息基础上的科学决策,又包含在缺乏相关信息情况下的主观决策。因此,园区综合体投资环境评价实际上是一项主观和客观相结合的分析活动。

3. 定性与定量相结合的原则

定性分析是指运用归纳和演绎、分析与综合以及抽象与概括等方法,对事物的性质进行直观的评价和分析。定量分析是指分析一个被研究对象所包含成分的数量关系或所具备性质间的数量关系;或对几个对象的某些性质、特征、相互关系从数量上进行分析比较,有利于分析系统内部的逻辑性。在进行园区综合体投资环境评价时,需要定性和定量分析相结合,针对不同性质的投资环境变量采取不同的分析方法。

4. 静态与动态相结合的原则

园区综合体投资环境不是一成不变的系统,而是一个伴随经济发展周期、区域规划等宏观因素改变而不断发生变化的系统。这种动态变化有可能使投资环境变好,也有可能使投资环境变差,尤其像我国房地产市场受国家调控政策的影响非常大,政策稍微调整都会给房地产投资环境带来动态性变化。因此,在进行园区综合体投资环境评价时需要把握园区综合体投资环境的历史变化规律,结合当前形势,既要有时间截面信息的分析,又要有时间序列信息的分析,做到动态与静态相结合。

5.1.4 三大产品的投资环境评价方法

1. 产业城

对于产业城来说,其投资规模相对较小,而且投资企业对所涉及的产业可能会有更好的认识,因此在进行环境评价的时候不仅对投资环境的主要方面进行好或者坏的评价,而更依赖于投资开发企业的经验积累和主观判断。

其基本方法是从投资者的立场出发,选定影响投资的七个宏观投资环境因素,然后依照这些因素逐一进行评估,即对其进行冷热分析。热表示投资环境优良;冷则表示投资环境欠佳;温则表示一般。

这些因素分别是:

①政治稳定性;

②市场机会;

③经济发展及其成熟程度;

④地理与文化差异;

⑤法律阻碍;

⑥实质阻碍,即各种人力无法控制的因素如战争和自然灾害;

⑦文化一元化程度。

以上七个因素还可以分成更多的子因素,对每个子因素也可以进行冷热分析。这种方法侧重宏观分析,缺少微观探讨,是一种粗线条的评价方法,可用于投资企业已经具备大量实践经验的产业城产品的投资环境分析。

2. 总部城

对于总部城来说,其投资规模一般比产业城大,所涉及的行业更多,因此其环境评价的难度更大,对于一些开发企业投资没有经验的产业,更是需要借助于一些模型工具。譬如,可以采用多因素评价方法。

该方法就是将投资环境因素分为 n 类,每一类因素又由一系列子因素构成。在具体评估地区投资环境时,首先选取上述全部因素也可以只采用其中一部分,甚至增加某些投资者更关心的因素;确定了所要考虑的因素后,对各类因素的子因素做出综合评价;然后据此对该类因素做出 5 分制评估,给出每个因素的权重;最后计算该区域/地区投资环境的总分数。

投资环境的总分可由下式求得:

$$Q = \sum_{i}^{n} = 1 w_i(5a_2 + 4b_i + 3c_i + 2d_2 + e_i)$$

式中,Q 为投资环境总得分;n 为所考虑因素的总个数;w_i 第 i 个因素的权重;a_i 为第 i 个因素所得到的 5 分的比重。

表 5.1 多因素评估方法参考影响因素

影响因素	子元素
政治环境	政治稳定性;国有化可能性;当地政府的外资政策。
经济环境	经济增长;物价水平。
财务环境	资本与利润外调;对外汇价;融资与借款的可能性。
市场环境	市场规模;分销网点;营销的辅助机构;地理位置。
基础设施	通讯设备;交通与运输;外部经济。
技术条件	科技水平;合适工资水平的劳动生产力;专业人才的供应。
辅助工业	辅助工业的发展水平;辅助工业的配套情况。
法律制度	商法、劳工法、专利法等法律健全否;法律是否得到很好的执行。
行政机构	机构的位置;办事程序;工作人员的素质。
文化环境	当地社会是否引入外资公司;外资公司是否适应当地文化。
竞争环境	当地竞争对手的强弱;同类产品在当地市场划分情况。

3. 都市城

都市城是园区综合体最高层次的产品形态,其投资环境评价所涉及的内容更多,投资环境评价过程更加复杂。因此,其评价方法的选择需要考虑更多的变量和更精确的模型。

近年来,随着各种数学方法在经济学研究中的广泛运用,一些新的系统评价方法已经广泛地运用于可持续发展能力、投资环境、高新技术开发区发展和城市综合经济实力等方面的评价研究中,如熵值法、主成分分析法、多元回归法、模糊综合评价法和 BP 神经网络法等。这些评价方法都可以运用到都市城投资环境的评价中,一般得到可信度和精准度更好的评价结果,为投资决策的选择提供更好的依据。

5.2 园区综合体的投融资相关主体

5.2.1 投融资相关主体的简介

园区综合体投融资过程中的项目实体能否按质按量按要求地完成,关键在于整个项目投融资的各个相关主体是否完全发挥各自的作用,是否完全落实各自的责任和义务。这里主要涉及项目开发企业、地方政府、金融机构、工程建设相关单位、策划营销企业等。

1. 项目开发企业

项目开发企业是指从购买土地使用权开始,经过项目策划、规划设计、施工建设、招商引资等过程,建成地产商品以供租售的经济实体。根据建设部的规定,房地产开发企业可以分为三种类型:房地产开发专营公司、房地产开发兼营公司、房地产开发项目公司。任何拟从事房地产开发的投资者,必须根据自己的投资意愿,依法成立房地产开发公司并报主管部门批准,才能从事房地产开发业务。项目开发企业是项目投融资中重要的参与者,负责筹措项目资金,并负责项目实施,他们对项目起到促进、开发和管理的作用。由于项目开发企业的多重角色,项目开发企业通常不直接负责项目的建设和运营。

2. 地方政府

房地产开发企业从取得土地使用权开始就不断地与政府部门打交道,比如土地管理部门、城市规划管理部门、建设行政主管部门、房地产管理部门,取得土地使用权证、建设工程规划许可证、建设用地规划许可证、建设工程施工许可证、预售许可证、房地产产权证等。目前,我国中央政府为房地产业设置了两条管理主线,一是国土资源部系统的土地管理部门。二是建设部系统的城市规划、房地产开发、房地产市场及城市建设管理部门。地方政府同样是土地和房产两条主线,土地管理部门负责城市土地市场的管理,房产管理部门负责城市房地产市场的管理。政府在项目投融资过程中应作为主要的促进者而不是投资者。中央政府和地方政府在项目融资中发挥着重要的作用,政府不仅可以为融资提供担保帮助,还可以作为项目产品或服务的购买者。此外,政府可通过制定相关的税收政策、外汇政策等为项目融资提供政策优惠待遇。

3. 金融机构

金融机构是以货币为经营对象的组织,其作用是以信用服务的方式将社会上闲散的资金归集起来,融通给需要资金的企业和个人。我国金融机构数量众多,大体上可分为两种类型,一是银行型的金融机构,二是非银行型的金融机构。非银行型的地产金融机构是指除银行以外的开展地产融资业务的组织机构。根据其经营的业务范围不同,可以分为专门从事地产融资业务的机构与非专职型机构,前者包括地产金融公司等,后者包括保险公司等。

4. 工程建设相关单位

在房地产开发过程中涉及的工程建设相关单位主要有以下五大类:一是勘察设计单位;二是城市房屋拆迁单位;三是建设施工承包商;四是工程咨询企业;五是材料设备供应商。

5. 策划营销企业

一般在项目开始之前对项目进行策划,开发企业通过对项目的基本情况进行研究来判断项目盈利能力和风险系数,并据此制定价格策略、广告策略、销售策略。在实际项目运作时,根据市场的变化,随时调整原来的策划方案,从这个角度来看地产策划贯穿地产开发的整个过程,地产营销只是策划的一个延伸,营销方案的制定需要依据策划方案。事实上,地产策划与营销是密不可分的,很多地产策划机构同时也是营销代理机构。

5.2.2 投融资主体的作用及相互关系

在过去的 20 多年间,工业地产都是由政府主导开发的,比如现在的园区管委会就是政府专门成立起来管理开发区、工业园的。不过,随着工业地产的发展,越来越多的不同投资主体开始进入这一领域。除了政府外,国有企业、外资企业、民营企业,甚至还有海外基金都开始了这一领域的投资。工业地产的投资主体已经呈现多元化趋势。

根据我国工业地产项目的开发现状来看,地方政府仍然发挥重要作用,是我国目前工业地产市场建设的主导。对于园区综合体来说,地方政府一般是项目的发起人,并对整个项目的开发和运营进行全程监督并参与规划和管理。地方政府对项目的融资也具有特殊意义,可能充当开发公司与金融机构的中间人,也可能是融资的担保人。项目开发企业是园区综合体的具体实施者,是项目投资的主体。金融机构为项目提供资金支持,工程建设单位是项目施工的主体,策划营销企业则是项目的主要参谋机构,提供技术支持。因此,园区综合体的投融资需要协调各参与主体的利益要求,充分发挥各主体的积极性,形成合力,以保证项目的资金供给。

5.3 园区综合体投融资模式探析

2003 年之后,随着国家在产业政策和土地政策方面的支持,地产行业进入到一个快速发展的阶段,各地的工业园区如雨后春笋般出现,工业地产行业发展较好的地方主要集中在北京上海广州等一线城市,它们在地产融资方面有许多的经验值得借鉴。目前,国内园区综合体的融资模式主要有政府主导型、企业主导型、开发商主导型、混合型等。

5.3.1 政府主导型融资模式

政府主导型开发模式,是目前中国各级地方政府最常使用的工业地产开发模式,同样也是目前我国园区经济建设的主要载体。园区综合体的开发并不属于简单意义上的工业地产开发,而更多的是基于区域经济建设、社会发展以及百姓就业等各种综合因素考虑而设置的。该模式的主要特性表现为此类园区综合体的开发都是在政府主导的前提下进行,通过创造相关产业政策支持、税收优惠等条件营造园区与其他工业地产项目所具备的独特优势,然后通过招商引资、土地出让等方式引进符合相关条件的工业发展项目。在政府主导型运营模式的框架下的融资模式我们称之为政府主导型融资模式。该融资模式主要由政府负责提供资金进行园区和周边基础设施的建设,通过招商引资、厂房出租出让和土地出让等方法回流资金,从而达到地方地产增值,地方财政收入增加,地区经济发展的目标。政府主导型融资模式的优势体现在由地方政府出资进行园区建设,其对当地经济发展较为了解,且利用政府信用和财政收入作支撑,能够为园区建设提供有效的帮助。另外,政府在工业地产用地、城市规划和地方产业升级等方面也具有很强的优势。目前,该融资模式成为我国工业园区发展的主流模式。政府主导的融资模式在项目前期起着非常积极的作用,但也有它的弊端。首先,这些投资的资金是来自政府财政,易受到政府政策的影响,也缺乏其他的投资渠道支持。其次,官商联系紧密易造成工作效率低下、权责不明确、产权界限模糊等一系列问题。具体分析见专栏 5－1。

专栏 5 - 1:政府主导型融资模式

——以苏州工业园为例

融资背景:苏州工业园于 1994 年 2 月经国务院批准设立,同年 5 月实施启动,是中国和新加坡合作开发项目。2011 年园区实现地区生产总值 1589.6 亿元,比上年增长 13.5%;地方一般预算收入 164.3 亿元,增长 23.4%;新增实际利用外资 19.35 亿美元,增长 4.6%;完成进出口总额 770 亿美元,增长 4.3%;全社会固定资产投资 666 亿元,增长 21%;社会消费品零售总额 203 亿元,增长 20.1%;城镇居民人均可支配收入和农村居民人均纯收入分别增长 15.3% 和 16%。园区以占全市的 3.4% 土地、5.2% 的人口创造了 15% 左右的经济总量,并连续两年名列"中国城市最具竞争力开发区"排序榜首,综合发展指数位居国家级开发区第二位。

融资分析:作为中国和新加坡政府的重要合作项目,苏州工业园(以下简称园区)经过十几年的发展取得了令人瞩目的成就,在其发展过程中,政府主导型投融资方式发挥了重要的基础性作用。园区建设之初,政府就制定了科学合理的建设规划,然而由于缺乏完整的投融资体制和成熟的融资平台,使得园区开放面临着很大的问题。一方面,新加坡方面持续提供大量资金并不现实;另一方面,中国方面政府融资和信贷融资不加以区分,资金来源不稳定,难以适应前期基础设施投资建设所需资金量。1998 年亚洲金融危机后,新方进一步减少在园区的投资额,此时巨大的资金缺口就呈现在园区发展面前。面对困难,中国政府一方面继续加大财政支出,另一方面,积极选择投资主体。国家开发银行(以下简称开行)由于其职能优势进入政府选择范围。开行的进入,既显示了中方建设好园区的决心,又为园区的建设增强了信心,快速破解了资金流紧张局面。从 2000 年开始,开行先后向园区承诺了四期贷款,累计承诺额 194.11 亿元,累计发放额 134.5 亿元,占到园区基础设施建设累计投资的 1/3。通过四期贷款,解决了园区的金鸡湖治理问题、园区基础设施建设问题、园区配套设施的建设问题和园区的可持续发展问题,极大地提高了园区的综合实力,为高科技企业的进入打下了坚实的基础。

融资经验：苏州工业园的成功不仅得益于中新两国政府的高层次合作,在海关、税收、人事、外事等多方面获得一系列的优惠政策;还得益于"政府组织推动＋主力银行金融支持"的双主体推动模式。"双主体模式"正是将政府组织优势与国开行融资优势结合的典范。园区公共设施融资不但需要资金支持,还需要发挥开发性金融建设市场、建设信用和建设制度的特有优势,需要国开行作为园区建设的重要主体,与园区政府共同推进园区的建设发展。"双主体模式"是园区公共设施融资建设的有效方式。从上面的案例可以概括政府主导型融资模式的经验有以下几点：

(一)发挥政府职能。在双主体推动模式中,政府发挥其政治职能,通过建立融资平台、引进银行贷款等,既满足园区前期资金需求,又有效降低融资风险,减轻财政压力,改变以往政府一方出资建设的传统开发模式。另外,金融机构由于其自身融资专业化程度高,可以更好地进行资本运作,避免了很多融资风险的发生。

(二)加强金融合作。在园区发展初期,政府面临资金困难时,并没有盲目选择财政支持,而是利用园区土地等资源,积极寻找与金融机构特别是银行的合作,通过信贷支持,获得巨额贷款来支持前期建设。银行的加入,不仅带来了资金,也带来了专业化的资本运作,弥补了政府部门在这方面的不足,达到优势互补。政府主导型金融合作指由政府或有关金融机构牵头,统一制定合作规划,协调合作项目,监督合作进程,是通过政府力量和参与实现区域金融合作的一种模式。在政府主导型的合作模式中,规划性比较强,金融合作的效果也较明显。政府是金融合作不可或缺的力量之一,政府在金融合作中主要表现在宏观调控方面,并非事事参与,各地方政府应该从整体利益出发,相互配合,制定各种配套措施,为金融合作提供必要的服务。

资料来源：http://www.doc88.com/p-992962135719.html.

5.3.2　企业主导型融资模式

主体企业引导模式,一般是指在某个产业领域具有强大的综合实力的企业,为实现企业自身更好地发展与获取更大的利益价值,通过获取大量的工业土地,以营建一个相对独立的园区综合体;在自身企业入驻且占主导的前提下,借助企业在产业中的强大的凝聚力与号召力,通过土地出让、项目租售等方式引进其他同类企业的聚集,实现整个产业链的打造及完善。当然很多时候,此类主体企业为所在地政府的引导与支撑从而进行相应的工业地产开发。这种运营模式下的融资模式被称为企业主导型融资模式,在这种情况下,融资过程多由企业自行解决,因此,对企业的财力要求比较大,对金融市场的发展程度要求也很高。目前主要是一些高科技企业或者是垄断企业有这种能力建设一个相对独立的园区。具体分析见专栏5 -2。

专栏5 -2:企业主导型融资模式
——以青岛海尔工业园为例

融资背景:青岛海尔工业园始建于1992年,总投资25亿元,是海尔全球十大工业园中建立最早的工业园,也是海尔集团总部大楼所在地。园区不仅有宏伟壮观的总部中心大楼,而且有整齐划一的现代化大工业的厂房,是海尔集团推进多元化战略、国际化战略的策源地。2010年,青岛的发展势头迅猛,工业产值超过一万亿元,形成了以家电、电子产业集群为代表的内源型品牌企业带动模式,而青岛的产业集聚正是由海尔、海信、澳柯玛等名牌企业主导带动的。2010年,青岛的七大产业产值中,家电电子产业为1500亿元,排名第三。而在2010年,青岛20强企业营业收入达4485亿元,其中海尔集团公司以1249亿元的销售收入排名第一,约占27.8%。

融资分析:企业主导型融资模式主要的资金来源由企业自行解决,因而对企业融资能力和盈利能力要求比较高,使得这种模式在实施中有一定难度。企业可以通过以前利润的结余来获取资金,同时也可以通过发行股票和企业债券来直接融资,也可以通过向银行等金融机构进行信贷来间接融资。目前我国地产市场上这种模式的融资方式获取资金有两个方面,一是企业利用自有资金来进行园区的前期建设,当然,这个过程有当地政府的一部分支持;二是通过获得的土地向银行进行贷款来进行后期的建设。由于我国的金融市场尚不发达,发行企业债券的难度较大,而通过股票进行融资的可能性比较大,这也是一种不错的方式。这种融资模式关键在于企业的整体实力和对未来产业发展的准确判断,因为企业未来的盈利能力是资金流循环的保障。

融资经验：青岛海尔工业园的发展与其融资模式密切相关。众所周知，海尔集团是以家电生产为主，目前全球员工总数超过五万人，重点发展科技、工业、贸易、金融四大支柱产业，已发展成全球营业额超过千亿元规模的跨国企业集团。在兴建青岛海尔工业园时已经具备了很强的实力，加上当时国家和地产政府扶持，因此顺利地发展建设起来。从上面的案例中我们可以概括企业主导型融资模式的经验有以下几点：

（一）产业选择问题。并不是所有企业和所有产业都适合建立园区综合体，这里涉及企业的发展问题。海尔集团本身属于全国甚至全球性的制造大户，需要在城市间大肆圈地扩张，建立自己的研发中心、展示基地、配套园区、生产厂房等。因此其抓住了建设以自身为核心，吸引产业链上下游企业入驻，形成一个强大的产业集群的机会。海尔集团制造业龙头的品牌号召力和自身产业的巨大优势对于很多地方政府而言都是很难抗拒的，大量的廉价土地往往容易获得，而且对上下游企业客户具有强大的吸附能力，这是其优势所在。

（二）加强专业运作。许多企业在产业发展方面优势明显，但在地产运作方面却能力不足。企业并不能提供优质的产品和增值服务，高管团队绝大多数是制造业出身，对于园区生活、商务和办公配套及整体园区的运营管理能力不尽如人意，难以真正市场化和专业化，因此其融资能力受到一定的削弱，无法真正发挥出自身优势。在融资方面，可以加强与银行等金融机构的合作，通过专业化运作，解决企业资金需求问题，也有利于园区的建设。

资料来源：江西省工业地产融资方式的探索与研究。

5.3.3 开发商主导型融资模式

工业地产开发商模式是指房地产投资开发企业在园区综合体内或其他地方获取工业土地项目，在进行项目的道路、绿化等基础设施建设乃至厂房、仓库、研发等房产项目的营建，然后以租赁、转让或合资、合作经营的方式进行项目相关设施的经营、管理，最后获取合理的地产开发利润。这种运营模式下的融资模式被称为开发商主导型融资模式，在这种模式下，由开发商投入资金来进行园区建设，因此，融资活动由开发商自行解决。这种模式对开发商的财力要求较高，并且要求其有一定的资本运营能力。目前,国外的一些工业房地产开发公司如美国的普洛斯等具备较强的实力。具体分析见专栏5-3。

专栏5-3:开发商主导型融资模式
——以联东集团为例

融资背景:联东集团(英文名称 LIANDO)于1991年从模板业务起步,目前已发展成为集建筑模板、产业地产和投资业务为一体的集团公司。在产业地产方面,联东集团定位为中国产业地产专业运营服务商,在北京、天津、上海、沈阳、无锡等地投资开发13个产业园区,规划建筑面积达1000多万平方米,是国内开发规模最大、产品系列最全、入驻企业最多的产业园区之一。联东地产作为中国产业地产专业运营服务商,经过八年的发展和积累,已形成了联东U谷的品牌和模式,开创了产业地产的聚合U模式,即围绕着"产业微笑曲线"构建价值链一体化平台,通过总部商务、科技研发、生产制造及配套服务的产品开发与建设,实现第二、三产业的匹配和互动,形成业态聚合、功能聚合和资源聚合,从而迸发出规模和集聚效应,提升产业和区域的价值。光联工业园位于中关村科技园区光机电一体化产业基地,是联东集团于2003年投资2.5亿元人民币兴建的集光机电、科工贸于一体的国际化园区综合体,属于中关村科技园亦庄园,享受中关村科技园、国家级开发区和高新技术企业优惠政策。光联工业园占地面积165亩,建筑面积10万平方米,100%出租。园区成立以来,中国、德国、法国等国的知名企业纷纷进驻,成为一个成熟的国际企业汇聚的产业园区。

融资分析:目前国内专业化的地产开发商成立时间不久,专业化运作的经验不足,他们多是由传统开发商和制造商转型而来,凭借着在房地产行业领域多年的运作经验来从事工业地产行业。他们的融资模式和传统地产融资类似,通常靠企业自有资金获得土地使用权,然后以建筑物抵押获得后期经营资金,通过卖出房屋地产等回流资金,获取利润,偿还贷款。而目前的地产融资会稍有不同,因为地产行业有政府用地和税收支持,可以获得廉价的土地和其他的优惠。另外,可以利用获得的土地进行出租和抵押,获得后续资金进行园区基础建设和厂房建设。在厂房建设方面,可以针对引进企业进行量身定制收取费用也可以建好之后进行出租获利。因此,其获利手段多样,资金回收期较短,对于地产行业来说意义重大,可以减少资金占用时间,降低融资成本。

融资经验:联东集团作为专业化的地产开发商,在国内融资渠道和资本市场对接匮乏的情况下能够获得成功。其在融资方面有很多经验是值得我们借鉴的,主要有以下几个方面:

(一)加强政企合作。作为地产商,在我国很多地方无法受到地方政府的理解和支持,在拿地成本、政府沟通成本等方面还有很多亟待解决的问题,影响了开发商的进驻。联东集团充分认识到了与政府合作的重要性,因此,在进行园区投资建设时,积极争取政府政策支持,减少融资成本,在为地方政府带来经济效益的同时,也增加自身的企业价值,达到了一种双赢的局面。

(二)创新融资模式。传统地产行业对投资额的要求较高,资金占用时间很长,投资回收期较长,严重影响了投资效率。联东集团在选择工业地产行业时,选择了新型的投融资模式,一方面,在各地拿到土地使用权进行地产基础建设,通过土地抵押或出租方式回收资金;另一方面,投资标准产房建设,出租给需要的企业获利。在前期获得资金投资额时,充分利用银行信贷、股票融资和其他方面融资,通过综合运用融资方式,降低了融资成本,减少了融资风险。

资料来源:http://news. officese. com/2014 - 9 - 13/10748. html.

5.3.4 混合型融资模式

混合型运作模式是指对上述的政府主导开发模式、主体企业引导模式和工业地产商模式进行混合运用的工业地产开发模式。由于工业地产项目一般具有较大的建设规模和涉及经营范围较广的特点,既要求在土地、税收等政策上的有力支持,也需要在投资方面能跟上开发建设的步伐,还要求具备工业项目的经营运作能力的保证,因此,必须将各种模式进行混合使用,取长补短,发挥各自的作用。在这种模式下,融资手段变得丰富多样,可以综合各种融资模式的优点来有针对性地进行融资,受到目前工业地产行业的青睐。我们把这种融资模式称为混合型融资模式。

工业地产行业与传统房地产行业的开发理念和盈利方式完全不同,因此注定融资模式也是不同的。单一的融资渠道已经不能适应国内工业地产的发展,工业地产晚于住宅地产的发展,与住宅和商业地产一样,银行贷款一直是工业地产开发最主要的资金来源。为降低融资成本、确保资金链的使用安全及提高资金使用灵活性,地产企业开始探索新的融资渠道,由纯粹的依赖银行贷款逐步向创新融资方向发展。近年来,保险公司、信托公司、基金公司近来都跃跃欲试,希望通过工业地产投资基金、信托等金融产品为工业地产企业打开一条畅通的融资渠道。随着工业地产市场需求扩大,基金类的工业地产投资公司、工业地产私募基金等多种业务应运而生,虽然我国《基金法》已经出台,但是工业地产基金仍属于试探性阶段,要进一步实现,还得等相关法规健全之后。成熟市场的工业地产融资渠道,应该是多元化的,包括商业银行、养老基金、工业地产投资信托、私人投资者、合资模式、债券市场、商业抵押担保证券、信用公司、夹层贷款等。虽然融资方式较多,但是根据国内实际情况,在鼓励和推动工业地产新融资渠道的同时,工业融资在以后相当长的时间内仍然主要依靠银行信贷。因此,在此过程中推动银行工业地产信贷经营模式的创新,有效控制地产信贷风险,实现地产信贷风险调整后的收益最大化才是我们努力的方向。

混合型融资模式主要有以下几个特点:

①融资手段混合使用。单一的融资方式已经不能适应工业地产行业对资金的需求,而各种融资方式都有其固有的缺陷,因此,将这些融资方式综合运用,可以在根本上杜绝一些风险的产生,并且也可以很好地适应当今的金融环境。

②构建融资平台。融资平台可以在一定程度上解决企业的融资问题,通过构建融资平台,将不同的融资方式混合使用,针对不同行业、不同企业有选择地使用,可以取得很好的融资效果,而这主要是政府需要考虑的问题,也是今后发展的方向。

③充分利用地方政府融资平台。地方政府融资平台是指地方政府通过搭建一些投资公司或开发公司,以地方政府的财力或信用做担保,向社会和银行获取资金,用于地方设施建设的一种投融资行为。融资平台可以在一定程度上解决企业的融资问题,充分利用地方政府融资平台,将不同的融资方式混合使用,针对不同行业、不同企业有选择地使用,可以取得很好的融资效果,而这主要是政府需要考虑的问题,也是今后发展的方向。融资平台的出现,拓宽了地方政府的融资渠道,缓解了资金需求紧张的矛盾,极大地推动了地方基础设施建设和公共产品和服务的蓬勃发展,为防止经济下滑,保持经济社会平稳较快发展,做出了积极贡献。

一般来说,地方政府融资平台的融资渠道主要有四种方式:一是地方政府作为出资人直接注入资本金;二是向银行借款;三是公开发行债券;四是进行资产证券化以及"银政信"合作发行信托理财基金。工业地产的发展离不开政府的大力支持,充分利用政府融资平台可以获得大量的资金支持,减少融资风险,并且政府融资平台在资金利用方面有着丰富的经验,能够支持园区综合体的基础设施建设,吸引企业的入驻,为地方政府的经济发展提供有力的支持。

专栏5-4:混合型融资模式

——以华夏幸福为例

公司简介:华夏幸福基业股份有限公司(股票代码:600340)创立于1998年,是中国领先的产业新城运营商。

围绕三大国家战略重点区域,公司夯实巩固京津冀区域,积极布局长江经济带,谋划卡位"一带一路"。目前,公司的事业版图遍布北京、河北、上海、辽宁、江苏、浙江、四川、安徽、印度尼西亚等全球40余个区域,并聚焦12大重点行业,形成了近百个区域级产业集群。截至2015年底,公司为各地产业新城累计引进签约企业约900家,招商引资额突破2200亿元,创造新增就业岗位近4万个。

公司以"经济发展、社会和谐、人民幸福"的产业新城为核心产品,秉持"四个坚持"的产业新城系统化发展理念,即"坚持以绿色生态为底板,坚持以幸福城市为载体,坚持以创新驱动为内核,坚持以产业集群集聚为抓手",通过创新升级"政府主导、企业运作、合作共赢"的PPP市场化运作模式,探索并实现所在区域的经济发展、城市发展和民生保障,有效提升区域发展的综合价值。

在土地整理投资、基础设施建设、公共设施建设、产业招商服务、城市运营维护服务等方面,华夏幸福与地方政府进行全面合作,共同决策、共同推进。双方紧密协作,优势互补,创造出"1+1>2"的效果。

2015年7月,国务院办公厅发布《关于对全国第二次大督查发现的典型经验做法给予表扬的通报》。其中,河北省固安县与华夏幸福积极探索PPP(政府和社会资本合作)模的好经验、好做法,得到通报表扬,供各省(区、市)和国务院各部门学习借鉴。

民营企业的身份,产业新城的不确定性,收益的未知性,抵押物的

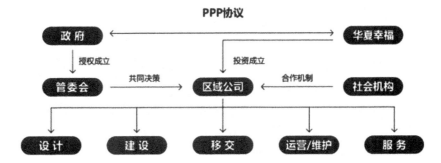

缺乏,再加上历年来负债率过度高企和不断增加的短期偿债压力,注定了华夏幸福不可能过多指望银行贷款。我们来看一下华夏幸福2015年财报,即便这时候的华夏幸福已经市值近800亿,总资产近1700亿,品牌知名度如日中天的超大型企业,但是其全年银行贷款金额却只占整体融资金额的26.94%,不到三分之一。

情势所迫,华夏幸福硬生生将自己修炼成了融资高手,翻阅华夏幸福的报表和公告,你会感觉这家公司就是一本"花式融资百科全书",在中国能运用的融资方式,华夏幸福几乎都尝试了一遍。根据统计显示,从2012年~2016年4月份这4年多间,不依靠银行贷款,华夏幸福一共从外部融得资金2974亿元,涉及融资方式多达22种。

下面我们就简单梳理一下华夏幸福眼花缭乱的产业新城融资术,希望能够对参与园区PPP和产业新城PPP的社会资本有一些借鉴意义:

1. 销售输血法

首先不得不提的是华夏幸福的"销售输血法",那就是众所周知的住宅销售,这也是多年来华夏幸福业绩支撑和血流顺畅的关键保障。

全球企业界有一句人所共知的话:"现金流比利润更重要!"由于产业新城开发旷日持久,现金流进出严重不匹配,如果没有多年来住宅销售的给力支持,别说做到如今的品牌规模,就连活下去都成问题。

我们来看一下华夏幸福历年的住宅销售额。2015年723.53亿,2014年512.54亿,2013年374.24亿,2012年211.35亿,白花花的住宅销售回款是华夏幸福规模迅速膨胀和产业新城全国遍地开花的重要保证。

2. 信托借款

信托借款历年来都是占华夏幸福最大比例的融资形式,虽然信托融资成本是所有融资形式中最高的,但由于门槛较低,选择面广,数额巨大,一直是地产公司最为倚赖的融资手段。比如 2015 年 4 月,华夏幸福的下属公司大厂华夏就向大业信托有限责任公司借款金额 25 亿元。

信托占总体融资比例 2012 年达到 73%,2014 年和 2013 年,也分别占到 44% 和 43%,2015 年,信托融资总规模达到 190 亿元,为 40%,由此也可以看到,早期华夏幸福必须更加依托于高成本、低门槛的信托融资,随着规模的增加、品牌知名度的提升,融资渠道也开始逐渐拓宽,高成本信托融资的比例也在逐渐降低。

3. 公司债

2016 年 3 月 29 日,华夏幸福第二期公司债券发行完毕,发行规模 30 亿元,期限 5 年,在第 3 年末附公司上调票面利率选择权和投资者回售选择权,票面利率 5.19%。2015 年开始房地产行业的资金面宽松,整体融资成本下降是个普遍趋势,从 2015 年二季度开始的公司债发行大潮就很能说明问题,很多公司债成本都在 5% 左右。这个趋势一直延续到 2016 年一季度,华夏幸福从 2015 年开始连续几笔低成本的公司债发行,也成功将其平均融资成本从 9.64% 拉低到 7.92%。这对华夏幸福节省利息支出、提升利润率可是起到关键性作用的。

4. 夹层融资

什么是夹层融资?说白了就是明股暗债,表面上看起来是股权转让,但实际约定未来回购,并以差价作为利息或支付约定利息,由于介入股债之间,故曰"夹层"。

华夏幸福非常擅长这种灵活机动的融资形式。例如 2013 年 11 月,由华澳信托募资 10 亿元,投入华夏幸福旗下的北京丰科建。其中向北京丰科建增资 7.6 亿元,向北京丰科建提供信托贷款 2.4 亿元。交易完成后,华澳信托对丰科建持股 66.67%,九通投资持股 33.33%。这样一来,华夏幸福变成了"小股操盘"的形式。

这种夹层融资最大得好处还在于财务报表更漂亮。这个怎么理解?由于华夏幸福成为了小股东,丰科建不再进行并表,那么丰科建的负债也不再体现在华夏幸福的合并报表之中,成为表外负债,这样无疑就优化了资产负债表,是现在很流行的一种财务处理方式。

这种夹层融资华夏幸福屡试不爽。随后几年时间,华夏幸福又分别与华鑫信托、长江财富、平安信托等众多信托公司故技重施,把旗下公司股权转让或直接增资,华鑫信托、平安信托和长江财富等都有经营收益权,并可以在相应的时间内选择灵活的退出方式。

5. 售后回租式融资租赁

这也是华夏幸福非常擅长的融资方式,绝对的"变废为宝"。名字听起来比较复杂,但一看实例大家很容易明白。2014 年 3 月,大厂回族自治县鼎鸿投资开发有限公司以其所拥有的大厂潮白河工业园区地下管网,以售后回租方式向中国外贸金融租赁有限公司融资 3 亿元,年租息率 7.0725%,为期两年。也就是说,华夏幸福把工业园区的地下管线卖给融资租赁公司,该公司再把管线回租给华夏幸福,华夏幸福每年付给该公司租金(3 亿元 * 7.0725%),并在每隔半年不等额的偿还本金,直到 2 年后等于实际上以 3 亿元的总价格回购这些管线。

2014 年 5 月,吃到甜头的华夏幸福又跟中国外贸金融租赁有限公司做了一笔几乎一模一样的买卖,以 2.86 亿元再次把一部分园区地下管线卖给中国外贸金融租赁有限公司,年租息率则便宜了一些,6.15%,依然是两年后回购完毕。

显然,华夏幸福以远远低于其他融资形式的成本,用没有任何现金流价值的地下管线,获得了近 6 亿元的真金白银,以华夏幸福项目的收益率,在覆盖这些成本的基础上还能有相当不错的收成,应该说是一笔十分划算的融资交易。

6. 债务重组

这也是华夏幸福一种巧妙的玩法,债务快到期了,就来个乾坤大挪移,将这笔债务转让给别家,相当于延长了还款日期,或者说就是又借到一笔新的融资。

2014 年 8 月 28 日,恒丰银行对华夏幸福子公司三浦威特享有 8 亿元债权即将到期,经过几方商量,恒丰银行将标的债权转让给长城资管,三浦威特接受该项债务重组。债务重组期限为 30 个月。相当于延长了对银行的还款期限,将融资期限延长了 30 个月。

债务重组期限为 30 个月,长城资产对三浦威特的重组收益为:从 2014 年 9 月至 2015 年 9 月按照未偿还重组债务本金的 8%/年计算,日利率 = 8% ÷ 360;从 2015 年 9 月至 2017 年 3 月按照未偿还重组债务本金的 12%/年计算,日利率 = 12% ÷ 360。逾期还款的,逾期罚息利率按重组利率上浮 30% 计算。不能按时支付的利息,按罚息利率计收复利。

7. 债权转让

这其实跟前面的债务重组很像,这是一种较为常见的融资形式,即将自己享有的债权以一定现金作价卖给第三方,相当于以一定的成本提前回收了这部分现金,加快了债权盘活和资金周转速度,很多处于快速扩张期的公司都会倾向于采取这种融资方式。

2014 年 3 月 8 日,同属华夏幸福旗下的京御地产和大厂华夏之间的债务协议就被做了这样的文章。由于京御地产还欠大厂华夏 19.78 亿元,大厂华夏以其中到期的 18.85 亿元作价 15 亿元卖给信达资产。这样一来,其中的 3.85 亿元就相当于大厂华夏提前收回现金的成本。

在大厂华夏提前收回现金兴高采烈地离场后,京御地产日子也并不难过。因为这些债务的重组宽限期为 36 个月,分 12 期偿还,且前两次都是每 3 个月 5000 万的偿还额,还比较轻松,9 个月之后要还 2 亿元的时候,已经是年底结算,全国项目都在回款,可以说节奏的拿捏让自己非常舒服。

3 月 14 日发生了另一次债权融资。京御地产拟将其持有的对天津幸福 100180 万元的债权转让给天方资产,天方资产向京御地产支付债权转让价款 10 亿元。债权转让后,债务重组期限为 2 年。天津幸福将债务本金中的 10 亿万元于债务重组期限届满时一次性支付给天方资产;资金占用费由天津幸福自债务重组开始之日起按季支付至天方资产指定账户,资金占用费费率为债务重组金额的 9.8%/年。这与上一笔融资除了在还债期限和方式上有别之外,基本大同小异。

8. 应收账款收益权转让

华夏幸福做过两种应收账款收益权的转让。

第一种是《商品房买卖合同》项下可收取的待付购房款,这个比较容易理解。2016 年 3 月 9 日,华夏幸福与平安信托签署《应收账款买卖协议》,由平安信托设立信托计划,以信托计划项下信托资金为限购买华夏幸福享有的标的应收账款中的初始应收账款,以应收账款现金流回款余额为限循环购买公司享有的标的应收账款中的循环购买应收账款。现金流回款余额指扣除由监管银行按照平安信托指令将应收账款现金流回款中的相应款项从应收账款收款账户划转至信托财产专户后的余额。初始应收账款的买卖价款为 20 亿元;循环购买应收账款的买卖价款为应收账款的账面值,循环购买部分累计不超过 100 亿元。

听起来很复杂,其实就把未来要收到的钱提前先卖给平安信托,以一定的融资成本提前回流现金,与上面的债权转让大同小异。

第二种就比较特殊了,是对地方政府享有的应收账款收益权转让。2015 年 7 月 30 日,华夏幸福子公司九通投资将其合法持有的大厂鼎鸿对大厂回族自治县财政局享有的应收账款人民币 8 亿元,以及嘉兴鼎泰对长三角嘉善科技商务服务区管理委员会享有的应收账款人民币 7 亿,共计 15 亿元的应收账款收益权转让给汇添富资本。九通投资拟于目标应收账款收益权转让期满 12 个月后,向汇添富资本回购目标应收账款收益权。

也就是说,名为转让,实为抵押。了解华夏幸福模式的人都知道,这些应收账款主要是地方政府应该支付给华夏幸福招商落地投资额45%的产业发展服务费用,约定是最多 5 年支付,实际上什么时候还,或者说到底还不还就真不清楚了。华夏幸福用这两笔不知道什么时候能还的应收账款换来 15 亿真金白银用一年,绝对也是一笔超级划算的买卖,汇添富资本也不在乎这笔钱到底还不还,反正有的利息赚也很开心。

值的一提的是,这么好的交易,华夏幸福这 5 年来只做过 2 笔,分别是 2012 年对东莞信托的一笔,以及 2015 年对汇添富的这一笔,在总体融资规模的比例可谓九牛一毛。2015 年底华夏幸福报表里的应收账款已经高达 72 亿元,是个非常危险的存在,华夏幸福肯定也希望能够多抵押一些,但是很显然,金融机构也非常担心这些"隐雷"的威胁,一旦爆炸破坏力非同小可,因此多年来敢于刀口舔血者寥寥无几。

9. 资产支持证券(ABS)

自 2014 年 11 月 11 月资产证券化备案制新规出台以来,交易所资产支持证券发行规模 2015 年呈现明显加速增长。由于在降息周期和金融市场"优质资产荒"的大背景下,各类投资机构对资产支持证券需求旺盛,华夏幸福也希望能够在其中分一杯羹。

2015 年 11 月 23 日,上海富诚海富通资产管理有限公司拟设立"华夏幸福物业一期资产支持专项计划",以专项计划募集资金购买幸福物业所享有的物业费债权及其他权利,以基于物业费债权及其他权利所获得的收益作为支付资产支持证券持有人本金及收益资金来源。此次专项计划将于上海证券交易所挂牌上市。

此次专项计划发行总规模不超过 24 亿元,其中优先级资产支持证券面向合格投资者发行,发行对象不超过二百人,规模不超过 23 亿元;次级资产支持证券由幸福物业认购。

发行期限方面,专项计划优先级资产支持证券拟分为五档,预期期限分别为 1 年、2 年、3 年、4 年及 5 年,次级资产支持证券期限为 5 年。

华夏幸福表示,此次募集资金主要用于补充流动资金。幸福物业签署《差额支付承诺函》,对专项计划资金不足以支付优先级资产支持证券持有人预期收益和未偿本金余额的差额部分承担补足义务。华夏幸福为幸福物业在《差额支付承诺函》项下的义务提供连带责任保证担保。

10. 特定收益权转让

这其实与平安信托的那一笔商品房应收账款买卖协议如出一辙,但更规模更小更直接一些。2014 年 6 月 19 日,大厂华夏、大厂京御地产、京御幸福、京御地产、香河京御、固安京御幸福分别与信风投资管理有限公司签署《特定资产收益权转让协议》,约定转让方向信风投资转让特定资产收益权,特定资产为转让方与付款人已签订的《商品房买卖合同》项下除首付款外的购房款项,转让价款分别为 6300 万元、1300 万元、5200 万元、8400 万元、2200 万元、8600 万元。

11. 股权收益权转让

2015 年 7 月 16 日,建行廊坊分行以 5.5 亿元的价格受让九通投资持有的三浦威特 30.9% 股权的股权收益权,九通投资拟于该股权收益权转让期满 24 个月后,向建行廊坊分行回购标的股权的股权收益权。这种融资本质上与上面的债权转让、特定资产收益权转让等等都是一样的,是一种预期收益权的抵押借款,无非是标的物的区别而已。

12. 战略引资

战略引资,不是简单的财务性融资,入资方是要实实在在参与经营管理,并按照持股比例享受经营收益的。比如 2013 年 10 月,资产管理公司天方资产就向华夏幸福旗下的孙公司九通投资其中注资 30 亿元,13.9 亿元进入注册资本,16.1 亿元进入资本公积。注资后,华夏幸福的子公司京御地产持有其 55% 股权,天方资产持有其 45% 股权。

天方资产进入后,不仅派人进驻董事会,参与经营管理,并享受九通投资的投资收益、利润分红。华夏幸福屡屡利用这种让渡股权和收益的模式增强资本实力,能够实现更快地扩张。

13. 关联方借款

华夏幸福还有几个重要的关联方,都是银行系统的,这也给自己开辟了一条更便利的融资渠道。2014 年,华夏幸福的两个间接控股子公司三浦威特和大厂鼎鸿分别向廊坊银行营业部借款人民币? 5800 万元、3400 万元,借款期限均为 1 年,借款利率均为 9% 左右。而廊坊银行正是华夏幸福的关联方:公司董事长王文学担任廊坊银行董事,公司董事郭绍增担任廊坊银行副董事长。

同样的借款还有很多次。比如 2015 年 9 月 9 日,三浦威特向廊坊城郊联社借款人民币 1 亿元,借款期限为 1 年,借款利率为 6.955%。公司董事郭绍增任廊坊城郊联社理事,因此廊坊城郊联社同样是华夏幸福的关联方。

14. 特殊信托计划

2015 年 5 月 26 日,华夏幸福的两家下属公司,三浦威特对廊坊华夏享有 3 亿元债权,三浦威特以这 3 亿元债权作为基础资产,委托西藏信托设立信托计划,信托项目存续期预计为 12 个月,西藏信托同意受让标的债权,转让对价为 3 亿元,三浦威特承诺将于信托终止日前的任一核算日按《债权转让协议》约定支付标的债权回购款项。

15. 夹层式资管计划

华夏幸福非常擅长和资产管理公司达成这种资管计划,来进行短期的融资。2015 年,华夏幸福及两家下属公司京御地产、华夏新城与大成创新、湘财证券这两家公司签署相关文件,涉及大成创新发行的专项资产管理计划向华夏新城增资 4 亿元,? 湘财证券管理的集合资产管理计划或推荐的客户将认购大成创新发行的专项资产管理计划。大成创新有权自出资日起满 12 个月后,与京御地产签署《股权受让合同》退出华夏新城。

资管计划的整体形式与上述的战略引资模式相似,本质也是一种夹层融资。类似这种资管增资,仅 2015 年一年时间华夏幸福就运用了 15 次之多,涉及资管公司包括歌斐资产、金元百利、平安大华、恒天财富等。

16. 定向增发

2016 年 1 月 18 日,华夏幸福渴盼已久的定向增发完成了资金的募集,最终为华夏幸福拿到了 69 亿元的真金白银。定向增发这种股票类融资没有利息成本支出,增加了净资产规模,又能够快速填补资本缺口,堪称"一本万利"。

17. 委托贷款

2013 年之前,华夏幸福较少使用这种贷款形式,但随着 2014 年资金需求量爆发,华夏幸福也开始频频使用委托贷款,如 2015 年 11 月,大厂孔雀城与金元百利、上海银行股份有限公司北京分行签署《人民币单位委托贷款借款合同》,借款金额 7 亿元。

18. 银团贷款

银团贷款在海外融资市场上比较常见,不得不说,华夏幸福又开了产业地产商的一个先河。2014 年 10 月,华夏幸福间接控股子公司三浦威特从固安县农信社、廊坊城郊农信社、永清县农信社、大城县农信社及三河市农信社组成的社团贷款人贷款 1 亿元,期限为 1 年,借款利率为 8.5%。

19. 银行承兑

这是华夏幸福在 2015 年新开发出的一种融资手段,也称为"银承"或"银票",英文叫做"Bank's Acceptance Bill"。华夏幸福在 2015 年一共用了 3 次,如 2015 年 3 月 11 日,华夏幸福下属公司三浦威特与沧州银行股份有限公司固安支行签署《银行承兑协议》,票面金额共计 2 亿元,承兑金额 1 亿元。

20.短期融资券

和银承一样都是短期融资的利器。2015 年 5 月 26 日,华夏幸福控股子公司九通基业投资有限公司拟向中国银行间市场交易商协会申请注册发行不超过人民币 28 亿元的短期融资券,发行期限 1 年。

21.股票质押和对外担保

严格来讲,这个股票质押和对外担保都不算华夏幸福的融资行为,前者是它的控股股东华夏控股的行为,后者是华夏系公司之间为了融资而进行的担保行为。但是由于这些行为都与华夏幸福的融资息息相关,我们也在最后把它们列入进来。

在华夏幸福及其下属公司的很多融资中,华夏控股以及实际控制人王文学都附有连带担保责任,再加上华夏控股自身的产业和投融资也需要大量的质押融资和各类担保。拿什么担保?主要靠华夏控股与王文学手中持有的华夏幸福股票。

在融资高峰时期,如 2015 年 1 月,华夏控股将持有华夏幸福股票中的 88% 都质押了出去,当时也正是处于华夏幸福股票的高峰期(约 50 元/股),在 5 月份之前的整个大牛市中,华夏控股的这个质押比率一直处于 80% 以上,道理显而易见,股价越高,就越应该质押更多的股票以套取更多的真金白银。

而到了 2016 年 3 月,华夏幸福的股价处于低谷期(约 23 元/股),再加上大量公司债发行与定向增发的完成,现金充沛,华夏控股也明显减少了股票质押的规模,持有华夏幸福股票的质押比例只剩下 40%。

资料来源:投资中国网 http://www.chinaventure.com.cn/cmsmodel/news/detail/298226.shtml

5.4 园区综合体的融资渠道分析

园区综合体开发建设阶段以投资与融资行为为主,其中投资与融资行为主要包括独立开发情况下的自有资金投资、国内外商业银行贷款、金融租赁、典当融资、信托发行、发行债券、上市及私募融资等投资和融资行为;在合作开发情况下,还将涉及股权融资行为。开发建设期融资目的是为了解决项目启动资金不足的问题,如果开发商自有资金达不到项目总投资的 30%,那么就必须通过融资的方式,解决资金缺口。开发商获取土地使用权后,就可以去申请抵押贷款。在之后的建设过程中投入一定数量的建设费后,达到预售标准的则可采取销售方式回笼资金,所得收入可继续投入后续工程的建设。另还可采取出让股份的方式融资,解决项目前期资金的需要。工业地产项目开发建成后,进入了运营阶段。该阶段的融资方式主要包括出让股权—股东的融资及退出行为、物业销售—业主退出和资产证券化—REITs—融资及退出行为。出让股权指通过协议向合作方出让公司股权或向第三方出让公司股权方式实现有效融资或退出行为。物业销售指以市场的方式实现资本的回收及利润实现。资本证券化指通过在资本市场和货币市场发行证券等筹资的一种直接融资方式。商业票据、有抵押债券、股票等都属于这种形式的资产证券化。选择恰当的融资方式为园区发展提供资金支持,是我国资源约束条件下加快园区发展必须考虑的重要问题。一般融资渠道可以分成两大类:直接融资渠道和间接融资渠道。

5.4.1 直接融资渠道

直接融资是指资金供求双方通过一定的金融工具直接形成债权债务关系的融资形式。在这种融资方式下,在一定时期内,资金盈余单位通过直接与资金需求单位协议,或在金融市场上购买资金需求单位所发行的有价证券,将货币资金提供给需求单位使用。需要融入资金的单位与融出资金单位双方通过直接协议后进行货币资金的转移。

直接融资的形式有:买卖有价证券,预付定金和赊销商品,不通过银行等金融机构的货币借贷等。

直接融资的工具:主要有商业票据和直接借贷凭证、股票、债券。

1. 直接融资的种类

a. 商业信用。商业信用是指企业与企业之间互相提供的、和商品交易直接相联系的资金融通形式,其主要表现为两类:一类是提供商品的商业信用,如企业间的商品赊销、分期付款等,这类信用主要是通过提供商品实现资金融通;另一类是提供货币的商业信用,如在商品交易基础上发生的预付定金、预付货款等,这类信用主要是提供与商品交易有关的货币,以实现资金融通。伴随着商业信用,出现了商业票据,作为债权债务关系的证明。

b. 国家信用。国家信用是以国家为主体的资金融通活动,其主要表现形式为:国家通过发行政府债券来筹措资金,如发行国库券或者公债等。国家发行国库券或者公债筹措的资金形成国家财政的债务收入,但是它属于一种借贷行为,具有偿还和付息的基本特征。

c. 消费信用。具体而言,消费信用指的是企业、金融机构对于个人以商品或货币形式提供的信用,包括:企业以分期付款的形式向消费者个人提供房屋或者高档耐用消费品,或金融机构对消费者提供的住房贷款、汽车贷款、助学贷款等。

d. 民间个人信用。它指的是民间个人与个人之间的资金融通活动,习惯上称为民间信用或者个人信用。

2. 直接融资的特征

a. 直接性。在直接融资中,资金的需求者直接从资金的供应者手中获得资金,并在资金的供应者和资金的需求者之间建立直接的债权债务关系。

b. 分散性。直接融资是在无数个企业相互之间、政府与企业和个人之间、个人与个人之间,或者企业与个人之间进行的,因此融资活动分散于各种场合,具有一定的分散性。

c. 信誉上的差异性较大。由于直接融资是在企业和企业之间、个人与个人之间,或者企业与个人之间进行的,而不同的企业或者个人,其信誉好坏有较大的差异,债权人往往难以全面、深入了解债务人的信誉状况,从而带来融资信誉的较大差异和风险性。

d. 部分不可逆性。例如,在直接融资中,通过发行股票所取得的资金,是不需要返还的。投资者无权中途要求退回股金,而只能到市场上去出售股票,股票只能够在不同的投资者之间互相转让。

e. 相对较强的自主性。在直接融资中,在法律允许的范围内,融资者可以自己决定融资的对象和数量。例如在商业信用中,赊买和赊卖者可以在双方自愿的前提下,决定赊买或者赊卖的品种、数量和对象;在股票融资中,股票投资者可以随时决定买卖股票的品种和数量等。

3. 直接融资的优缺点

a. 直接融资优点。直接融资让投资者直接与资金需求者发生资金融通,减少了中间环节,达到了降低融资成本、提高融资效率的目的。另外,直接融资还有以下几个方面的优点:一是直接融资不会带来基础货币的增加,扩大直接融资规模不影响国家宏观调控的效果;二是直接融资能促进企业规范化管理。以短期融资券和中期票据的发行为例,它要求企业进行严格的信息披露、规范的财务管理,同时对债券存续期内有相关信息披露的要求,这对企业的规范化管理起到了一定的推动作用;三是能有效缓解中小企业融资难问题。中小企业在银行体系中难以获得资金,但只要其资质良好,信息披露完善,其在债券市场获得资金的可能性就很高。一旦首次融资成功,其后续融资就相当容易,这能为中小企业提供一个稳定的融资渠道,有效缓解中小企业融资难问题。

b. 直接融资的缺点。直接融资是直接的融资活动,范围比较窄,这就决定了直接融资双方在资金数量、期限、利率等方面受到的限制多。而且,由于直接融资的这一特点,融资双方约定使用的金融工具其流通性较间接融资要弱,不像通过金融机构发行的金融工具,不能在社会上进行广泛流通,兑现能力较低。最后,直接融资的风险较大。如果债务人没有足够资金偿还借款,债权人将面临巨大损失。

4. 具体直接融资渠道分析

(1)自有资金投资。

自有资金投资,是根据项目运营期的获利退出要求,如产权式 REIT(房地产投资信托基金)规定,项目的负债不得超过总投资额的45%,故本项目自有资金的准备须为投资额的55%。但在滚动开发前提下,前一期经营收入可以作为后一期资本金的投入,只要控制好总体负债比例,第一期借贷可为45% ~65%(银行贷款最高比例)。在租售结合方式下,自有资金投资额约为第一期投资额的35% ~55%,但在全租赁方式下,由于现金流回收较为缓慢,自有资金投资约为总投资额的55%。

投资者的自有资金包括:组建企业时各方面投入资金,经营开发一定时期,从税后利润中提取的盈余公积金;因筹资超出资金、资本汇率折算差额以及接受捐献的财产而形成的资本公积金。除此之外,还可以通过多种途径来扩大自有资金基础,例如关联公司借款,以此来支持项目开发。以上这些资金开发商可以自行支配、长期持有。尽管开发商一般不大愿意过多动用自有资金,但对于那些预计盈利丰厚且回报快的项目,还是免不了适时适量地投入。必要的自有资金也是国家对开发商设定的硬性门槛。根据中国人民银行《关于进一步加强房地产信贷业务管理的通知》(银发〔2003〕121 号文)规定,地产开发项目的自有资金比例必须超过30%。全国地产企业的数量多,但有规模和有实力的企业少,随着投资规模的不断加大,对自有资金的需求也会变得越来越大,众多实力不足的中小地产商将会被排除出局。

（2）预收定金或房款。

预收房款通常会受到买卖双方的欢迎,因为对于开发商而言,销售回笼是最优质、风险最低的融资方式,提前回笼的资金可以用于工程建设,缓解自有资金压力,还能将部分市场风险转移给买家;而对于买方而言,由于用少量的资金能获得较大的预期增值收益,所以只要看园区地产前景,就会对预售表现出极大的热情。工业地产从来都不是一个单纯的物业概念,也不是单纯的商业概念;它是跟地方政府招商引资以及地方工业经济的发展联系在一起的,具有很强的政治性和政策导向性的。一个合法正规的房地产开发商,必须具备齐全的"五证"。而工业地产项目从开工建设,办得"五证",到"结构封顶"平均需要 1 年左右时间,这段时间根据相关法规没有达到预售条件的,预收房款的不足,会使自有资金压力更大,项目开发难以为继。

（3）工程建设单位垫资。

一种是由建筑商提供部分工程材料,即"甲供材";一种是延期支付工程款。据建设部统计,房地产开发拖欠建设工程款约占年度房地产开发资金总量的10%,它解决的资金有限,而且也只是缓解,不能解决根本问题。121 号文件对建筑施工企业流动资金贷款用途作了严格限制,严禁建筑施工企业使用银行贷款垫资房地产开发项目。2004 年起国家大力清欠农民工工资,继而引发大力清欠工程款,使得开发商业利用建设单位垫资筹集到的资金会更有限。

（4）上市融资。

上市融资包括国内上市融资和海外上市融资两种方式,它是一种资金不通过金融中介机构,而借助股票这一载体直接从资金盈余部门流向资金短缺部门,资金供给者作为所有者(股东)享有对企业控制权的融资方式。

上市融资优点:第一,筹资风险小。通过上市可以迅速筹得巨额资金,由于普通股票没有固定的到期日,不用支付固定的利息,不存在不能还本付息的风险。第二,上市融资可以提高企业知名度,为企业带来良好的声誉。发行股票筹集的是权益资金。普通股本和留存收益构成公司借入一切债务的基础。有了较多的主权资金,就可为债权人提供较大的损失保障。因而,发行股票筹资既可以提高公司的信用程度,又可为使用更多的债务资金提供有力的支持。第三,上市融资所筹资金具有永久性,无到期日,不需归还,可以作为公司注册资本永久使用,能充分保证公司生产经营的资金需求。对于一些规模较大的开发项目,尤其是商业地产开发具有很大的优势。商业地产的开发要求资金规模较大,投资期限较长,上市可以为其提供稳定的资金流,保证开发期间的资金需求。第四,没有固定的利息负担。公司有盈余,并且认为适合分配股利,就可以分给股东;公司盈余少,或虽有盈余但资金短缺或者存在有利的投资机会,就可以少支付或不支付股利。第五,上市融资有利于帮助企业建立规范的现代企业制度。

上市融资缺点:第一,上市的门槛比较高,对企业规模与资金实力企业信誉等的要求较高,一些急于扩充规模和资金实力的有发展潜力的中小型企业往往达不到上市的条件。第二,资本成本较高。首先,从投资者的角度讲,投资于普通股风险较高,相应地要求有较高的投资报酬率。其次,对筹资来讲,普通股股利从税后利润中支付,不具有抵税作用。另外,普通股的发行费用也较高。第三,上市融资时间跨度长,竞争激烈,无法满足企业紧迫的融资需求。第四,容易分散控制权。当企业发行新股时,出售新股票,引进新股东,会导致公司控制权的分散。四是新股东分享公司未发行新股前积累的盈余,会降低普通股的净收益,从而可能引起股价的下跌。

(5)私募股权融资。

私募股权融资(Private Equity)是相对于公募融资即公开发行而言的,是指非上市公司通过非公共渠道(市场)的手段定向引入具有战略价值的股权投资人,向其出售企业股权进行融资。它是通过非公开宣传,私下向特定少数投资机构募集资金,其销售与赎回都是通过投资方私下与融资方协商而进行的。私募融资是除银行贷款和公开上市(包括买壳上市后的再融资)之外的另一种主要的融资方式,在许多情况下,对于尚无法满足银行贷款条件和上市要求的企业,私募融资甚至成为唯一的选择。私募股权融资吸纳的是权益资本,无需还本付息,仅需视公司的经营情况分配红利,增强了公司抗风险的能力。若能吸收拥有特定资源的投资者,还可通过利用投资者的管理优势、市场渠道优势、政府关系优势,以及技术优势产生协同效应,迅速壮大自身实力。因此私募股权融资不仅有投资期长、增加资本金等好处,还可能给企业带来管理、技术、市场和其他需要的专业技能,是现代企业快速发展的重要手段。

(6)创业投资。

创业投资系指向具有高增长潜力的未上市创业企业进行股权投资,通过提供创业管理参与所投资企业的创业过程,以期在所投资企业发育成熟后,通过股权转让实现资本增值收益的资本运营方式。创业投资最早起源于美国,而且美国也是世界上创业投资发展最成功的国家。近几十年来,各国经济发展表明,中小企业在国民经济和社会发展中发挥着重要的作用。中小企业的创新活动产生了对创业资本的需求,创业资本的发展又推动了中小企业的创新活动。两者形成了一种互为需求、相互促进的共生关系。创业资本对中小企业创新活动的推动,促进了高新技术产业的发展,进而促进了一国就业水平的提高和产业结构的调整。

(7)票据融资。

票据贴现融资,是指票据持有人在资金不足时,将商业票据转让给银行,银行按票面金额扣除贴现利息后,将余额支付给收款人的一项银行授信业务,是企业为加快资金周转促进商品交易而向银行提出的金融需求。票据一经贴现便归贴现银行所有,贴现银行到期可凭票直接向承兑银行收取票款。

(8)房地产资产证券化。

房地产资产证券化(主要指 ABS)就是把流动性较低的、非证券形态的房地产投资直接转化为资本市场上的证券资产的金融交易过程,从而使得投资者与投资对象之间的关系由直接的物权拥有,转化为债权拥有的有价证券形式。

资产证券化的有利之处是开发商在吸纳了投资基金后,虽然要让出部分收益,但能够迅速得到资金,建立良好的资金投入机制,顺利启动项目;它还有助于房地产投资与消费两方面的实现,依托有价证券作为房地产产权的转移载体,能吸引更多的资金进入这一领域;同时,基金价格的变动包含着投资者对基金投资获利能力的判断和市场的预期,这种变动有助于集聚房地产购买力和市场价格发现。2005 年 12 月 1 日起,《金融机构信贷资产证券化试点管理办法》正式施行,为房贷证券化提供了政策和法律依据。《管理办法》就信贷资产证券化发起机构的资格、资本要求和证券化业务规则、风险管理、监督管理与法律责任等方面明确作出了规定,为房地产证券化走向规范化提供了有力的保障。

随着我国资本市场的不断完善,资产证券化必将成为未来融资的主要方式。实际上,在我国的其他领域资产证券化已经取得了一定的实践效果,如海南省三亚市开发建设总公司发行的"三亚地产投资券"、信达资产公司与德意志银行合作的不良贷款资产包境外发债、中海与荷兰银行合作的应收账款证券化、国开行的信贷资产支持证券化,都为资产证券化融资方式在我国的发展开了先河。工业园区拥有庞大的资产,拥有持续增长的土地出让及税收返还收入来源,完全具备了发行资产支持证券化的条件。

(9)商业抵押担保证券。

商业抵押担保证券(Commercial Mortgage Backed Securities,简称 CMBS)这

是一种商业证券化的融资方式,其将不动产贷款中的商用房产抵押贷款汇集到一个组合抵押贷款池中,通过证券化过程以债券形式向投资者发行,酒店、出租公寓、写字楼、商业零售项目和工业地产都适合做 CMBS 资产。商业抵押担保证券为一种不动产证券化的融资方式,将多种商业不动产的抵押贷款重新包装,透过证券化过程,以债券形式向投资者发行。

CMBS 诞生于 1983 年。当时,美国 FidelityMutual 人寿保险公司将价值 6000万美元的商业地产抵押贷款以证券的方式出售给另外三家人寿保险公司,从此开始出现了商用房产抵押贷款证券化这一崭新的证券化形式。而 CMBS 在中国的发展则要晚得多,2005 年中国人民银行、中国银行业监督管理委员会公布的《信贷资产证券化试点管理办法》,以及银监会公布的《金融机构信贷资产证券化监督管理办法》,意味着 CMBS 作为信贷资产证券化产品,其发行在中国已具备了初步的法律框架。2006 年,万达集团在澳洲知名银行麦格理银行的帮助下,成功地以商业地产抵押担保证券(CMBS)的方式融资近十亿元人民币,开创了国内 CMBS 成功筹资的先例。

CMBS 确实具备独特优势。与其他融资方式相比,CMBS 的优势在于发行价格低、流动性强、放贷人多员化、对母公司无追索权、释放商业地产价值的同时保持资产控制权和未来增长潜力,以及资产负债表表外融资等。CMBS 可以使投资人和融资方获得双赢,不仅使得融资方获得较低成本的贷款,同时还能使得投资人获得心仪的风险和回报。随着国际投资者对中国市场的关注,美国纽约大学房地产学院劳伦斯朗瓦教授表示,在中国推行 CMBS 比 REITs 更容易。但是,必须清楚认识到的是,无论是 REITs 还是 CMBS,在我国的发展都有很大的限制。比如,对于 REITs,虽然国内有信托法、信托投资公司管理办法、信托公司基金信托管理暂行办法等相关条例,但是这些严格来讲都只是基础,还没有一个真正房地产投资信托基金法出现,对基金的资产结构、资产运用、收入来源、利润分配和税收政策等加以明确界定和严格限制,致使国内的房地产投资基金大多处于较为散乱的发展阶段,缺乏统一的标准和经营守则。而对于 CMBS,由于其需要良好的信用评级制度加以支撑,而在我国完善的评级体系并没有真正建立。此外,资产标准化定位难也是阻碍其发展的因素之一,所以,国内的 CMBS 要成功地发展起来,需要银行、政府、保险公司、评级机构等各方面合力推动。即使是困难重重,不可否认这两种创新的地产融资方式将是未来地产融资的很好选择。CMBS 与 REITs 虽然都是证券化的融资方式,但是面对的投资主体不同,CMBS

主要针对机构投资者,而 REITs 主要针对个人投资者。目前国内 CMBS 的发展也有一定的障碍,主要是缺乏相关法律法规的支持、缺乏健全的信用评级制度,而资产标准化的困难也是阻碍其发展的因素之一。

5.4.2 间接融资渠道

间接融资,是指拥有暂时闲置货币资金的单位通过存款的形式,或者购买银行、信托、保险等金融机构发行的有价证券,将其暂时闲置的资金先行提供给这些金融中介机构,然后再由这些金融机构以贷款、贴现等形式,或通过购买需要资金的单位发行的有价证券,把资金提供给这些单位使用,从而实现资金融通的过程。

1. 间接融资的种类

间接融资主要包括如下种类:

a. 银行信用。银行信用以及其他金融机构以货币形式向客户提供的信用,它是以银行作为中介金融机构所进行的资金融通形式。

b. 消费信用。主要指的是银行向消费者个人提供用于购买住房或者耐用消费品的贷款。间接融资的基本特点是资金融通通过金融中介机构来进行,它由金融机构筹集资金和运用资金两个环节构成。由金融机构所发行的证券,称为间接证券。

2. 间接融资的特征

a. 间接性。在间接融资中,资金需求者和资金初始供应者之间不发生直接借贷关系;资金需求者和初始供应者之间由金融中介发挥桥梁作用。资金初始供应者与资金需求者只是与金融中介机构发生融资关系。

b. 相对的集中性。间接融资通过金融中介机构进行。在多数情况下,金融中介并非是对某一个资金供应者与某一个资金需求者之间一对一的对应性中介;而是一方面面对资金供应者群体,另一方面面对资金需求者群体的综合性中介,由此可以看出,在间接融资中,金融机构具有融资中心的地位和作用。

c. 信誉的差异性较小。由于间接融资相对集中于金融机构,世界各国对于金融机构的管理一般都较严格,金融机构自身的经营也多受到相应稳健性经营管理原则的约束,加上一些国家还实行了存款保险制度,因此,相对于直接融资来说,间接融资的信誉程度较高,风险性也相对较小,融资的稳定性较强。

d. 全部具有可逆性。通过金融中介的间接融资均属于借贷性融资,到期均必须返还,并支付利息,具有可逆性。

e. 融资的主动权掌握在金融中介手中。在间接融资中,资金主要集中于金融机构,资金贷给谁不贷给谁,并非由资金的初始供应者决定,而是由金融机构决定。对于资金的初始供应者来说,虽然有供应资金的主动权,但是这种主动权实际上受到一定的限制。因此,间接融资的主动权在很大程度上受金融中介支配。

3. 间接融资的优缺点

a. 间接融资的优点在于:一是银行等金融机构网点多,吸收存款的起点低,能够广泛筹集社会各方面闲散资金,积少成多,形成巨额资金。二是在直接融资中,融资的风险由债权人独自承担。而在间接融资中,由于金融机构的资产、负债是多样化的,融资风险便可由多样化的资产和负债结构分散承担,从而安全性较高。三是降低融资成本。因为金融机构的出现是专业化分工协作的结果,它具有了解和掌握借款者有关信息的专长,而不需要每个资金盈余者自己去搜集资金赤字者的有关信息,因而降低了整个社会的融资成本。

b. 间接融资的局限性:主要是由于资金供给者与需求者之间加入金融机构为中介,隔断了资金供求双方的直接联系,在一定程度上减少了投资者对投资对象经营状况的关注和筹资者在资金使用方面的压力和约束。

4. 具体间接融资渠道分析

(1)综合授信。

银行对于工商登记年检合格、管理有方、信誉可靠、有较长期银企合作关系的企业,可以授予一定时期内一定金额的信贷额度,企业在有效期与额度范围内可以循环使用,可以根据自己的营运情况分期用款,随借随还,不仅借款十分方便,而且也节约了融资成本。

(2)信用担保贷款。

目前国内已经建立了许多中小企业信用担保机构。这些机构大多实行会员制管理的形式,属于公共服务性、行业自律性、自身非营利性的组织。会员企业可以通过中小企业担保机构的担保向银行借款。另外,中小企业也可以向专门开展中介服务的担保公司寻求担保服务。

(3)无形资产担保贷款。

依据《中华人民共和国担保法》的有关规定,依法可以转让的商标专用权、专利权、著作权中的财产权等无形资产作为贷款质押物。

(4)票据贴现融资。

商业票据主要是指银行承兑汇票和商业承兑汇票。票据贴现对于企业来说，这是"用明天的钱赚后天的钱"，这种融资方式值得中小企业广泛、积极地利用。

（5）夹层融资。

夹层融资（mezzanine finance）是一种资本混合形式，是介于风险较低的优先债务和风险较高的股本投资之间的一种融资方式。它处于公司资本结构的中层，一般采取次级贷款的形式，但也可以采用可转换票据或优先股的形式。之所以称为夹层，从资金费用角度看，夹层融资低于股权融资，如可以采取债权的固定利率方式，对股权人体现出债权的优点；从权益角度来说，其低于优先债权，对于优先债权人而言，可以体现出股权的优点。这样在传统股权、债券的二元结构中增加了一层。在房地产领域，由于传统优先债及次级债都属于抵押贷款，夹层融资常指不属于抵押贷款的其他次级债或优先股。

近年来，欧美的抵押贷款渠道变窄，房地产开发商融资的15%至20%，是靠夹层融资来补足的。对于房地产商来说，可以根据募集资金的特殊要求进行调整，股权进去后还可以向银行申请贷款，资金回报的要求适中；对于项目要求较低，不要求"四证"齐全，投资方对控制权的要求较低。对夹层融资的提供者而言，还款方式灵活，投资风险比股权小；退出的确定性较大，比传统的私有股权投资更具流动性。

（6）融资租赁。

融资租赁是设备购买企业向租赁公司提出融资申请，由租赁公司进行融资，向供应厂商购买相应设备然后将设备租给企业使用，从而以"融物"代替"融资"，承租人按期交纳租金，在整个租赁期间，承租人享有使用权，同时承担维修和保养义务。融资租赁是一种以融资为直接目的的信用方式，它表面上是借物，而实质上是借资，并将融资与融物二者结合在一起。它为我国中小企业进行设备更新和技术改造提供了一种全新方式，可以减轻由于设备改造带来的资金周转压力，避免支付大量现金，而租金的支付可以在设备的使用寿命内分期摊付而不是一次性偿还，使得企业不会因此产生资金周转困难，同时也可以避免由于价格波动和通货膨胀而增加资本成本。

（7）典当融资。

典当是指当户将其动产、财产权利作为当物质押或者将其房地产作为当物抵押给典当行，交付一定比例费用，取得当金，并在约定期限内支付当金利息、偿还当金、赎回当物的行为。一般典当比较适合三个月之内的短期融资，如果企业对资金风险没有把握,不适合使用这种方式。典当融资是以实物所有权的转移取得临时性贷款的一种融资方式。与银行贷款相比,典当贷款成本高、贷款规模小。

(8)买方贷款。

如果企业的产品有可靠的销路,但在自身资本金不足、财务管理基础较差、可以提供担保品或寻求第三方担保比较困难的情况下,银行可以按照销售合同,对其产品的购买方提供贷款支持。卖方可以向买方收取一定比例的预付款,以解决生产过程中的资金困难。或者由买方签发银行承兑汇票,卖方持汇票到银行贴现。

(9)政府基金。

对于创业初期的中小企业,无论从企业结构、规模、财务状况等各个方面还远远达不到银行融资或证券市场的要求,但这些企业的融资要求往往十分迫切,然而其融资渠道却并不多。为此,为了支持中小企业的发展建立了许多基金,比如中小企业发展基金、创业基金、科技发展基金、扶持农业基金、技术改造基金等。这些基金的特点是利息低,甚至免利息,偿还的期限长,甚至不用偿还。如科技型中小企业技术创新基金是一项政策性风险基金,它不以自身盈利为目的,它在企业发展和融资过程中主要起一个引导作用。

(10)民间资本。

目前,我国民间资本总额十分庞大,仅浙江省民间资本已高达 6000 亿元。民间资本介入融资市场一方面丰富了中小企业的融资渠道,并且具有融资速度快、资金调动方便、门槛低等优势;但另一方面由于现阶段各种相关制度和法律法规的不完善,也加大了民间融资行为的金融风险和金融欺诈的可能。为此,政府应该采取相应措施鼓励和保护民间资本介入融资市场。为避免金融风险、规范管理,应引导建立一批实力雄厚、运作规范、专业的投资基金组织,统一管理分散的民间资金,作为政府投资的有效补充,政府还应当尽快出台相应的法律法规,加大对民间资本的监管力度,有效防止金融欺诈,降低金融风险。

(11)房地产信托。

房地产信托机构受委托代为管理、运营或处理委托人托管的房地产及相关资产的信托行为称为房地产信托。这包括两层含义:一是不动产信托,是指不动产的所有权人,为受益人的利益或特定目的,将所有权转移给受托人,使其依照信托合同来管理运用的一种法律关系;二是房地产资金信托,就是指委托人基于对信托投资公司的信任,将自己的合法资金委托给信托投资公司,再由信托投资公司按委托人的意愿,为受益人的利益或特定目的,将资金投向房地产行业并对其进行管理和处分的行为。信托融资是间接融资的一种形式,是我国目前正在大量采用的房地产融资方式。

由于2001年10月1日《信托法》的施行,信托投资公司开始在房地产资金融通市场上运作。2003年底,中国大陆在北京推出第一支商业房地产投资信托计划——法国欧尚天津第一店资金信托,随后全国各家信托投资公司陆续推出房地产信托产品,手段多样、品种创新。然而,由于信托融资的资金来源主要集中于社会中小投资人,且受到"314"文件、《资金信托管理办法》以及《信托投资公司管理办法》等多重政策限制,特别是受到每期不得超过200份合同的限制;单个集合资金信托计划的融资额度一般不超过亿元;并且缺乏税收优惠政策支持。自2002年"314"号文件出台后,全国大部分集合类房地产资金信托产品的发行额度都在1500万到1亿元之间,但是房地产信托仍然不失为工业地产融资的很好选择,特别是对于中西部城市而言意义重大。2011年,房地产信托发行量逐步增加。1月份,工商企业领域发行信托产品数量最多,有101款产品,而房地产信托有46款。2月份,二者基本相差无几,工商企业类信托发行了78款,房地产信托则发行了69款。3月份工商企业类信托发行了43款,房地产信托超越了工商企业类信托数量,发行了63款。用益信托工作室的统计显示,2011年1—4月,信托公司共发行集合类房地产信托项目222个,募集资金722.11亿元,发行数量同比增长66.92%,募集资金规模同比增长115.26%。尤其在4月,房地产成为信托的主要投资领域,其成立规模和数量占比大幅攀升。当月信托市场共成立348款信托产品,成立规模达575.56亿元,其中房地产信托产品成立95款,成立规模达248.91亿元,占比达43.25%。并且,4月房地产信托产品平均预期年化收益率为9.42%,也大大高于所有信托产品的平均收益8.74%。而从融资成本考虑,2009年初至2010年初,房地产信托融资成本已经从10%左右上升到13%~14%左右;2010年中过后,成本上升到17%左右;2011年房地产信托融资成本已经上升到20%左右,有些甚至高达25%以上。信贷规模的全面收紧、监管趋严、银行的可贷资金也逐渐减少,不少房地产开发商贷款无门,逐步转向信托、小额贷款公司等融资渠道,但是除了信托公司外,其他渠道融到的资金有限,所以房地产公司仍然愿意通过房地产信托产品募集资金。

值得注意的是,虽然房地产信托产品发行再次全面爆发,但与以往不同,信托公司在风险的考量上也更加谨慎。在当前信贷紧张而其他融资渠道又不畅通的背景下,由信托公司发行信托计划将会是工业地产开发不错的融资方式。

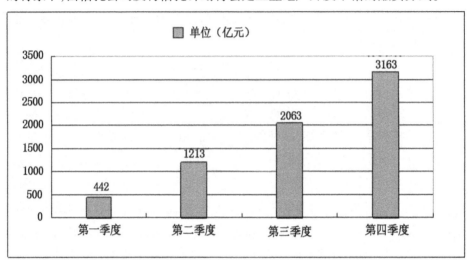

图 5.2　2012 年各季度房地产信托累计新增额

(12)联合开发。

联合开发是房地产开发商和经营商以合作方式对房地产项目进行开发的一种融资方式。这种方式能够有效降低投资风险,实现商业地产开发、商业网点建设的可持续发展。地产商和经营商实现联盟合作、统筹协调,使双方获得稳定的现金流,有效地控制经营风险。目前我国对开发商取得贷款的条件有明确规定,即房地产开发固定资产投资项目的自有资本金必须在 30% 及以上。因此对于中型开发企业来说,选择联合开发这种方式,可以在取得银行贷款有困难的情况下获得融资保障,避免资金链条断裂。

多数商业地产开发商是从住宅开发转过来的,对商业特性和商业规律的把握存在着偏差,套用住宅开发的模式开发,不能将地产商、投资商、经营者、物业管理者有机地结合起来,这就会带来巨大的投资风险。联合开发可以实现各开发环节的整合和重新定位,并且地产商与经营商强强联合,可以通过品牌组合产生经营优势。开发商和经营商的品牌效应能有效提升商业地产的租售状况,使其在吸引客流、营造商业气氛上得到保证。

(13)开发商贴息委托贷款。

开发商贴息委托贷款是指由房地产开发商提供资金,委托商业银行向购买其商品房者发放委托贷款,并由开发商补贴一定期限的利息,其实质是一种"卖方信贷"。对商业银行来讲,通过委托贷款业务既可以规避政策风险、信贷风险,也能获得可观的手续费等中间业务收入。对于房地产开发商来讲,委托贷款业务有利于解决在销售阶段的资金回笼问题,实现提前销售。回笼的资金既可作为销售利润归入自有资金,也可直接投入工程建设,还能够更好地解决30%的开发商的自有资金短缺难题,使他们更容易得到商业银行的开发贷款。

同时,商家贴息提供了极具诱惑力的市场营销题材,购房者感觉更有保证,也刺激了房产的销售。开发商还可根据情况,将今后固定每期可收回的购房按揭贷款抵押给银行,获得一定比例的现实贷款,来解决临时性资金需求。这种融资是在销售过程中实现的,安全可靠,但不是所有的开发商都可以尝试的,因为要投入一笔可观的铺底资金并在长时间内分期收回,所以它仅适合那些有实力、有规模的大型房地产企业,而且开发的项目为高利润、高档次的精品社区。

(14)海外融资。

海外房产基金的进入对中国房地产业的发展是有益的。一方面可以缓解国内房地产业对银行信贷的过度依赖,有助于房地产市场的持续发展;另一方面,融资方式的多样化,也可以起到分散金融系统风险的作用。但由于目前我国尚未颁布房地产投资基金的法律法规,海外地产基金在中国投资还存在诸多风险,国外房地产投资基金对开发项目的本身要求很高,投入项目后在运作过程中要求规范而透明,而国内一些房产企业运作不规范,所以海外房产基金在中国的发展还存在着一些障碍。

(15)工业地产保险。

保险涉足工业地产业,这为工业地产融资提供了又一条非常重要的渠道。保险公司可以通过对项目进行专业评估,对发生意外的可能因素采取有针对性的防范措施,并聘请专业人士对建筑工程全过程进行监管,将安全隐患减至最低;而对于购买了已投保建筑保险产品的消费者,一旦由于意外造成损失,保险公司将按照保险合同予以赔偿,这无疑降低了投资置业的保险。工业地产投资有很多不安全因素,保险应该是一种新的、效果不错的融资途径。但毕竟是一个新领域,两者之间的融合还需要一个缓冲过程。2010年7月开始,保监会逐步放开了保险公司投资房地产的限制,保险资产投资房地产"阳光化"。虽然目前投资工业地产的保险资金规模很小,但是随着工业地产开发的深入以及工业地产投资收益特性,工业地产有望吸引保险资金的投入。

5.4.3　直接融资与间接融资关系

1. 直接融资与间接融资区别与联系

a. 直接融资与间接融资的区别主要在于融资过程中资金的需求者与资金的供给者是否直接形成债权债务关系。在有金融中介机构参与的情况下,判断是否直接融资的标志在于该中介机构在这次融资行为中是否与资金的需求者与资金的供给者分别形成了各自独立的债权债务关系。

b. 在许多情况下,单纯从活动中所使用的金融工具出发尚不能准确地判断融资的性质究竟属于直接融资还是间接融资。一般习惯上认为凡是债权债务关系中的一方是金融机构均被认为是间接融资,而不论这种融资工具最初的债权人、债务人的性质。

c. 一般认为直接融资活动从时间上早于间接融资。直接融资是间接融资的基础。在现代市场经济中,直接融资与间接融资并行发展,互相促进。间接融资构成金融市场中的主体,而直接融资脱离了间接融资的支持已无法发展。从生产力发展的角度来看,间接融资的产生是社会化大生产需要动员全社会的资源参与经济循环以及社会财富极大丰富后的必然趋势。而直接融资形式的存在则是对间接融资活动的有力补充。

2. 直接融资与间接融资的选择

直接融资与间接融资都有其优缺点,到底孰优孰劣呢? 其实任何事情都有两面性,在一般情况下,间接融资较之直接融资具有较大的优越性。直接融资是一种资金直接供应(直供)方式,因此,资金融通规模、资金流向和使用范围都受到一定的限制。而间接融资是一种可以无限扩展的融资方式,银行等金融机构可以在社会范围内集中资金,资金融通的规模巨大,或者是直接融资所无法比拟的;同时,间接融资通常先由银行等金融机构集中资金,然后进行分配,这就使得银行等金融机构可以根据经济发展的需要,选择资金使用方向,同时也便于中央银行的金融宏观调控;另外,作为中介机构的银行通过此存彼贷,收此贷彼,从而使得资金融通具有较大的灵活性,资金的运用更为合理和有效。虽然间接融资具有较大的优越性,但是直接融资方式也是必要的。近年来,直接融资的比例在不断扩大。为了充分发挥不同融资方式的积极作用,世界各国在采取融资方式时,往往根据各国国情不同,特别是资本市场发展水平的不同,而选择不同的发展模式。有些国家以间接融资为主,有些以直接融资为主,不尽相同。所以,江西省工业地产的融资不能单一地选择直接融资或者间接融资方式,而应该综合考虑各地区不同的发展状况,以及工业地产融资的特点,选择合适的融资方式,使得有足够的资金能满足工业地产开发需要。

5.5　园区综合体的创新融资模式探析

5.5.1　BOT 项目融资模式

建设—经营—移交(Build – Operate – Transfer,简称 BOT)项目融资模式是20 世纪 80 年代逐渐发展起来的一种主要用于城市基础设施建设和运营领域的项目融资模式。由于该模式能够解决政府建设和维护城市基础设施资金不足的问题,并且能提高管理效率,因此受到广大发展中国家的普遍欢迎。近来,采用BOT 项目融资模式运作基础设施项目已成为减轻政府财政负担,提高项目运营效率的重要手段。如何较好地运用 BOT 项目融资模式来发展基础设施建设项目已成为当前的一个重要问题。

1. BOT 项目融资模式的概念

BOT 是政府通过特许协议,引入国内外资金对专属于政府的基础设施项目进行投资、融资、建设、经营与维护,在约定的期限内对该项目进行经营管理,并通过项目经营收入来回收项目的各项成本,获取合理的回报,约定期满后,项目设施无偿移交给政府。BOT 项目融资模式广泛适用于各类公共基础设施建设项目。由于 BOT 项目涉及较多的利益相关者,且他们之间没有一个科学的协调机制,项目融资的成本较高,项目风险分配在初期很难清晰、科学地界定,项目运行的时间较长,在遇到外部或者内部因素发生较大改变时,常常导致无法进行下去。

2. 为 BOT 项目融资创造有利的外部环境

首先,应尽快制定和完善针对私有机构、非公共机构等社会投资者,以 BOT项目融资模式投资建设和经营基础设施项目的政策法规,以立法的形式保证基础设施的有偿使用和特许经营权的连续性、稳定性,保障投资者的合法权益,尽量减少投资者的法律风险和政治风险,消除其不必要的疑虑。其次,对私有机构、非公共机构等社会投资者以 BOT 项目融资模式投资基础设施提供优惠政策,对其合理要求采取灵活、务实的态度,在深入调查、认真测算的基础上做出适当的承诺,以降低投资风险。再次,对于某些对经济与社会发展有重要意义,但仅靠收取使用费不能回收投资或者投资回报率过低的基础设施项目,政府应进一步放宽政策,减小投资者的风险。同时政府应当建立 BOT 项目融资模式的金融支持体系,并就有关问题出台正式的法律和政策法规等规范性文件,改善 BOT 项目融资环境,提高 BOT 项目融资能力,加快基础设施的建设步伐。

3. 完善 BOT 项目融资的管理、监督机制

目前我国对 BOT 项目融资的运作方式不够规范。在引进社会资本投资 BOT 项目时,一般采取一对一的谈判方式,要么一个 BOT 项目需要花费很长的时间,甚至几年谈不成一个 BOT 项目;要么匆忙上阵,谈成的 BOT 项目在回报率等关键问题上出现一些失误。因此,在投融资的决策过程中,可以出现超常规思维,在短时间内完成一般情况下需要较长时间的决策过程,赢得发展时机,实现整体先发效应的优势。但也容易出现个人取代集体,短期功利目标取代长期持续发展规划,简单判断取代科学论证和可行性研究等问题。而管理、监督的实质是指权力的制约、督导,防止权力的滥用和腐败。国家如无必要的管理、监督机制, BOT 项目就很难正常地运作和发展。因此,政府设立专门的管理、监管机构是国家必要的行政手段,负责对 BOT 项目经营状况的监督管理,以及对投资成本、价格构成、服务体系等行使必要的监管职责。但是我国现有的监督机制还不够健全,很多问题只能是在发生以后去弥补,缺乏事前必要的控制。BOT 项目特许经营的过程就是公共基础设施的市场化、法制化的过程,政府必须依照有关法规以及与投资者的合约约定,重新界定其角色定位,明确其职责权限,这是 BOT 项目特许经营成功的前提。BOT 项目特许经营模式是我国基础设施建设的主流模式,很多地方已出台相关的政策法规,但还有待不断地完善规范实施细则。而政府加强对 BOT 项目的管理不仅包括宏观上的规划引导、法规条例的制定实施和项目监督,而且还包括微观上具体政策的研究,其中就包括:

a. 对于 BOT 项目经营期限问题,合理的 BOT 项目特许经营期限应做到既保证投资者的资金回收和合理利润,又保证国家的利益;不同的 BOT 项目经营期限可能不同,要研究具体的对策。

b. 对于 BOT 项目的价格问题。项目建设规划及要求、投资回报率与项目收费或服务价格直接相关,政府应制定出一套可供参考的确定基础设施收费标准和定价方式的指导原则和办法,为各级政府进行价格管制提供依据。

c. 对于 BOT 合同文本的规范问题,政府也应制定出具体政策标准对其进行规范管理。

d. BOT 项目融资模式作为一种利用民间资本的新形式,必然要求有完善的法律环境的保证。政府有必要依据我国国情和国际惯例,制定出一套适合于BOT 项目融资模式的法律法规,为 BOT 项目融资在我国的有效利用创造良好的法律环境。

4. 拓宽我国基础设施 BOT 项目融资渠道

由于 BOT 项目所需资金巨大,而且也具有项目收益上的相对稳定性,随着我国金融市场的发展,应采取以外资为主、内资为辅的政策,在利用外资的同时积极培育国内资本市场,为我国基础设施建设的长远发展培养融资能力。

5. 建立一套科学的 BOT 项目评估方法与评估体制

利用 BOT 项目融资模式,民间投资者可以购买基础设施的建设、经营权。评估方法与制度会直接影响一些基本数据或信息的评估结果,比如说,对于 BOT 公共交通项目就要考虑到道路的车流量,成本、利润以及各种风险等问题。作为谈判的基础,如果这些基本情况双方无法达成共识,就会直接影响到项目谈判的成败。所以国家需要独立设置一个 BOT 项目评估部门,聘请熟悉资产评估业、具有高技能、求真务实的管理人员,制定权责明晰、合理可行的部门规章制度,统一管理全国的资产评估业,包括特殊目的的资产评估。而评估主体应及时准确地掌握国内外先进的资产评估方法。在搜集了足够多的 BOT 项目资数据和资料,并且确保所获得的数据资料真实可靠的基础上,结合项目资产的具体情况,选择最适合的项目资产评估方法。在选择评估方法的过程中,应尽量弥补该方法的缺陷,使该方法的优点得到最大的体现,保证评估结果的真实可靠性。

6. 加快建立 BOT 项目所需的法律体系

迄今为止,我国还没有一个专门针对 BOT 项目融资的法律文件。通过对国际金融市场的状况和世界各国开展基础设施 BOT 项目融资的动态和成功经验的研究,结合我国的实际情况,尽快建立和逐步完善符合我国特色的 BOT 项目法律体系。这样可以减少 BOT 项目融资实施过程中决策的盲目性、随意性,避免特许经营协议执行过程中许多不必要的纠纷,保证 BOT 项目的顺利进行。

7. 健全 BOT 项目的价格体制

由于 BOT 项目是自筹资金、自行建设、自主管理、自我偿还的一种建设运营管理模式,其产品和服务的定价往往要比在计划经济体制下的价格高,但由于基础设施项目一般具有垄断性,其价格的高低会直接影响到整个国民经济的健康正常运行,因此,一方面,需要政府合理控制项目公司的利润,限制项目产品的价格;另一方面,还要避免政府过分干预价格,因为有关国计民生的基础设施项目收费标准的行政干预成分过重,会使外商对项目未来的投资回报率难以预测,导致外商不敢放心大胆地投资 BOT 项目。

综上,尽管目前我国实施 BOT 项目融资模式的政策法规、市场环境、人才条件还不够完善,还不具备全面成熟的利用条件,但实践中已经做了一些有益的尝试,积累了宝贵的经验,政策法规等配套环境也在不断完善。可以预见,BOT 项目融资模式将会广泛应用于基础设施建设项目中,这对完善基础设施建设、缓解政府财政压力、活跃社会资本有积极的意义。

5.5.2 PPP 融资模式

PPP 英文原意是"公私合作",是英国 1992 年提出的一种公私相互合作提供基础设施服务的方式,政府赋予私人及私人部门组成的特别目的公司 SPC 以公共项目的特许开发权,由 SPC 承担部分政府公共物品的生产或提供公共服务,政府购买 SPC 提供的产品或服务,或给予 SPC 以收费特许权,或政府与 SPC 以合伙方式共同营运等方式,来实现政府公共物品产出中的资源配置最优化,效率和产出的最大化,在特许期结束时将项目移交给政府。

1. PPP 融资模式的主要特点

a. 适用领域广泛。PPP 模式不仅可以应用于经营收益性的城市基础设施,还可以用于非营利性的城市基础设施。

b. 融资渠道拓宽。建设资金的投入不足,已经成为困扰政府的严重问题,PFI 模式可以拓宽基础设施投融资渠道,实现投融资方式的多元化,加快基础设施建设步伐。

c. 建设效率提高。根据世界银行的有关统计,政府投资基础设施的低效率是一个普遍问题。在 PPP 模式下,通过引入私营企业,将市场中的竞争机制引入基础设施建设,能极大地提高建设效率。采用 PPP 模式可以学习并采用私人部门的管理、技术和知识优势,节约建设成本,提高效率和降低产出成本,使社会资源的配置更优化。

d. 转移项目风险。在 PPP 模式下,私营企业和国有机构组建的项目公司负责基础设施建设项目的各项工作,项目进行过程中各环节所产生的一系列风险,有相当大的一部分,如经济风险、建设和运营风险,转移给了私人企业,同时私人企业还要承担部分法律政策风险、社会风险,这在很大程度上降低了公共部门的投资风险。

2. 园区综合体实行 PPP 融资模式的可行性分析

园区综合体经过多年改革的推进,并结合其自身的优势与发展需求,基础设施投融资体制正在发生深刻的变化。民间投资规模不断扩大,企业投资领域不断拓展,原有的传统计划经济体制下的政府主导型融资模式正在被打破,初步形成了投资主体多元化、资金来源社会化、投资方式多样化、投资管理和决策分层化、投资建设市场化的投资运行机制和管理制度的新格局。

a. 良好的项目运作基础。首先,园区综合体借助其独特的地理位置和雄厚的资金实力,在近十年内,在基础设施建设中成功运用了 BOT、TOT 等方式,人们已经能从观念上接受大型基础设施在一定期限内民营化的做法。其次,参与各方对其运作方法已不陌生。北京市首次推出 CBD 土地开发项目信托计划,突破了信托业传统的经营模式;上海市为了加快城市基础设施建设,推出高速公路建设投融资体制改革方案,向全社会招商引资,并出台一系列优惠政策等;这些为 PFI 在园区综合体的运用奠定了良好的基础。

b. 相对充足的资金来源。从银行资本来看,PPP 方式通过"收益权"质押贷款方式,由私人部门以政府提供的"收益权"作为质押向银行贷款,可以较好地解决这一问题。1998 年 1 月 1 日,国内银行贷款限额的取消表明政府鼓励国内银行按照商业银行模式经营业务,为用 PPP 方式进行基础设施项目融资提供了良好的制度条件。中国加入世界贸易组织后,我国金融业逐步对外资开放,国际商业银行已开始大举进入我国金融市场,他们可以为 PPP 项目提供专业化的金融服务。从民间资本看,在我国,浙江、江苏、山东、上海是我国民营企业较集中的地区,可以优先作为 PPP 试点地区。

c. 能够引进先进的管理经验和管理机制,提高基础设施建设项目的效率,减少资源的浪费,降低成本。园区综合体内大部分的民营企业在管理上都有一套先进的模式和经验,并且能够吸收国外的管理机制,应用于基础设施建设,不仅可以降低财政风险、信用风险等,也能够促进园区综合体参与国际化竞争行列,不断完善和提高自身的综合实力。

d. 丰富的理论借鉴与指导。自 1992 年英国政府提出 PPP 的概念后,PPP 在英国基础设施领域的建设项目中迅速得到了广泛的应用。如北威尔士道路（A55）的建设。

3. 完善实行 PPP 融资模式的条件

园区综合体在实施 PPP 融资模式上具有明显的优势条件,然而成功地运用并不是简单的经验积累与借鉴,园区综合体在自身基础设施建设的过程中,应根据我国经济、社会发展的现状与特点,不断完善 PPP 在园区综合体实施的条件。

a. 消除观念上的障碍。大力宣传民间资本进行基础设施工程的必要性,努力营造推进 PPP 模式的良好氛围;同时在园区综合体这样的民营资本发达地区,进行 PPP 模式的一些试点工程,增强人们对于 PPP 概念、核心思想、实施程序的了解,对各方面利益和风险分摊等,进行深入研究和广泛普及,引导民营资本流向这类项目。

b. 继续完善法律体系。由于 PPP 模式是国际上一种较新的融资模式,所以对于法律、法规的要求比较高,政府需要建立一个旨在推进 PPP 的法律体系,包括积极推进法案、推进指南、标准合同条款、担保的方式与担保合同文本等相关内容。

c. 加强对 PPP 的监管。通过 PPP 模式,政府的职责也由原来的基础设施公共服务的提供者转而成为公共服务的购买者。然而,政府职能的改变并不意味着政府可以放松对 SPC 的监管。好的监管可以引导 SPC 按照合同的规定来提供服务,从而保证了公众的利益。当然,政府的这种监管是宏观的监管,主要是从服务的价格、服务的数量、服务的质量进行监督。

综上,PPP 是一种新的公私合营的融资模式,民间资本的介入不仅弥补了政府财政力量的不足,还能改善基础设施建设中长期存在的问题。园区综合体具备实施 PPP 模式的资金实力、技术支持,能够引进先进的管理理念与竞争机制。园区综合体应首先引入 PPP 模式,完善其实施条件,确保其成功运用,并带动我国基础设施建设融资模式改革。

5.5.3 REITs 融资模式

1. REITs 的概念

REITs(Real Estate Investment Trusts)也就是房地产信托投资基金,起源于美国,是美国、欧洲、澳大利亚等西方国家和地区应用最广泛的房地产融资、证券化的一种手段。REITs 是在交易所上市的标准化的金融产品,它不仅能为工业地产的开发商们提供银行贷款外的融资渠道,还能为投资者提供稳定收入、风险较低的股权类投资产品。在中国,REITs 还是一件新兴事物,一般来说,工业地产REITs 定义为:通过发行股票(基金单位),汇集公众投资者资金,由专门投资机构经营管理,通过选择不同地区、不同类型的工业地产项目进行投资组合,将投资综合收益按比例分配给投资者的一种基金信托产品。

2. REITs 的特点

REITs 作为一种新型融资模式,具有四个特点:一是 REITs 长期回报率较高,与股市、债市等其他资本的相关性较低;二是收益主要来源于租金收入和房地产升值,具有较低的市场价格波动性;三是收益的大部分将用于发放分红,具有较高的当前收益;四是有限的投资风险等。REITs 不但可以通过资本手段优化工业地产行业内部结构,而且可以专门投资某些综合物业项目。通过 REITs 扩大资本,进行更大的投资是当今国外基金发展的主流方法。一方面,它们拥有专业的操作团队,可以对基金进行有效的管理;另一方面,它们在海外寻找投资市场,比如美国普洛斯等基金都已进入我国市场,这些专门用于工业地产投资的资金拥有成熟的技术。他们把手中的工业物业租赁给有所需要的工业企业,使基金可以获得长期的租金回报。一旦海外资本能够将国内项目转化为 REITs 产品,除能允许自用业主把房地产资产从资产负债表中除去、提高其经济增值外,还可带来高额稳定的回报。

REITs 代表着目前全世界房地产领域最先进的生产力,在实践中,大致可以分成两种操作模式:契约型的房地产信托基金,公司型房地产信托资金。REITs 可以最大限度地保证政府利益,并能有效地实现整个房地产行业的规范化,一直以来备受我国政府、商业银行和房地产企业的高度关注,在我国有很大的发展空间。中国人民银行于 2009 年初就 REITs 相关问题进行研究和讨论,并形成了 REITs 初步试点的总体构架。2011 年,国投瑞银主投亚太地区 REITs 产品已经成为国内基金业首个 REITs 专户产品。房地产信托基金作为一种新型的融资工具、先进的金融手段,随着市场条件、政策法规、金融监管的不断成熟,REITs 在我国工业地产领域一定具有广阔的发展前景。

5.5.4 园区发展基金

1. 基本概念

园区发展基金是指通过非公开方式向特定投资人募集资金用于园区综合体开发建设进行的一种集合投资。

2. 园区发展基金特点

园区综合体开发具有资金需求量大、开发周期长的特点,为了弥补开发资金的不足和摆脱银行信贷资金短贷长投的错配问题,园区发展基金的融资模式已被我国越来越多的开发商所采用,其不仅能够解决园区综合体开发融资难的问题,还能满足园区综合体开发建设对较长期限资金的需求,同时也能满足人们对园区综合体的投资需求,共享园区经济发展的成果。显然,园区发展基金有以下几个特点:

(1)园区综合体开发运营专业性非常强,要求负责组建和运营园区发展基金的管理团队应具备相关的专业背景;

(2)园区发展基金的管理团队与基金的投资者利益共享、风险共担;

(3)园区发展基金的存续期一般较长,从而较好地分享园区发展成熟、地产增值的红利。

基金融资在工业地产开发建设领域的运用还处于非常原始的起点。以美国模式为学习模板的万通控股于2012年发起设立中国本土第一只人民币工业地产基金,万通工业地产基金第一阶段募集近6亿元,采取5+1+1的投资年限,投向主要是以高端制造业为主的2.5代工业,其中仓储物流设施占50%以上,其余则涉及一线城市的办公物业以及老厂房改造等工业地产项目。目前,江西省提出以打造南昌光谷为契机,拟通过发起光谷产业园区发展基金,专门对接南昌光谷产业园的开发建设、企业孵化培育、优质项目引进等,致力于打造集资本、技术、产业园区三位一体光电子产业集聚区。

3. 园区发展基金

我国园区发展基金主要采用有限合伙企业制,有限合伙制基金的投资人作为合伙人参与投资,依法享有合伙企业财产权。其中的普通合伙人代表基金对外行使民事权利,并对基金债务承担无限连带责任。其他投资者作为有限合伙人以其认缴的出资额为限对基金债务承担连带责任。

a. 有限合伙制私募基金的特点

采用有限合伙制形式的私募股权基金可以有效的避免双重征税,并通过合理的激励及约束措施,保证在所有权和经营权分离的情形下,经营者与所有者利益的一致,促进普通合伙人和有限合伙人的分工与协作,使各自的所长和优势得以充分发挥;此外,有限合伙制的私募股权基金的具有设立门槛低,设立程序简便,内部治理结构精简灵活,决策程序高效,利益分配机制灵活等特点。

有限合伙制下,基金管理人(普通合伙人)在基金运营中处于主导地位;有限合伙人部分可以通过投资委员会参与投资决策,但一般通过设立顾问委员会对基金管理人的投资进行监督。

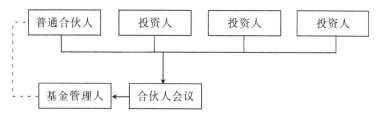

图5.3　有限合伙制基金组织架构图

b.工业地产私募基金设计思路

第一,组建投资管理公司。

怎么样搭建自己的融资平台是私募开展的关键。就目前政策来看,直接冠名基金公司不但审批条件严苛,而且要求货币出资,并且在运营过程中受到监管多,因此,往往采取设立资产管理公司的形式绕过直接设立基金。而对于工业地产来说,不但涉及建设管理,还有以后的园区投资、融资等资本运作,因此采用投资管理公司或者资产管理公司作为工业地产开发融资平台是不二选择。投资管理公司应由主要发起人或其下属企业、当地较为知名的企业和未来基金的管理团队(两到三名资深专业人士构成)共同出资设立,注册资本最好有人民币3000万元,以符合国家发改委备案和享受税收优惠要求。管理公司设立后应报省级发改委备案。下表是国内知名地产私募基金的组织设立方式,以供参考。

表5.2　国内知名地产私募基金列表

公司名称	主要合伙人	定向/阳光	目前规模	主要投向
富达股权投资基金管理公司	黄金湾投资集团	GP + LP	80 亿	土地整治,房地产股权以及债权
星浩资本	复星、广夏等 24 家企业	GP + LP	53 亿	CBD 建设
高和资本	北京国际信托等	GP + LP	50 亿	CBD 商住房地产
上海榕树投资	新湖中宝	阳光私募	4 亿	基础设施以及商住项目
稳盛投资管理有限公司	金地集团、瑞银	GP + LP	计划 100 亿	金地集团房地产项目

从上表也可以看出,大多数私募基金都以设立投资管理公司的形式设立。投资管理公司将作为未来基金的普通合伙人(管理人)和作为未来基金的有限合伙人的其他投资人共同出资设立基金。同时还可以看到,大多数是以 GP + LP 的方式进行资金募集,这种方式除了募集规模大、募集时间短的优点外,还有许多的优点。在设立工业地产基金的时候,应优先考虑这种募集方式。

第二,设立基金。

工业地产基金主要采取 GP + LP 的方式,向特定投资人募集,以下设的投资管理公司为普通合伙人,而 LP 投资人可为当地知名企业、机构或个人投资人以及其他地区的投资人。在出资方式上,基金可采取承诺制和一次性出资,但基于工业地产开发前期投入金额巨大的特点,建议采取一次性出资方式。在定向募集资金之前,明确工业地产开发所需资金规模,以此来确定工业地产基金募资规模。而作为未来基金管理者的投资管理公司,可出资 1% – 10%。在基金存续时间上,可根据地产开发情况灵活调整,最好采取开放式,但最初可根据国内工业地产平均开发时间设立存续期,并制定相关规定,约束存续期内有限合伙人的进入退出行为。作为工业地产专项投资基金,在基金内部管理上,由普通合伙人委派管理团队,负责基金日常运作,同时应设立由主要投资人组成的顾问委员会,接受投资人的监督。在管理费用上,参考国内房地产基金的费率标准,在此基础上考察本地实际情况,确定管理费用,一般为每年底基金资产净值的 2.5% 左右。最重要的是与投资人利益分成方面的约定,可采取"保底 + 分成"方式,即保证投资人一个固定的回报率,固定回报率以上部分由投资人和管理人按照浮动比例分成。

设立基金还有一个最主要的问题便是寻找有限合伙人。根据有限合伙制私募基金设立的相关规定,合伙人数应保证在 2 人以上,50 人以下。同时还要考虑平衡本地区与外省投资人数,如果允许外国投资者参与,还要根据有关法律法规,对外国投资者的投资规模、人数等方面进行考量。寻找有限合伙人可优先考虑本地有实力的企业、组织,优质的机构投资者可以通过 GP + LP 私募形式"曲线"投资工业地产。

第三,基金投资。

由地产开发主体作为发起人设立投资管理公司后进行定向私募募集的资金,主要投资于工业地产开发项目,由地产开发主体负责工业地产的开发。在地产开发的不同阶段,有不同收益类型及匹配的风险,为了满足工业区后续开发管

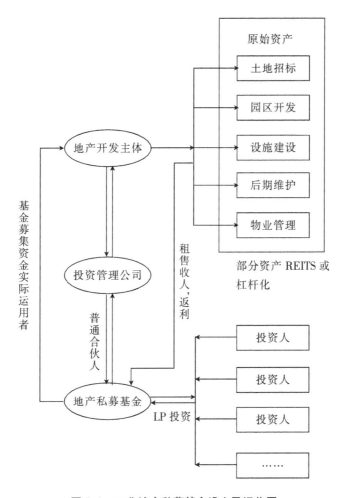

图 5.4　工业地产私募基金设立及运作图

理的需要以及基于风险收益方面的考量,作为地产基金的管理者。

5.5.5　供应链融资模式

　　毫无疑问,地产的开发过程并非是由一家企业独立完成的,在全球化和分工如此密集的现代商业社会,工业地产的开发意味着无数的公司、企业被卷入其中,有的充当原材料供应商的角色、有的负责工程的建设工作,如建筑公司;有的负责工业地产的租售工作和营销工作等。可见,围绕工业地产开发的核心企业,供应商、制造商、分销商、零售商以及最后的企业用户,连成了一个完整的、循环的、功能性的网络结构模式,这就是现代意义上的供应链及其管理。与供应链相结合,供应链融资模式成为我国工业地产企业融资过程中一种新型的融资方式和渠道。供应链融资模式中,参与融资过程的主体大概包括以下几个:首先是商业银行等信贷机构(资金提供者);融资的企业(工业地产开发企业)以及与核心企业相关的原材料等上、中、下游的企业等多个主题。供应链融资具有自偿性、封闭性、连续性等特点,在工业地产开发过程中,供应链融资模式的运用,无疑会提升作为核心企业的工业地产开发企业的还贷能力,从而能够降低商业银行的风险,提升其供给贷款的意愿。此外,更为重要的是,供应链融资是综合的、多元的融资产品,通过供应链融资,工业地产开发企业可以通过多种渠道和方式,分别进行贷款。例如,工业地产开发建设过程中产生的票据、原材料、工业园区、未来的租售资金等其他类似产品均可以向商业银行进行资金融通,从而能够提高资金使用效率,降低工业地产开发企业的资金压力。

5.6 园区综合体融资渠道的选择

5.6.1 现金流分析

1. 现金流出项目

园区综合体总投资是现金流出的主要组成部分,包括开发建设总投资、经营资金、运营费用、修理费用、经营税金及附加、土地增值税以及企业所得税等。开发建设总投资是指在开发期内完成园区综合体开发产品建设所需投入的各项费用,主要包括:土地费用、前期工程费用、基础设施建设费用、建筑安装工程费用、公共配套设施建设费用、开发间接费用、财务费用、管理费用、销售费用、开发期税费、其他费用以及不可预见费用等。经营资金是指开发企业用于日常经营的周转资金。运营费用是指园区综合体开发完成后,在项目经营期间发生的各种运营费用,主要包括管理费用、销售费用等。修理费用是指以出租或自营方式获得收益的园区综合体在经营期间发生的物料消耗和维修费等。经营税金及附加是在中华人民共和国境内提供应税劳务、转让无形资产或者销售不动产的单位和个人应向国家缴纳的税金。土地增值税是对转让国有土地使用权、地上建筑物及附着物(房地产)并取得收入的单位和个人征收的税金。企业所得税是国家以企业的利润总额作为课税对象征收的税金。

2. 现金流入项目

园区综合体开发企业现金流入主要包括园区综合体产品的销售收入、租金收入、土地转让收入、配套设施销售收入、自营收入、自有资金、长期借款、短期借款、回收固定资产原值、回收经营资金等。其中,租售收入等于可供租售的房地产总面积乘以单位面积租售价格。应注意可出售面积比例的变化对销售收入的影响;空置期(项目竣工后暂时找不到租户的时间)和出租率对租金收入的影响;以及由于规划设计的原因导致不能售出面积比例的增大对销售收入的影响。自营收入是指开发企业以开发完成后的园区综合体为其进行商业和服务业等经营活动的载体,通过综合性的自营方式得到的收入。在进行自营收入估算时,应充分考虑目前已有的商业和服务业设施对园区综合体建成后产生的影响,以及未来商业、服务业市场可能发生的变化对园区综合体的影响。

3. 园区综合体现金流的特点

(1)园区综合体现金流金额巨大。

园区综合体开发投资规模较大,动辄几千万元甚至几亿元、几十亿元,项目实施过程中现金流出、流入的总额及单笔金额的规模均呈现较高水平。

(2)园区综合体现金流周转期长。

园区综合体开发投资回收期较长是其不同于一般工业产品生产周期的显著特征,开发经营过程通常在 1 年以上,长可达到 3~5 年。在开发周期内,现金流贯穿始终,因此园区综合体现金流周转期较长。由于资金具有时间价值,前期现金流出必然导致资金成本的增加,故应当实行滚动开发,加速现金流转,提高资金使用效率,降低资金使用成本。

(3)园区综合体现金流分布不均匀,流入、流出具有明显的不同步性。

园区综合体开发产品——房屋建筑作为不动产具有价值大、单一性、位置固定等特征,在成为商品进入流通领域实现销售之前,需经历较长生产过程,占用大额的资金,在这一相对较长时间内基本无销售收入流入;而进入市场销售后,房屋建筑高价值的特征使得现金集中回流,规模大、速度快,此时项目投资支出金额所占比例较小。园区综合体现金流不均匀、不同步的客观存在对现金流管理提出明确的目标和方向:如何通过现金流管理制定各项措施方案,改善园区综合体现金流不均匀、不同步的结构形态,降低项目前期启动资金压力,控制项目资金风险。

(4)现金流向复杂繁多。

园区综合体开发流程与一般工业产品的生产流程有很大差别:一般工业产

品的流程是链状的、单向的;而园区综合体产品的信息链与价值链很特殊,其物质流动、信息流动、资金流动在企业内部及企业内部与外部之间同步进行,内部呈网状,外部则呈星状发散。

(5)园区综合体现金流具有较大的不确定性。

不确定性广泛存在于园区综合体开发过程中,在这个过程的每一阶段都有所出现,而发展商往往事前难以预测和控制。发展商为获取土地而必须在公开市场交易,然而土地的不可移动性决定了土地市场是一个信息不对称的市场,没有任何两块区位价值相同的地块,难以从相同或同类商品的大量交易中获取信息,而且为获取关于土地的信息所付出的搜寻成本也是很昂贵的。发展商决定交易价格除了考虑自身的经济实力以外,就是园区综合体开发能够获得的利润,而这一收益本身是不确定的。地块拆迁也是园区综合体开发中不确定性较强的一个环节,拆迁能否按计划顺利进行,直接影响项目的施工和销售进度,甚至可能导致项目前期投入资金被无效占用。在项目建设过程中,建筑材料价格上涨、合作方变更、工程安全质量等方面都存在较大的不确定性。园区综合体开发过程一旦开始,它面对的就是一个在空间上和一段时期内相对比较固定的狭窄的消费市场。园区综合体开发的最终产品包含在一个特殊的社会和经济结构中(包括当地的人口结构、就业结构、消费结构、平均收入水平和消费水平等),正是这个结构决定产品销售的价格、速度和销售实现率,而这个结构是发展商所不能控制的,因此对销售收入及项目效益的预测是不确定的。在园区综合体开发过程中存在的诸多不确定性最终都将反映到项目现金流上,使得项目现金流的不可控因素增加,因此必须建立科学的现金流预测程序和方法,严格控制执行,同时进行跟踪分析,及时反馈调整,才能保证项目的顺利实施。

(6)园区综合体现金流易受宏观政策因素影响。

我国园区综合体业还处于发展上升期,土地、预售、金融等方面的政策规定正在经历一个从不规范到逐步规范的过程。政策环境对项目的资金流动起着重要影响,在不同政策环境下,项目现金流动呈现不同的特点。对于园区综合体开发来说,土地是基本原料,土地价格决定了房屋的基本售价、决定了房屋建设的相关成本,是园区综合体现金流出的重要组成部分。因此,宏观政策对园区综合体的现金流影响较大,例如若政府调整地价支付方式,颁布有关要求发展商加速支付地价款的政策,则会将园区综合体现金流流出的时点提前。

4. 园区综合体现金流量表的编制

园区综合体现金流量表的编制可使企业管理当局掌握现金流量信息,搞好资金调度,最大限度地提高资金使用效率,化解财务风险。在市场经济条件下,企业现金流量很大程度上决定企业的生存和发展能力。即使企业有盈利能力,但如资金周转不畅,现金调度不灵,就会严重影响企业的发展,甚至影响企业的生存。如在 1997 年亚洲金融风暴中,香港百富勤公司就因无法及时筹措 6000万美元以偿还到期债务,最终导致崩溃。事实上,当时百富勤公司只是定息市场业务在东南亚金融危机中蒙受了巨额损失,集团整体仍是盈利,也远未达到资不抵债。但终因现金不足无法清偿到期债务,被迫清盘。因此,一个企业如被拖欠的应收账款和销不出去的商品房很多,即使有账面利润,也会使企业无钱组织再开发,偿还应付账款。所以企业管理当局根据现金流量表掌握的现金流量信息,可以及时搞好资金调度,合理地利用资金,化解财务风险。

此外,园区综合体现金流量表的编制可使投资者、债权人了解企业较真实的财务状况,预测企业的支付能力、偿债能力和未来发展情况。现金流量表提供的信息,能说明企业从经营中获得现金的各种活动,借以偿还债务、分发股利或重新投资以维持或扩大开发经营的能力。它还能说明在债务和权益方面的各种理财活动,以及现金投资和现金耗用等情况。如通过经营活动净现金流量与流动负债的对比,可以评价企业短期偿债能力的强弱;通过经营活动净现金流量与全部负债的对比,可以说明企业用每年的经营活动现金流量偿付所有债务的能力;通过经营活动净现金流量与普通股股数的对比,可以说明企业进行资本支出和支付股利能力的强弱,等等。所有这些,都有助于投资者、债权人了解企业当前的支付能力、偿债能力和支付股利能力,预测企业未来的发展情况,为投资者、债权人进行投资决策、贷款决策提供依据。

最后,园区综合体现金流量表的编制可使经济管理部门对企业的财务活动进行监督。现金流量信息是政府综合经济管理部门、国有资产管理部门,尤其是证券市场监管部门对企业进行监督的重要依据。因为现金流量表是以现收现付实现制原则为基础综合反映企业一定期间现金流入和流出的会计报表,将现金流量信息与资产负债表和利润表或损益表提供的信息综合起来考虑,可以评价企业是如何获得现金,又是如何运用这些现金的;企业的真实财务状况如何,是否潜伏着重大的风险,等等。通过掌握、分析现金流量信息,监管部门可以将事后监督转为事前监督,防范和化解潜在风险。

由于现金流量表有上列作用,因此在企业会计制度中规定在年度决算时,也须编制现金流量表,并用现金流量表代替原来编制的财务状况变动表。

表5.3　园区综合体现金流量表

序号	项目	合计	1	2	3	…	N
1	现金流入						
1.1	销售收入						
1.2	出租收入						
1.3	自营收入						
1.4	净转售收入						
1.5	其他收入						
1.6	回收固定资产余值						
1.7	回收经营资金						
2	现金流出						
2.1	开发建设投资						
2.2	经营资金						
2.3	运营费用						
2.4	修理费用						
2.5	经营税金及附加						
2.6	土地增值税						
2.7	所得税						
3	净现金流量						
4	累计净现金流量						

5. 园区综合体的现金流管理

(1)强化现金流战略管理与危机意识,完善内部控制,提高资金使用效率。

园区综合体企业应更加关注市场,将现金流管理上升到企业战略高度,制定清晰的企业发展战略,并根据企业战略和当前投资环境制定相应的现金流战略目标,寻求与企业战略目标相符的投资机会,真正建立企业的价值源和现金流增长源,提高现金流使用效果,实现长期均衡发展。

2008年底,万科凭借敏锐的行业洞察力,通过对企业内外部环境的理性分析,率先提出"房地产市场拐点论",进而重新审视企业战略,稳步调整房价,在激烈的市场竞争和金融危机环境下,牢牢保持了市场占有率,并呈上升趋势,这些战略的转变必然有助于企业推进销售、回笼资金、缓解现金流压力、不断加强企业市场竞争力和抵御风险的能力。万科的这次战略转变值得其他园区综合体企业思考与借鉴。同时,为了实现现金流管理的有序性和可控性,园区综合体企业应建立基于现金流预算的内部控制系统,通过编制企业现金预算,根据不同情况灵活选择开发和营销策略,对经营活动中现金循环各个阶段出现的偏差进行分析、反馈并及时调整,实现现金流动态控制,保证经营活动顺利进行;利用现金循环周期等指标制定现金流预警系统,做到有效监控现金流的安全和完整;建立完善的现金授权审批制度,组建独立、专门的机构负责现金集中控制,加强现金收支管理,对重大收支业务决策要建立有效的责任追究制度,从而保证企业现金的安全完整,提高现金周转速度。

（2）实施多元筹资,整合集团资金,确保资金的流动性和安全性。

园区综合体企业一方面必须寻求适合自身条件的多元化融资渠道,如发行公司债券、引入信托投资资金等,合理安排企业现金筹集途径,逐渐建立起良性的资金循环平台;另一方面也可积极寻找一些能够提供稳定现金流的项目（如地产租赁）,在一定程度上抵销地产开发带来现金流波动的不利影响,弱化对外部融资的依赖程度,降低财务风险。此外,近几年企业集团内部资本市场理论产生、发展并趋于成熟,内部资本市场可以在一定程度上弥补大型企业集团内部各自为政、资金使用无法统筹安排等缺陷,发挥企业集团资金整体配置的优势。

（3）推进战略管理,实施品牌创新,引入先进的管理理念。

园区综合体企业必须深入推进战略管理,积极实施品牌创新,注重开发细节,进一步加强成本管理,积极倡导标准化、流程化的生产模式,致力于专业能力的提升,专注于产业的发展,进一步巩固和强化自身优势;打造专业而友好的销售流程,与顾客建立良好而持久的关系,以产品品质、优秀服务及品牌号召力取胜,在客户中树立起良好的品牌形象。同时,园区综合体企业内部应注重引入先进的管理理念（如平衡计分卡,从财务、安全、社会贡献等方面多角度地评价企业经营业绩）,提高内部管理水平,实行有效激励,尤其是在市场前景不明朗的情况下,企业更要耐得住寂寞,拿出高品质的产品来,为新一轮发展周期的到来积蓄能量。

5.6.2　投资估算

投资估算是建设项目总投资在前期阶段的称谓和计算方法,通常将建设项目的实际投资额在项目建议书和可行性研究阶段称为投资估算;初步设计阶段称为设计概算;施工图设计阶段称为施工图预算;招投标阶段称为承包合同价;合同实施阶段称为结算价;竣工验收阶段称为竣工决算。

1. 投资估算的阶段

在我国,投资估算主要是指贯穿于决策过程的工程造价行为,其中包括项目规划阶段的投资估算、项目建议书阶段的投资估算、初步可行性研究阶段的投资估算、详细可行性研究阶段的投资估算四个阶段。

在国外,如英、美等国,对一个建设项目从开发设想直至施工图设计阶段,在这期间对项目投资的预测均被称为估算。按照不同设计深度、不同技术条件和不同的估算精度,英、美等国把建设项目投资估算分为五个阶段,即投资设想阶段的投资估算、投资机会研究阶段的投资估算、项目初步可行性研究阶段的投资估算、项目详细可行性研究阶段的投资估算、工程设计阶段的投资估算。

表 5.4　投资估算的阶段、精度和目的

投资估算的阶段	投资估算误差	投资估算的目的
项目规划阶段	可能会超过 30%	按规划的要求和内容,粗估项目所需投资额; 否定项目或决定是否进行深入研究的依据。
项目建议书阶段	不超过 30%	主管部门审批项目建议书的依据; 否定或判断项目是否需进行下阶段的工作。
项目初步可行性研究阶段的投资估算	不超过 20%	据以确定项目是否进行详细可行性研究。
项目详细可行性研究阶段的投资估算	不超过 10%	决定项目是否可行; 可据此列入项目年度基建计划。
工程设计阶段投资估算	不超过 5%	工程设计的依据。

2. 投资估算的作用

项目建议书阶段的投资估算,是项目主管部门审批项目建议书的依据之一,并对项目的规划、规模起参考作用。项目可行性研究阶段的投资估算,是项目投资决策的重要依据,也是研究、分析、计算项目投资经济效果的重要条件。当可行性研究报告被批准之后,其投资估算额就作为设计任务中下达的投资限额,即作为建设项目投资的最高限额,不得随意突破。

项目投资估算对工程设计概算其控制作用,设计概算不得突破批准的投资估算额,并应控制在投资估算额以内。项目投资估算可作为项目资金筹措及制定建设贷款计划的依据,建设单位可根据批准的投资估算额,进行资金筹措和向银行贷款。项目投资估算是核算建设项目投资需要额和编制投资计划的重要依据。项目投资估算是进行工程设计招标,优选设计单位和设计方案的依据。在进行工程设计招标时,投标单位报送的标书中,除了具有设计方案的图纸说明、建设工期等,还包括项目的投资估算和经济性分析,工程投资估算的新方法——模糊指数平滑法以便衡量设计方案的经济合理性。项目投资估算是实行工程限额设计的依据。实行工程限额设计,要求设计者必须在一定的投资范围内确定设计方案,以便控制项目建设和装饰的标准。

3. 园区综合体投资估算的内容

(1)土地开发费用。

指为取得建筑用地而投入的各种费用。其中包括:为获取土地使用权而支付的土地出让金、转让费及按规定缴纳的土地增值费、土地使用税以及某些城市地方政府规定的实物地租形式的各类附加费用;征用土地应支付的安置费、青苗补偿费、土地附属物补偿费、土地补偿费及坟场、鱼塘、养殖场等的拆迁安置费、旧城区开发应支付的私房征购费、拆迁安置费;开发区内的市政工程等基础设施建设费用,包括供水、供电、排洪、排污、供气、通讯、道路建设及场地平整费用。

(2)公共服务及生活设施配套费。

指开发区内按规划要求兴建的中、小学校、幼儿园、卫生院、医院、派出所、居委会等公共服务设施及生活配套设施而发生的费用。道路、供变电、通讯、园林绿化、路灯照明等小区内市政建设工程费用。

(3)施工费用和各种税费。

指全部新建或改建建筑物、构筑物所发生的施工及设备购置费。包括人工费、材料费、机械使用费、施工管理费、设备购置及安装费等;工程地质勘察、钻探、地形测量、小区规划、建筑设计、模型制作等发生的费用;投资方向调节税、营业税、土地使用税、市政建设费、城市道路占用费等。

(4)利息、管理费和其他支出。

指因筹集开发资金而支付的贷款利息、债券利息、股息等;开发企业为组织与管理开发活动而发生的各种费用,约占前6项之和的1%~3%;不可预见费、列项费、报建费、项目招标、投标活动费、工程质量检查费等。

(5)销售成本。

这一部分主要指在流通领域内所发生的费用。主要包括广告宣传费用、售房合同公证费等。

表5.5　某园区综合体投资估算表

序号	费用名称	基数	单价	应计金额	金额单位:元 备注
	合计			119,563,503.79	
一	土地征用及补偿			21,224,003.79	75800 平方
1	土地款	113.70	18	20,466,000.00	
2	耕地占用税	75,800.38	10	758,003.79	
二	前期工程费			2,326,875.00	
1	可行性研究				
2	地质勘探费	56,250.00	10	562,500.00	
3	文物勘探费	56,250.00	4	225,000.00	
4	规划设计费	120,000.00	5	780,000.00	
5	临建费用	56,250.00	3.5	196,875.00	参考郑州房地产开发
6	多通一平费	56,250.00	10	562,500.00	成本费用相关资料
7	其他费用				
三	报批报建费			10,371,125.00	
1	工程监理费			240,000.00	
2	配套费			1,749,095.00	
3	人防费				
4	绿化费				
5	墙改基金	120,000.00	8	960,000.00	
6	放验线费	56,250.00	3	168,750.00	参考郑州房地产开发
7	农民工保证金	87,600,000.00	0.7%	613,200.00	成本费用相关资料
8	招标代理费				
9	设计审查费				
10	两金	87,600,000.00	4.58%	4,012,080.00	

续表

序号	费用名称	基数	单价	应计金额	备注
					金额单位:元
11	质检费	87,600,000.00	3%	2,628,000.00	
12	其他费用				
五	建安工程费			78,000,000.00	
1	建筑安装成本	120,000.00	650	78,000,000.00	参考郑州房地产开发
四	配套设施费			4,062,500.00	
1	通水及市政配套			600,000.00	
2	供电			2,400,000.00	
3	道路	56,250.00	10	562,500.00	
4	绿化及景观			500,000.00	
5	其他配套设施				
六	贷款利息	2,000.00	6.24%	1,248,000.00	
七	管理、销售费	206,700,000.00	1.0%	2,067,000.00	
八	交付使用办证费			264,000.00	
1	房产交易费	120,000.00	0.3	36,000.00	参考郑州房地产开发
2	权属登记费	120,000.00	0.4	48,000.00	成本费用相关资料
3	测绘费	120,000.00	1.5	180,000.00	

4. 投资估算的方法

一般的工业项目投资主要由房屋建筑物、机器设备、运输设备及其他工器具组成,而园区综合体的开发目的是为了满足生活需要而非生产需要,所以园区综合体投资中除了诸如电梯、中央空调之类的设备外没有其他的设备,园区综合体的投资主要是房屋建筑物以及相关基础设施和配套设施的投资费用。所以,园区综合体中,土地费用和建筑工程费用占总投资的绝大部分设备及工器具购置费在总投资中所占的比例相对较小,而一般的工业项目投资中,土地和设备及工器具购置费占总投资的比例较大。可见,园区综合体投资估算的重点是如何准确地估算土地费用和建筑工程费用。

（1）产业城的投资估算方法。

一般而言，产业城的园区综合体的投资估算可以采用建筑面积法或其他相似的粗略估计方法。建筑面积估算法就是依据调查的统计资料，利用相近规模的工业园区项目作为参照，按照建筑面积的比例计算拟建项目投资。其计算公式为：

$$C_2 = \frac{C_1 Q_2}{Q_1} f$$

其中，

C_1 表示已建类似项目的投资额；

C_2 表示拟建项目投资额；

Q_1 表示已建类似项目的建筑面积；

Q_2 表示拟建项目的建筑面积；

f 表示不同时期、不同地点的定额、单价、费用变更等的综合调整系数。

把项目的建设投资与其建筑面积的关系视为简单的线性关系，估算结果精确度较差。通常是根据拟建项目的规模和建设条件，将投资进行适当调整后估算项目的投资额。

（2）总部城的投资估算方法。

总部城的园区综合体的投资估算可以采用系数估算法或类似的估算方法。系数估算法也称为因子估算法，它是以拟建项目的土地费用或其他费用为基数，以其他费用占土地费用的百分比为系数估算项目总投资的方法。这种方法简单易行，但是精度较低，一般用于项目建议书阶段。其计算公式：

$$C = E(f_1 p_1 + f_2 p_2 + f_3 p_3 + \cdots\cdots) + I$$

其中，

C 表示拟建项目投资额；

E 表示拟建项目土地费用；

p_1 表示已建项目中其他费用占土地费用的比重；

f_1 表示由于时间因素引起的定额、价格、费用标准等变化的综合调整系数；

I 表示拟建项目的其他费用。

应用这种方法进行园区项目的投资估算精度仍不是很高，其原因可能是园区规模大小发生变化的影响；不同地区自然地理条件的影响；不同地区经济地理条件的影响或不同时间的价格指数发生变化时所产生的影响。

（3）都市城的投资估算方法。

都市城由于投资规模大、建设周期长、风险大，因此所使用的投资估算方法应当更加合理精确，以为投资决策提供更好的依据。例如可采用指标估算法，即把建设项目划分为建筑工程、设备安装工程、设备购置费及其他基本建设费等费用项目或单位工程，再根据各种具体的投资估算指标，进行各项费用项目或单位工程投资的估算，在此基础上，可汇总成每一单项工程的投资。另外，再估算工程建设其他费用及预备费，即求得建设项目总投资。

估算指标是一种比概算指标更为扩大的单位工程指标或单项工程指标。编制方法是采用有代表性的单位或单项工程的实际资料，采用现行的概预算定额编制概预算。或收集有关工程的施工图预算或结算资料，经过修正、调整反复综合平衡，以单项工程（装置、车间）或工段（区域，单位工程）为扩大单位，以量和价相结合的形式，用货币来反映活劳动与物化劳动。估算指标应是以定量为主，故在估算指标中应有人工数、主要设备规格表、主要材料量、主要实物工程量、各专业工程的投资等。对单项工程，应作简洁的介绍，必要时还要附工艺流程图、物料平衡表及消耗指标。这样，就为动态计算和经济分析创造条件。

结构关系估算方法则针对某一个类似工程即可以估算出拟建工程造价，会忽视不同项目之间的差别，估算类比对象带有个别性，估算类比对象的选择和估算过程带有较强的主观性。因此，估算结果精度普遍较低，如果能够根据多个已建工程资料，找出主要的因素影响造价的共性，则可以使估算更接近实际情况。按照这种思想，用回归模型的方法，建立造价和影响因素的一般关系模型，则可以提高投资估算的客观程度，并且有较高的灵活性。

在缺乏相似的园区项目开发经验或所需数据稀缺的情况下，也可采用单参数单位成本模型估算法。该模型实际上是以某个具有共性的直接影响造价的单因素对造价的影响分析，通过多个历史资料的线形回归分析，得出一般估算模型的方法。例如，以面积作为分析的单参数，通过对多个类似工程的统计，得出面积和造价的一般关系，则在知道拟建项目面积的情况下加以适当的调整，就可以算出拟建项目的造价。这种方法有较高的使用价值，可以通过收集限定地点和限定时间的已成资料，提高资料的适用性和精度。由于该方法是采用多个样本进行回归，易于找出带有共性的规律，提高估算结果的精度；由于该方法原理较为简单，有较强的适应性，样本性质不同，回归模型也不同，同时可以采用适当的修正系数，因而有较高的灵活性。

　　在实际应用中,具有共性的直接影响造价的因素不只一个,且对于可以获得的影响拟建项目造价的因素又是变动的。为了解决这种动态性和二者进一步的适用性,可以建立一系列线性条目组,每个条目组对应一种单因素回归模型。在实际估算中,既可以根据获得的影响拟建项目造价的因素选择适用的条目,又可以同时应用多个条目进行估算,进一步修正估算精度。单参数单位成本模型估算法对于工程规模较小、形式较为简单且普遍的项目,具有较好的估算结果。而且,单参数单位成本模型估算法的灵活性和适应性在这些项目中也能够得到充分的体现。

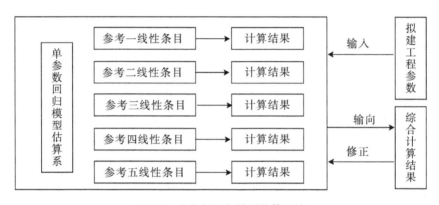

图5.5　单参数回归模型估算系统

5.6.3　融资流程

1. 第一阶段:投资决策分析

　　从严格意义上说,园区综合体开发项目投资决策分析不属于项目融资的内容,但是前期所作的投资决策分析与项目融资以及如何融资是紧密联系的。投资决策确定了项目的投资结构,包括有单一的公司投资、合伙开发等,投资结构的选择将影响项目融资的结构和资金来源的选择,反过来,项目融资结构的设计在多数情况下也将会对投资结构的安排做出调整。通过投资决策分析可以起到以下作用:

　　a. 通过投资决策分析科学地预测和合理地确定资金需求量。筹集资金的目的在于确保项目发展所必需的资金,在筹集资金之前必须进行科学的预测,确定合理的筹资规模,资金不足,会影响项目的正常运行,而资金筹集过剩,则可能导致资金使用效率低下,所以筹集资金应掌握一个合理界限,也就是按照开发项目最低必要资金需要量进行筹集。最低必要资金需要量是指高效益投资项目必不可少的资金需用量和保证开发项目运行正常、高效的最低需用量。

b.通过投资决策分析保证资金投放及时,准确衔接筹资用资时间。资金的筹措要按照资金的投放使用时间和用量合理安排,使筹集资金和使用资金在时间上相互衔接,避免取得资金时间过早而造成投放的闲置或取得资金滞后而延误资金投入的有利时间。

2. 第二阶段:融资决策分析

在这个阶段,项目投资者将决定采取何种融资方式为项目开发筹集资金。融资,取决于投资者贷款资金数量上的要求、时间上的要求、融资费用上的要求以及诸如债务会计处理等方面要求的综合评价,投资者必须明确开发项目融资的具体目标和要求,对项目的融资能力以及可能的融资方案做出分析和比较后,做出项目的融资方案决策。该阶段融资决策分析应达到以下要求:

a.选择最优筹资组合,降低筹资成本。园区综合体开发项目可以采取的融资渠道和方式是多种多样的,不同的筹资渠道和不同的融资方式的难易程度、资金成本、财务风险各不相同。因此,必须综合考察各种融资渠道和融资方式、研究各种资金来源的构成,以求获得最优的融资组合,降低综合资金成本,减小融资风险。

b.保持合理的资本结构和适当的偿债能力。资本结构由自有资本和借入资本构成,各种资金来源组成的比例关系,称为资本结构。资本结构既是决定公司整体资本成本的主要因素,又是反映公司财务风险程度的主要尺度。负债的多少要与自有资本和偿债能力的需求相适应,提高自有资本的收益水平。

3. 第三阶段:融资结构分析

设计项目融资结构的一个重要步骤是完成对项目风险的分析和评估。能否采用以及如何设计项目融资结构的关键之一是要求项目投资者对项目有关的风险因素进行全面分析判断,确定项目的债务承受能力和风险,设计出切实可行的融资方案。融资结构以及相应结构的设计和选择必须全面反映出投资者的融资战略和要求。

4. 第四阶段:融资谈判

投资者起草融资方案,并根据融资方案与银行等融资渠道进行谈判,在谈判过程中对项目的投资结构及相应的内容做出调整。

5. 第五阶段：融资的执行

开发项目的融资,其具体执行内容包括签署融资文件、执行投资计划、投资资金使用控制、融资风险控制,相应内容在后述部分中将详细描述。

表 5.6　园区综合体的融资流程

阶段	主要任务	分解任务	目标及反馈
第一阶段	投资决策分析	市场分析	初步确定项目投资结构
		可行性研究	
		投资决策	
第二阶段	融资决策分析	选择项目的融资方式	明确融资的任务和具体目标要求
第三阶段	融资结构分析	融资成本分析	修正项目投资结构
		融资风险因素分析	
		设计项目的融资结构和资金结构	
第四阶段	融资谈判	选择银行以及其他融资渠道	修正项目投资结构
		起草融资文件	
		融资谈判	
第五阶段	融资执行及资金控制	签署融资文件	全面执行并融资计划
		执行投资计划	
		投资资金使用控制	
		融资风险控制	

5.6.4　融资原则

1. 园区综合体融资应遵循的几项原则

第一,广开财路,即拓宽收益来源渠道;

第二,融资方式应多样化;

第三,根据项目是否盈利及其规模,确定是采用企业融资方式还是项目融资方式;

第四,尽可能从私人资本市场融资。

2. 园区综合体融资的目标模式

园区综合体在融资上应利用好两块牌子,规范公司制运作,明确各类项目的性质,以企业融资为主,以项目融资为补充。

a. 利用好两块牌子。以政府机构的名义,园区综合体能获取政府拨款或特殊资助,能有偿出让广告权等无形资源,甚至能获取政府债券或政府担保的贷款。各园区综合体应结合实际情况,采取有效、可行的融资策略,如中关村科技园以争取政策性贷款为主,苏州开发区则以发行债券、股票上市等作为主要的融资手段。

b. 规范公司制运作。目前,园区综合体的运作还是以政府运作模式为主,企业融资、项目融资的各种方式在园区综合体融资中得到的应用还很有限。随着园区综合体运作更加规范,应由政府运作为主逐步转变为以市场运作为主。管委会的行政管理职能与投资公司的运营职能应逐步分开。与此对应的是,园区综合体的融资也将由政府主导的形式转为市场融资为主(如贷款、发行债券、股票上市)。

c. 明确各类项目的性质。在园区综合体内基础设施及其他配套设施的建设过程中,有各类大大小小的项目,如修路、平整土地、供水、供电等。各类项目都不相同,其中最大的不同就是项目的盈利能力不同。如在园区综合体内修建道路是没有任何收益的,私人不可能来修建。而供水、供电系统,在建成后要向区内务用户收取税费、电费,是可以盈利的,可以委托给私人企业来实施。总的说来,园区综合体的基础设施及配套设施建设中,大多数项目属于非营利性项目,因而应以企业融资为主,以项目融资为补充。

5.6.5 融资渠道选择

园区综合体开发是一种资本、技术、管理密集型的投资行为,开发一个产业地产项目所占用的资金量是非常庞大的,如果不借助于各种融资手段,开发商将寸步难行。因此,融资的成功与否是园区综合体开发的关键。

园区综合体投资的特点也决定了融资必须有计划性、选择性,要根据园区综合体不同的开发阶段、不同的投资主体选择不同的融资方式。同时,作为投资者,要遵循成本收益——风险的原则,在控制融资风险的前提下要有一定的收益,这样,融资渠道才会更广泛。同时,融资渠道作为产业链中的首环,一直以来便是工业地产开发的瓶颈,需要金融业和健全的资金市场作为后盾。然而地产开发的不同项目、不同环节或不同的公司有着不同的风险和融资需求,因此必须对园区综合体的融资途径进行分析,确定最优的融资结构。

园区综合体开发项目可以采取的融资渠道和方式是多种多样的,不同的筹资渠道和不同的融资方式具有不同的特点,因此要在保证资金投放需求,衔接筹资用资时间的基础上,综合考虑开发公司和地方政府的合作状况、开发公司的财务状况、选择不同的融资组合。

（1）产业城融资模式选择

资金是企业赖以生存和发展的生命线,对园区项目开发公司来说更是如此。从项目前期开发、项目运营建设、继续土地获取规模扩张几个阶段,都需要大规模集中使用资金。这些过程都与资金的筹集及运作有关。有时,一个园区地产项目能否顺利进行,或者整个开发公司能否生存与发展,关键在于企业融资能否成功。目前,我国的园区开发企业融资目前面临很多问题,比如有较多的企业因为规模较小,自有资金不足导致融资能力较差;由于目前我国资本市场关于地产开发企业上市要求较为严格,对于大多数开发商来说上市融资的难度大,这条道路很难走通;还有就是地产融资的相关法律法规还不健全等。

产业城的开发同样会面临资金短缺的问题,因此合理地设计融资渠道是一个产业城园区项目成功的关键。自有资金是企业经营的基础,是企业正常生产经营的保证,是经营过程中不可缺少的组成部分,使企业最初的资本形成具有较强的抗风险性,并且成本较低。对于产业城园区项目来说,除了自有资金,首先考虑的融资方式是银行贷款和预收房款两种融资渠道。如安联集团的融资战略合作银行为工行,因此其下属各子公司开发贷款均是从各地工行取得。2011年,安联集团河南境内异地子公司以土地和在建工程抵押取得开发贷款2亿元,贷款期限3年,年利率约为6.98%,山东境内异地子公司以土地和在建工程抵押取得开发贷款2亿元,贷款期限3年,年利率约为6.95%,省内子公司以土地及在建工程抵押取得开发贷款3亿元,贷款期限为3年,年利率约为6.5%;2012年河南境内异地子公司取得开发贷款8000万元,贷款期限3年,年利率约为7.98%,山东境内子公司以土地和在建工程抵押取得开发贷款2亿元,贷款期限3年,年利率约为7.95%,省内子公司取得开发贷款1亿元,贷款期限3年,年利率8%;2013年,安联集团尚有已审批通过未放款开发贷款1亿元。由此可见开发贷款为安联集团的发展提供了重要的资金来源,成为融资工作的重头戏。但是也不难看出随着宏观调控对房地产行业的加剧、银根的紧缩,贷款规模受到了限制,资金的取得过程也变得相当不容易。当前国内房地产企业最主要依赖的融资方式还是商行银行贷款。正因为如此,国家在对房地产行业进行调控时,信贷政策成为政府重点使用的调控手段之一。

预售房款及定金是园区开发企业在预售阶段按照协议的约定向厂房购买者提前收取部分的购房资金。这是园区开发企业比较传统的融资方式也属于内部融资的一种。预收房款还可以划分为以下几种:一次性全额付款、分期付款、首付加按揭贷款。一次性全额付款可以在短期内实现资金的急速回流,但是这种预售方式下开发商要在价格上比其他几种方式下做出更大的让步;分期付款也可以快速实现资金回流但是也极易形成长期欠款给企业带来损失和不必要的纠纷;按揭贷款在价格上优于前两种但是容易受客户贷款条件限制有时回款会较慢。如2011年万通地产在三个城市获取三块土地,整个土地价值为8亿元,万通地产缴纳土地保证金3亿元,两个月内万通地产还需要筹集5亿的土地支付款。按照银行贷款等融资模式是无法解决的。万通地产的两个省内城市子公司和一个省外子公司的项目在同一时期进入预售阶段,万通地产采取了三个楼盘同时PK预售的政策,对涉及的三个城市子公司的项目预售制定相应的销售任务,视销售任务完成情况进行奖惩。PK结果是仅一个月之内三个楼盘预售现金回款达到五亿元人民币,其中一个项目拿出预售部分的住宅产品几乎清盘,这种快速的超强大的现金流的诱惑是绝大多数园区开发企业无论如何都无法抗拒的。

专栏5-4:台湾新竹工业园融资模式

台湾新竹科学工业园位于台湾西北部的新竹境内,地跨新竹县、市两个行政区,占地面积632公顷。新竹科学工业园成立于1980年12月15日,以创建优良投资环境、吸引高科技人才、引进高科技投资为宗旨,目标在于促进台湾产业升级。自创建至今,新竹科学工业园已发展成为当今世界科学园的一个成功典范,被人们普遍视为信息技术时代的一个奇迹。改工业园区的融资模式主要有:

一、政府参与投资及政府资助模式。凡是符合园区引进条件的科技工业,厂商可以申请政府参与投资,出资额最高可达总资本额的49%。代表政府投资的机关有科学技术发展基金或其他开发基金,投资者日后可以购回部分或全部股权。同时,政府对新竹科学园的厂商进行资助,设立新竹科学园区创新产品奖,研发成效奖及产学合作奖。为鼓励新竹科学园区厂商从事创新研究,开发新产品,以提升技术水准,强化产业竞争力,对园区内有自行研发的创新产品的厂商给予最高50万新台币的奖励。

二、银行低息贷款模式。台湾交通银行还可以向园区厂商提供利率低于一般银行2%的中长期贷款,用于购置机器设备或兴建厂房设施,并可依贷款者的需要,允许在贷款后1至3年内开始偿还。

三、风险投资模式。新竹科学园区建成后因没有资金而陷入困境,台湾的高科技企业需要风险投资的扶持,台湾的风险投资被称为创业投资。其特点在于:

(1)对于创业投资公司和资本提供者的税收优惠。对于投资于高技术领域企业的创业投资公司,其营业所得税最高税率为20%。对70%以上资产投资于适用标准的创业投资公司予以税收减免。对投资岛外并引进技术的创业投资公司,可以享受1至4年的免税奖励。投资创业投资公司的股东持股达2年以上者,可根据所投资额20%抵减所得税。当年度不足抵减时,可在以后4个年度内抵减,且抵减金额以不超过该公司实际投资占该公司实收资本比例为限。

(2)政府引导。为鼓励民间投资,台湾"行政院"曾先后于1985年和1991年分别拨款新台币8亿元和16亿元,合计24亿元设立种子基金,并通过台湾交通银行参与创业投资活动。

(3)创业投资公司的界定和投资范围。台湾"财政部"作为创业投资的主管部门,创业投资事业的实收资本额不得低于新台币2亿元,其设立需要经过台湾"财政部"授权的"开发基金管理委员会"专案审查核准后才可设立。创业投资事业的投资范围,以科技事业,其他创业投资实业及一般制造业为限,但对一般创业投资业的投资额不得超过创业投资事业实收资本额的30%,创业投资事业投资于被投资事业的金额,不得超过创业投资事业实收资本的20%。创业投资公司不得投资已上市或上柜的公司股票,只能投资于未上市或未上柜的高科技制造业。

(4)管理运作机制。台湾的创业投资公司采取股份有限公司形式,其组织形态有3种:一是自设基金管理公司进行管理。二是委托专门的基金管理公司进行管理。三是委托其他创业投资公司设立的基金管理公司进行管理。

（5）资金来源。根据台湾创业投资商业同业工会的统计资料，2008 年台湾创业投资事业的资金来源依次如下：40.9% 来源于法人公司，16.58% 来源于投资机构，9.56% 来源于保险公司，9.52% 来源于个人，8.98% 来源于金融控股公司，5.71% 来源于银行，4.83% 来源于政府，3.92% 来源于证券公司。

（6）退出渠道。与美国等发达国家不同的是，除了公开上市，上柜以及并购之外，在我国台湾地区还有发达的"店头市场"，非上市股票的"灰市交易"以及在合同中订有"强制赎回"条款等可供选择的退出途径，使得风险基金所扶持的企业可以随时通过场外交易实现股权流通。

（7）投资阶段与投资偏好。根据台湾风险投资年鉴可知，从各投资阶段的投资额占累计总投资额来看，扩充期投资比例最高，其次为成熟期与创建期。

资料来源：http://www.docin.com/p-1200149500.html.

2. 总部城融资模式选择

总部城的融资模式除了产业城可以采用的融资模式之外，还可以考虑合作开发和民间借贷的模式。合作开发主要是指园区开发企业以资金、其他资产或其他方式与其他组织和个人之间进行合作。通常采用的方式是组成有限公司，组成有限公司有以下形式：一是新注册一个法人公司来开展园区业务。二是园区开发企业出让一部分股份给其他组织或个人，只是股份结构发生了变化。三是开发商与运营商进行合作。不管采取什么样的合作方式，合作开发对合作各方来说实际是各取所需。采取企业合作方式可以加强合作企业间的资源互补、优势互补。在融资市场四处受阻的情况下，合作开发既可以变相融资也可以直接以更少的资本去拓展更多开发资源，并且可以使公司的经营范围拓展到更多的细分市场，减少个别市场未来变化的不确定性分散投资风险、减少竞争；合作开发还可以扩大集中采购的规模，增强公司在采购环节的议价能力，体现规模效应。逆境中虽然合作开发能够帮企业降低风险，有效整合资源，但是合作开发或多或少也面临着一定的风险，需要进行一定的风险防范。应注意从以下几方面进行监控：一是税收筹划，许多开发商合作开发不只是为了融资也是出于避税的目的，因此如果一方纳税筹划做得不恰当，就会导致不但不能节税反而还有可能增加税收负担;二是加强对资金的监管,一定要避免一方的资金被另一方挪用的情况发生;三是成本的控制一定要做好,如果成本把握不好很容易导致合作的不愉快使合作双方产生纠纷;四是在合作开发过程之中,需要加强对于合作项目的工程监管,防止合作一方在施工过程中产生的质量问题,从而对整个项目造成影响,对其他合作方的品牌形象产生负面影响。

民间借贷是指通过向公司内部员工及其他关系人直接借款,双方约定利率、还款期限。这种方式相对于其他融资方式更直接也更简单,由于目前银行存款利率较低,而 CPI 指数逐步走高,居民储蓄存款收益实际每年都是负数。但是民间借贷利率比银行贷款利率还高,此种情况下,老百姓自然将一部分资金投放到民间融资渠道上,获取更高的收益。这样也有利于房地产开发企业吸收部分社会闲散资金,但是由于范围较小,可以筹集到的资金有限。

专栏 5－5:苏州工业园融资模式

作为中国与新加坡政府的重要合作项目,苏州工业园区于 1994 年5 月破土动工,经过 13 年建设,在成为具有国际竞争力的新科技工业园和现代化、园林化、国际化的新城区的发展道路上取得了国内外公认的成就。其中,国家开发银行成功的投融资方式在园区建设中发挥了重要的基础性作用。

一、园区初期开发困难重重

从园区开发伊始,就以"先规划后建设"为核心理念,斥资千万,邀请世界著名设计公司,对园区进行了整体规划。在 70 平方公里的园区土地中,工业用地占 35%,商住、教育 25%,道路绿化 26%,市政公共设施 12%,其他 2%。园区理事会规定,未来的开发要严格按照规划,做到有序、合理,保证未来园区的均衡、可持续发展。

尽管制定了科学合理的建设规划,然而,由于当时缺乏一个完整的投融资体制和成熟的融资平台,园区的开发出现了很大困难。一方面,新方持续提供大量资金并不现实;另一方面,中方财团财政融资和信贷融资不分,难以适应前期基础设施投资和项目收益平衡的基本需要。园区的开发进程十分缓慢,70 平方公里的规划面积,至 2000 年仅仅完成了 8 平方公里。在亚洲金融危机发生之后,新方决定收缩在园区中的职责和投资,中方将全面负责园区的环境改造、基础设施建设、地面设施建设、招商引资等职责,新方则转向提供人员培训等辅助职能。巨大的资金"瓶颈"摆在园区发展面前。

二、开行全力支持苏州工业园区开发

中国政府仍然没有放弃开发园区的信念和努力,积极选择投资主体。这时,长期致力于支持国家基础设施、基础产业、支柱产业、高新技术产业发展和国家重大项目建设,兼顾政府政策目标和市场运行方式的开行成为首选。

开行的进入,代表了中国政府对中新合作的努力,增强了各方对园区建设前景的信心,迅速破解了基础设施建设的资金"瓶颈",有力支持了园区的持续发展。从 2000 年开始,开行先后向园区承诺了四期贷款,累计承诺额 194.11 亿元,累计发放额 134.5 亿元,占到园区基础设施建设累计投资的 1/3,成为名副其实的园区开发建设的主力银行。

第一期贷款:介入金鸡湖治理,恢复信心

金鸡湖治理是园区开发的一道难题,没有直接的经济效益,但是环境的改善,对促进园区招商引资和持续发展,培育长期资金流,具有极大的推动作用。于是,2000 年开行在园区发展的"关键时期、关键领域、关键项目"上贷款 4.9 亿元,经过环湖截污、引水排水、生态治理、湖周绿化、湖底清淤、湖水净化等各项治理措施,使金鸡湖成为全国最大的城市湖泊公园,提升了园区整体形象,为园区的长远发展奠定基础。

第二期贷款:园区二、三区基础设施建设,形成融资平台

2000 年,园区计划进行二、三区基础设施建设,但此时,没有一个接受贷款、推进建设和履行还款的商业性机构。经过双方反复研究,最终创造出一种崭新的制度安排:政府设立商业性借款机构,使借款方获得土地出让收益权,培育借款人"内部现金流";同时通过财政的补偿机制,将以土地出让收入等财政性资金转化为借款人的"外部现金流",使政府信用有效地转化为还款现金流。2000 年,园区"地产经营管理公司"成立,下设苏州工业园区土地储备中心。2001 年开行向地产公司承诺 20 亿元贷款,园区二、三区在 30 平方公里建成区达到"九通一平"的国际水准,使滚动开发顺利展开。

第三期贷款:配套功能园区的建设,实现效益的综合平衡

在基础设施全面建设的同时,园区土地开发,产业引进,招商引资

等各项事业全面发展。2003 年,开行向园区承诺贷款 102 亿元,分别用于独墅湖高教区、国际科技园、现代物流园、商贸区以及高科技创业投资等领域,全面支持园区形成"一区多园"的开发体系,完善了功能配套和科技服务的软环境,增强了园区的科学发展能力和国际竞争力,推动园区内各功能区的效益综合平衡,协调发展。

第四期贷款:提升园区整体功能效应,实现可持续发展

为缓解苏州南部交通紧张状况,提升园区城市整体功能效应,增强城市集聚辐射能力,2006 年实施南环快速路东延工程项目,开行承诺贷款 15 亿元。2007 年实施了阳澄湖区域基础设施工程项目,开行承诺贷款 30 亿元。

以上几个阶段的融资支持反映在表 5.7 中

资料来源:http://wenku.baidu.com/view/b752aa8371fe910ef12df83e.html.

表 5.7　苏州工业园融资阶段(资金单位:亿元)

阶段	年份	项目名称	承诺额	06 余额	存在问题	解决措施
第一阶段	2000	沪苏口岸项目	1.41	0.9	项目没有任何直接的经济效益,投资前景不确定	充分论证,培育长期资金流
	2001	金鸡湖环境治理工程	5	0		
		园区二、三区基础设施建设项目	20	10.9		
第二阶段	2003	高科技创业贷款项目	20	11	不具备一个接受贷款,推进建设和保证还款的规范的商业性机构	设立融资平台
		二、三区基础设施建设增贷项目	35	30		
第三阶段	2004	独墅湖高等教育区基础设施项目	9.7	7.5	园区功能不完备,招商困难	帮助园区形成了"一区多园"的开发体系
		国际科技园区二、三区基础设施项目	7	4		
		现代物流园区基础设施项目	2.5	2.5		
	2005	基础设施完善工程	48.5	35.543		

续表

阶段	年份	项目名称	承诺额	06余额	存在问题	解决措施
第四阶段	2006	南环东延工程	15	7.5	苏州南部交通紧张状况	推进苏州工业园区城市化进程
		阳澄湖基础设施项目	30	0		
		贷款合计	194.11	109.843		

3. 都市城融资模式选择

都市城在园区综合体当中资金需求巨大、建设周期长,风险也相应加大,可以考虑信托融资和债券融资。信托融资条件并不十分严格,投入资金较低,通过信托融资,对一些园区项目开发企业而言,其自有资金低于开发项目总投资金额的35%,因此可以通过信托机构取得一部分项目开发所需资金。对社会的闲散资金统一进行投资信托业务,把资金投入到需要资金的项目上,信托公司有比较专业的工作人员,会对其投资行为进行预期效益分析,这些资金可以解决园区企业融资难、融资渠道单一问题,另外也可以优化地产业的资金结构和产品结构,为投资者提供了较为可行的通道,使其明确地参与投资和收益分配。信托业务解决了融资难的问题,使投资可以选择的范围更大,资金有较为明确的流动通道,此举很好地发展了我国地产融资,为中小园区项目开发企业解决了实质性的资金难题。如2011年紫薇地产与交银信托,方正东亚信托和平安信托相继合作成立了3款信托产品,募集资金分别为3亿元、2亿元、5亿元,共计10亿元,融资成本超过1亿元。

专栏5-6:万通的信托融资术

2011年上半年,万通地产现金为1.27亿元,但2008年至2010年,这一指标分别为1.32亿元、4.08亿元和10.27亿元。这意味着在半年的时间内,万通地产的现金骤降9亿元,即使与2010年上半年相比,亦下降了86%。然而,目前,万通地产已在房地产企业的融资困境中有效突围。它是如何做到的?

第一步,成立基金公司,通过信托融资

2011年9月,万通地产与华润深国投信托有限公司(简称:华润深国投)共同发起设立万通核心成长股权投资基金(简称:万通基金),期限为3年,基金规模为3.726亿元。

其中,双方皆作为有限合伙人(LP)加入基金,万通地产出资1860万元,华润深国投发行信托计划募集资金3.5亿元,期限为3年。

万通深国投(深圳)股权投资基金管理有限公司(简称:万通深国投)作为普通合伙人(GP)认购400万元基金份额。

万通深国投成立于2011年9月19日,由北京万通地产股份有限公司全资子公司和华润深国投信托有限公司全资子公司各出资250万元人民币组建,持股比例各为50%。从时间点看来,万通深国投成立的主要目的是为了认购万通基金。

而在基金退出途径上,由基金和万通地产在市场上寻找合适投资人,以收购万通地产全资子公司北京万通时尚置业有限公司(简称:万通时尚;该公司目前经营万通中心D座物业)100%股权或整栋购买项目公司物业方式退出,信托有限合伙人年化收益率实现超过20%以上,收益部分归万通地产有限合伙人。若32个月后,仍未找到合适投资人,则由万通地产回购基金持有股权,保证信托投资人实现年化8%的收益率。

上述新建投资基金将发行"华润信托·万通城市商业中心基金项目集合资金信托计划"(简称:华润信托万通计划),资金通过加入万通基金合伙企业(有限合伙)作为对合伙企业的出资,并成为合伙企业的有限合伙人的方式投资于万通时尚D座物业。

此外,北京万通地产宣布为其全资子公司万通投资私人有限公司提供约7680万人民币的担保。

第二步,左手倒右手,小成本获大资金

随后的10月份,万通地产以28367万元的交易对价,将持有的万通时尚49%股权转让给万通基金。此外,万通地产同时将万通时尚的8860万元的债权也转让给了万通基金。

在设立地产基金不到1个月内,万通地产就通过向万通基金出售子公司股权,获得了37227万元资金。华润信托万通计划融资标的万通中心写字楼D座,是万通地产2008年以6.7亿元从关联公司万通房地产开发有限公司手中购得,经营模式为只租不售,目前万通地产总部就设在该写字楼内。在收购时,万通地产曾预测该写字楼将在2008年~2012年共计为公司带来租金收入3.24亿元,净利润约6000万元,是一项优质的商用物业资产。不过,按照此次收购价格计算,以 2.84 亿元出售 49% 的股权加上 8860 万元债权计算,整体的股权价格依然约为 6.7 亿元,与 3 年前收购时相比,几乎没有溢价。出售 49% 的股权后,另外 51% 的控股权仍然掌握在万通地产手中。这样一来,一方面董事会成员绝大多数源于万通地产,便于写字楼的后续经营;另一方面,该写字楼的租金收益还能够合并入万通地产的报表中。一个是全资子公司,一个是控股 50% 的公司,万通地产以 1860 万元和 250 万元合计 2110 万元,就换来了 37227 万元资金。在这次交易中,万通地产没有使用资产抵押、债务负担和高息贷款,只是透过"左手倒右手"的技巧,漂亮地以低成本获取高额资金。

万通融资成功的几个要点:

一、万通地产的房地产项目通过万通基金融资,万通基金是一个有限合伙企业,华润信托万通计划通过募集的资金投资到万通基金,万通基金为万通地产提供资金支持。

二、从这次万通地产的融资路径看来,不但采用了信托融资模式,而且从华润信托万通计划中回购资金,利用股权和债权以实现曲线融资,即"融资 + 回购"的方式。

三、在这个案例里,万通基金相当于一个 SPV(特殊承载体)的中间角色,万通基金是万通地产实现曲线融资而专设的资产运作平台,万通地产的这笔融资本质上就是房地产信托融资,只是借道基金来实现。以基金作为缓冲带的这种形式不但低成本获得所需资金,而且规避了当前房地产信托的一系列风波以及政策层面的压力,达到融资的目的,其手法值得房地产企业借鉴。

资料来源:http://www.cnki.com.cn/Article/CJFDTotal - JLRZ201202025.html.

4. 园区综合体三种产品的融资策略比较

(1)产业城:寻找市场机遇,获取基金投资或兼并。

产业城开发企业一般都是由于市场的兴旺,由于自身对市场敏锐的观察力,抓住某个机遇而迅速崛起的群体,具有极强的机动性,同时也是最缺乏项目经验、开发资金的群体。虽然小开发企业的行动力迅速、市场敏锐,能够抢占市场先机,但园区地产开发的巨额资金和长周期往往会使小开发企业对宏观政策的变动和市场的趋势提心吊胆。

融资渠道的选择需要注重:

a.发挥开发模式灵活和处于成长期的两大特点,寻找好的项目来吸引产业投资基金和大型开发企业。

b.通过股权转售或合作开发,寻找共同的合作伙伴,一方面解决自身的融资难题,另一方面吸收更专业的开发团队进入项目,提升自身经验和实力。

c.利用民间资本和其他融资渠道。建立有开发企业主导的私募投资基金,吸引民间社会资本共同分享产业地产发展的成果。

(2)总部城:融资创新,发挥专业性。

总部城开发企业在市场上发展相对稳定,属于追随市场的群体。这一群体的抗周期能力比较弱,在紧缩的宏观调控或经济下行期内,中等规模的开发企业无法快速应变,同时又缺少足够的资本支撑,最终哀鸿遍野。

园区地产的总部城开发企业虽然没有雄厚的资本,但一直专注于某一类型园区地产的开发,使得其更具有专业化,在某一领域具有良好的口碑。即使在实力、信誉、资产等各方面都与大型开发企业无法比拟,在融资时受到诸多硬性条件的限制,但其本身的专业性和个性化,也受到市场看好。

融资渠道的选择需要注重:

a.专注于专业本身,重点发展专业领域的个性化,在行业内建立起自己的口碑。

b.寻找合适的同等规模的企业兼并或收购,整合资源实力。

c.关注融资市场的创新工具,以金融创新的融资渠道来构建资金链。

(3)都市城:整合实力,广融资金。

都市城园区地产开发企业在市场上具备了一定的知名度和项目经营,本身资本雄厚,又有足够的土地储备和优质资产,在融资市场上更容易获得资金,渠道也相对多元化。受到我国整体房地产融资市场的发展制约,大型开发企业的融资渠道中也有相当一部分是银行贷款。经过多年项目开发经验和融资渠道的拓展,大型开发企业已经完成了最初的原始资本积累,手中有大量优质的园区地产项目,开拓了融资渠道和网络,在融资市场上逐渐掌握了 IPO 上市、股权增发、REITs 上市、抵押贷款担保证券、私募基金等多种融资渠道,得到了融资市场的认可。

融资渠道的选择需要注重:

a.整合自身优势资源,进一步发挥和扩大,完善和健全融资结构。

b. 通过自己的市场影响力,关注和推进融资市场金融创新的发展。

c. 在政策范围内尝试国外其他先进的融资渠道,为行业发展做出表率,在融资市场上建立自己的声誉。

5.6.6 投融资发展建议

近年来,随着国家对房地产市场宏观调控的持续进行,住宅地产与商业地产逐步回归理性发展的轨道。与此同时,工业地产逐步兴起,并有可能成为"下一个高地"。当前,我国工业地产正迎来全面发展的新阶段,据《2013 ～ 2017 年中国工业地产行业发展前景与投资战略规划分析报告》的相关数据显示,在多种因素的影响下,我国工业地产需求正在稳步上升,投资价值开始逐步显现,与此相对应的是,我国工业物业的租售价格稳步上升。然而,现实情况中,虽然具有受调控政策影响较小、市场波动范围相对较小、项目偿债能力强以及收益比较稳定可靠(工业地产的投资回报率可达到 15%)等特点,我国工业地产仍然面临着融资难的问题。园区综合体作为工业地产开发的一种形式,在实践开发运营过程中面临的融资难问题往往体现为以下几个方面:

a. 融资渠道单一,集中在商业银行贷款。银行贷款一直以来是我国包括工业地产在内的房地产企业资金的主要来源。随着国家宏观调控措施的收紧,园区综合体开发企业资金来源单一的问题更加凸显。

b. 股票、证券、基金等资本市场的成熟度和发展程度还不够高,无法为我国园区综合体开发企业创造更多的、低成本的、可达到的融资方式。

c. 民间借贷市场比较分散,且成本高。工业地产开发企业的资金来源的一部分依赖于民间借贷,这不仅抬高了融资成本,增加了融资的不确定性,而且也给地方金融乃至国家金融体系带来一定的风险。

因此,对于园区综合体开发企业如何及时解决融资问题、找到资金来源、拓宽融资渠道,已经成为企业在新阶段如何把握机遇的关键问题。在理论和实践总结的基础上,几种工业地产融资的创新模式,如 REITs 融资模式、供应链融资模式、项目融资模式等。但是,必须认识到,工业地产的开发是一个非常具有实践性的领域,其融资过程又往往牵扯到诸多主体乃至地方政府部门,因此,如何正确选择和运用创新融资模式就必须引起我国工业地产开发企业的重视。

1. 谨慎选择融资模式,正确处理多方关系

由于所有的创新的融资模式并非都适合任何一家工业地产开发企业,所以

需要谨慎选择融资模式。事实上,并不存在完美无缺的融资模式,所有的模式都是有利有弊,区别只在于,其具体运用于融资实务时,是利大于弊还是弊大于利,以及如何规避弊端,扩大优势。园区综合体开发企业必须结合企业和项目的实际情况,在选择某一融资模式之前,必须做好准备工作。园区开发企业可以借用SWOT战略分析工具,深入理解和掌握某一种融资模式的特点,同时对地产项目的开发进行深入调研,掌握一手数据,这样才能更好地选择合适的融资模式,防止囫囵吞枣,损害企业的经济效益。

与住宅地产和商业地产不同的是,园区综合体的融资过程往往牵扯到十分多元的主体,复杂的关系网络,因此,需要正确处理多方关系。首先,园区的开发往往与地方政府部门息息相关。目前,我国国内的园区开发的模式往往是在政府主导下开发和经营工业园区,因此,园区综合体的融资需要与地方政府做好充分的沟通和协调工作,保持信息的畅通。其次,园区综合体的融资模式可能需要涉及未来的客户,也就是工业企业,例如,项目融资过程中,工业地产的驻户本身就可以参与进行投资和融资。因此,如何把握这些工业企业的需求,满足其对园区综合体开发过程中的个性化要求,对于园区综合体的成败是至关重要的,同时也直接影响融资的效果。总之,园区综合体开发企业在融资过程中、开发建设过程中、经营过程中,必须始终牢记关系管理,维持与政府、工业企业、商业银行等金融机构、原材料供应商以及建设工程公司等多方主体的良好关系。

2. 寻求政府政策支持,改善园区融资环境

融资政策是指政府对各级企业在融资过程中给予的政策支持。园区综合体目前的融资模式单一,因此要积极寻求融资政策的支持。银行贷款长期以来都是园区地产的主要融资方式,政府要制定相应的政策支持园区综合体能够从银行获得贷款。同时对于园区综合体的贷款利息,可以财政补贴以减少园区综合体开发企业的资金压力。

从各国园区综合体开发企业融资体制看,政府政策的作用关键在于通过提供政策性的担保,补贴或资金支持,降低金融机构对地产企业融资的风险和成本。同时让金融机构承担一定的风险,既避免了政府的直接干预,又利用了金融机构专业的识别能力,发挥了市场对资源的基础配置作用。目前,国内一些运作良好的机制,通过利用政策杠杆,发挥市场作用,实现市场交易各方互利共赢、风险共担、风险和利益相平衡。

园区综合体的发展要减少融资的风险就必须寻求多元化的融资方式。除了

银行贷款外,园区综合体可以债券融资、上市融资、设立工业地产投资信托基金等。总体来说地产融资从房产融资中独立出来,作为一个独立的房地产融资品种,在我国尚处于起步阶段,随着我国土地流转制度改革的进一步完善和房地产市场的发展,地产融资的需求将进一步扩大。地产融资和房产融资往往是紧密相连的,单独对地产融资进行规范管理对维护地产市场的平稳发展至关重要,因此,制定合理的、专门的地产融资政策是必要的。

在当前国家实行的货币政策下,工业地产要想获得融资,必须进一步改善融资的环境。融资环境的改善是一个系统性的工程,需要政府,银行,企业的共同努力。

①政府要充分发挥现有政策的引导、激励作用,以及协调职能外,还可以考虑融资方法和融资平台的创新。鼓励园区综合体开发企业采用多种融资平台进行融资,发展工业地产基金,培养和健全工业地产票据和债券等债权融资市场,如票据融资,使资金流转加快,减少了资金占用,通过背书转让就可完成结算,在资金紧张时,可以通过票据贴现取得资金;再如通过集团内部融资,灵活调剂子公司之间的资金余缺,提高了内部资金的利用效率,节省了财务费用。大力发展融资租赁和项目融资等不需在资产负债表中反映也不影响企业资信状况的表外融资方式。工业地产还可以尝试项目融资,利用其多元融资和风险分担优势使得某些财力有限的公司参与更多的投资,以最低的成本和风险来获得项目的收益,提高自身融资能力。信用担保机构在缓解企业融资中发挥了积极作用,但目前数量少、实力弱、作用还不明显,政府管理部门应适度放宽发展条件,加大支持力度,让担保公司在工业地产的融资中发挥更大的作用。

②银行应该拓宽园区综合体开发企业的抵押物范围。国有商业银行和股份制银行应进一步完善信贷的财产抵押制度和抵押物认定办法,拓宽抵押物的内容。如将园区综合体开发企业应收账款、仓单、知识产权、股权等作质押,可不同程度地缓解中小企业贷款抵押不足的矛盾。银行还需要简化流程,提高审批效率,降低融资成本。对于工业地产的发展,由于有政策的支持,因此银行应该对工业地产的贷款提供更多的便利。

a. 商业银行要引导园区综合体开发企业打造良好融资环境。要帮助企业树立良好的形象和信誉,要健全企业财务制度,提高财务信息的透明度和可信度,使银行或投资者随时了解企业的财务信息,增强对企业的信任感。企业要按时还本付息,加强资金管理,制定有效的应收账款管理制度,加快资金回笼,保持合理的贷款水平。园区综合体开发企业要努力与大公司联合,成为长期合作的伙伴,借助大企业的信誉为自己担保获得银行资金。要带动园区综合体开发企业加强与商业银行的联系,时常通报企业的生产、经营情况,企业的资金运转情况,争取商业银行的信任,并按金融机构的信用评定标准来规范企业的各项规章制度及各种企业行为。

b. 商业银行要拓宽直接融资渠道。要引导园区综合体开发企业转变融资观念,逐步降低对间接融资的依赖,加大直接融资的比重。要鼓励园区综合体开发企业,利用短期融资券、集合票据、集合债券等直接融资产品融通资金,降低融资成本。要培育园区综合体开发企业积极寻找风险投资。

c. 商业银行要积极创新金融产品和服务。商业银行要积极探索在园区综合体开发企业推广融资新品种、担保方式创新、信贷流程优化、信贷资源配置等方面举措,当好金融服务专家。要借鉴发达地区金融机构的做法,突破体制、机制、考核、产品对园区综合体开发企业融资的限制,改革传统信贷业务模式,创新信用评估贷款审批、贷后管理制度,开发财务预算适合园区综合体开发企业需求特点的金融产品,实现批量化、规模化信贷运作,降低单笔授信成本,为特定产业的园区综合体开发企业群体提供更具特色、更加专业的服务。应及时修改企业信用等级评定标准,降低企业资本金、资产总额、销售收入等项目对企业评级的影响,制定适合园区综合体开发企业实际的信誉评价标准和风险评估标准,为企业获得贷款创造条件。

③要建立园区综合体开发企业社会信用体系,加强商业银行对园区综合体开发企业信用系统建设的领导,深入开展企业信用评级。同时,商业银行要对企业增信、维信、用信知识培训,对经信用培植达到授信标准的要及时跟进信贷支持。

第一,园区综合体开发企业本身首先要建立并保持良好的信用档案和诚信机制,找一家合适的金融机构作为主办行,建立良好的长期合作关系。

第二,园区综合体开发企业必须规范管理,平时就应做好融资所需的资产档案管理和财务等相关必备资料,注重合法抵押物的建设。

第三,园区综合体开发企业必须要有科学合理的发展规划和资金需求规划。在投资前要考虑到留存资金的提取,以应对扩大再生产的资本需求和特殊时期的非常之需。

第四,转变经营管理理念,在确保自身发展前景的同时,寻找战略合作伙伴,进行有效的互补整合,提升企业的核心竞争力,比如转让股权,引进合作发展基金等。

园区综合体开发企业还要改变融资观念,加强融资管理。市场经济条件下,企业融资是多渠道的,必须改变融资观念,加强融资管理,拓宽融资渠道。当前,工业地产开发企业还很不适应市场经济条件下融资发展的要求,一方面融资机制不活,另一方面融资方式单一;工业地产开发企业应改变过去完全依赖银行融资的思维方式,改变那种等、靠、要的融资行为。在融资过程中,必须牢固树立市场观念、效益观念、成本观念、风险观念和法制观念。

总之,区综合体项目开发企业要扩宽融资方式首先要积极寻求优惠政策,获得政府对园区综合体开发企业发展的支持。要积极寻求政府的土地政策,财政政策和融资政策的支持,获得政府对园区融资方式的认可,通过政府的政策支持减少融资的障碍。同时政府还必须在融资的法规体系建设和融资环境的改善方面发挥积极的作用。园区综合体开发企业要减少融资的风险就必须寻求多元化的融资方式,可以考虑的融资方式有债券融资,上市融资,设立私募基金,设立工业地产基金,房地产投资信托基金等。

3. 规范园区投融资体制,搭建园区投融资平台

建立规范的园区综合体的投融资体制需要做到以下几点:

首先,需要加强项目融资的法律体系建设。我国需要在现有的立法基础之上,借鉴国际上项目融资的立法经验,多种法律多层次的构建项目融资法律体系。完善的项目融资法律体系需要对项目各个参与方的责任和义务给予严格清晰的确定,使项目融资在具体操作中做到有章可循。各地方政府也应该建立适合地方经济发展需要的项目融资法律法规,促进地方项目融资的健康发展。

其次,需要建立统一的项目融资管理机构。鉴于项目融资将在我国今后的经济建设中发挥重要作用,我国中央政府需要建立一个统一的项目融资管理机构,制定明确的审批程序,设置专门的机构(比如地方项目融资管理机构)来协调和管理,对项目融资的规划以及主办人、贷款人的资格等进行严格规范的审核,确保项目实体成立后能够按要求进行和完工。

再次,信用体系的构建。完善的信用体系,是成熟市场经济的重要标志。应该尽快建立以行业体系为基础的、服务全社会的社会信用体系,各体系的建立必须遵循统一政策、统一规划、统一标准,由各地各部门先行试点,逐步快速推进。建立以企业信用制度和个人信用制度为主的社会信用体系,将对我国经济的投

融资活动具有重要意义。

最后,规范引入民间资本。国家应该建立一个专门的渠道,用于吸引民间资本参与到项目融资活动中。国家应该鼓励民营企业以及个人以合作、联营、参股、特许经营等方式,投资于有效益、回报比较稳定的电力、交通等基础设施项目。这样不仅可以让民间资本分享到经济建设的利益,也可以缓解我国正规金融体系外的民间金融带来的压力。

资金是企业的"血脉",中小企业普遍存在融资困难,而扩大产业链上的投资是做强产业的关键。目前工业企业的投融资手段不足,主要依托城市相关金融体系,但是这样的金融服务和环境不能有效适应工业园区的资金要求。园区需要一套适应企业发展需要的专门投融资平台,以及符合工业园区特点的相应金融产品和工具。工业园区的投融资平台集中介机构、产权交易、风险投资为一体。利用广泛的网络和信用担保体系,推动产业资本、金融资本跨地域的最优化配置。搭建完善的园区综合体投融资平台需要做到以下几点:

第一,组建投融资主体。首先,组建若干工业地产开发企业。以产权为基础,资本为纽带,吸引和鼓励社会资本进入工业地产开发领域。其次,设立工业地产投资基金。政府引导,社会参与,共同组建工业地产投资基金,按照专业化、市场化的原则投资回报高、效益好的工业地产企业或项目。

第二,投融资政策支持。一是开发贷款。商业银行优先对工业地产开发企业给予不超过其实收资本 $3 \sim 5$ 倍的开发贷款,并安排地方财政给予 50% 的贴息补助。二是按揭贷款。商业银行应顺应新型工业化发展趋势,积极探索工业地产金融创新,制定标准流程,简化手续,开展工业地产按揭业务。三是引导各金融机构开发的产业基金、信托、融资租赁、债券等金融产品投向工业地产领域。

第三,配套支撑。国土、房管等相关职能部门参照《城市商品房预售管理办法》及《房屋登记办法》,完善工业地产登记制度,为工业地产开发经营、预售许可、产权分割、融资担保、物业管理等提供制度保证。

5.7 园区综合体的投资风险控制

5.7.1 投资风险分析方法

园区综合体投资项目的风险分析就是在项目实施前,对实施方案中存在的风险性质、大小、后果进行分析,寻求减少风险的途径,对方案做出全面评价。风险分析的内容一般分为三个步骤:风险识别、风险估计、风险评价。

风险识别就是从系统的观点出发,横观投资开发涉及的各个方面,纵观开发建设的发展过程,通过一定的方法,对大量来源可靠的信息进行分析,对存在于项目中的各种风险根源或是不确定因素按其产生的背景原因、表现特点和预期后果进行定义、识别,对所有的风险因素进行科学的分类,找出影响项目风险管理目标实现的风险因素,分析风险产生的原因,筛选确定项目建设过程中应予以考虑的风险因素的过程。

风险估计就是估计风险的性质、估算风险事件发生的概率及其后果的大小,以减少项目的计量不确定性。风险估计必须做到:首先,确定项目变数的数值和计量这些变数的标度。其次,查明项目进行过程中各事件的各种各样后果以及它们之间的因果关系。根据选定的计量标度确定风险后果的大小。同时还要考虑那些有可能增加或减少潜在的威胁,真演变为现实的概率大小及所有转化因素,如果潜在的威胁真演变为现实,则须考虑后果的严重程度。风险估计有主观和客观的两种。客观的风险估计以历史数据和资料为依据。主观的风险估计无历史数据和资料可参照,靠的是人的经验和判断。一般情况下这两种估计都要做,因为现实项目活动的情况并不总是泾渭分明,一目了然。对于采用新技术的工程项目,由于新技术发展飞快,以前项目的数据和资料往往已经过时,对于新项目失去了参考价值。

风险评价就是对各风险事件后果进行评价,并确定其严重程度顺序。评价时还要确定对风险应该采取什么样的应对措施。在风险评价过程中,管理人员要详细研究决策者决策的各种可能后果,并将决策同自己单独预测的后果相比较,判断这些预测能否被决策者所接受。各种风险的可以接受或危害程度互不相同。风险评价方法有定量和定性两种。进行风险评价时还要提出防止、减少、转移或消除风险损失的初步办法,并将其列入风险管理阶段考虑的各种方法之中。

风险分析是进行风险管理的基础,是风险管理的主要内容。只有采取正确、科学的风险分析方法,做好风险的分析工作才可能做到对项目较好的风险管理,达到减少风险损失,获得较高安全保障的目的。

5.7.2 投资风险类型

1. 自然风险

自然风险是指由于自然因素的不确定性对园区综合体的开发和经营过程造成的影响以及产生直接破坏,从而给园区综合体开发商和经营者造成经济上的损失。如地震、洪水、风暴、雷电、海啸、旋风等。这类风险出现的机会较低,但是一旦出现,造成的危害相当严重,轻则增加成本、延长回收期,重则导致投资的彻底损失。对于这些危害的防范,开发商一般可采用投保的方式来减少或避免损失。但是,投保之前,如果能对该地区的环境条件、天文资料、地质地貌、气候条件等做一定的了解分析,可以减少投保成本,增加投资收益。

2. 政策风险

政策风险是指由于国家政策的潜在变化给园区综合体开发商与经营者带来各种不同形式的经济损失。政策对园区综合体的影响是全国性的,因而由于政策的变化而带来的风险将对园区综合体市场产生重大影响。

①政治环境风险。目前,我国的政局相对比较稳定,在近期内台湾问题也不会影响到我国的整体稳定的政治环境,所以该风险在我国内发生的概率非常小。

②产业政策风险。产业政策风险是指由于产业政策的变化和产业结构的变化导致开发商所面临的风险。目前,国家鼓励建立生态工业园区,构建新型物流产业,这些政策无疑将影响未来我国园区综合体的需求结构。

③土地政策风险。土地政策风险是指由于国家对于土地的获得和使用制度的相关政策发生变化时而给园区综合体开发工所带来的损失。自2004年全国清理工业园区起,当年多达8000余个的工业园,只剩下如今的2000多个,保留下来的园区中土地的价值开始逐渐体现。加上产业整合的需要,不少跨国公司将其中国地区总部或研发、测试部门和生产车间等,从市中心移至公交系统和社区服务较为成熟的城市外围地区,工业厂房设施的需求因此大增,带来了园区综合体巨大的投资机会。

④此外,还有税收、金融、环保政策的变动,都会给园区项目带来不确定因素,形成风险。

3. 经济风险

①市场供求风险。市场供求风险是指由于园区综合体市场上供给与需求之间的不平衡而导致的开发商或经营者的损失。它是园区综合体市场中最重要、

最直接的风险之一。目前我国园区综合体由于市场供需不平衡所带来的损失比较严重,具体表现为较高的空置率。例如,2001 年初在北京市通河区马驹桥镇建成的华通物流园一号仓库,其建筑面积达 2.3 万平方米,拥有 2.29 万个标准货位、2300 个国际标准的货物托盘和 60 多套各式现代化机械设备及智能化仓库管理系统。开业一年间,这家全国最大、设施最先进的物流园耗巨资兴建的高科技仓库却未能与外界签下一笔真正的商业合同,整个物流园显现出运作危机。

②财务风险。财务风险是指由于各种财务因素发生变化而给园区综合体开发商和经营者所带来的各种损失。财务风险主要体现在通货膨胀风险、利率变化风险、资金变现风险、开发费用风险和税率风险等。目前,我国房地产企业的资产负债率平均仍高达 75.7% 以上,远高于 60% 的警戒水准。园区综合体不同于住宅地产,其开发与运营期均要比住宅地产长得多,而园区综合体的资本金主要是靠租金来回收,因此它的资金变现能力比住宅地产还要差,此方面的风险更高些。另外,在运营期间,通货膨胀率、利率以及税率的变动概率也相对较高,对于开发商来讲,由此部分所带来的风险比较难以管理。

③融资风险。融资风险是指融资方式和条件发生变化对开发商和经营者的损失,本书中针对我国园区综合体融资的实际情况,主要分析园区综合体开发商在融资过程中由于融资渠道过于单一而产生的风险。目前,我国国内的资本市场发展不充分,房地产证券化发展也比较缓慢。除少数上市公司以外,绝大多数园区综合体企业对银行信贷的依赖程度较高,依赖水平平均在 70%~80% 左右,部分大型城市开发商对银行信贷资金的依赖度已超过 90%,而开发商的自有资金所占比重相对过少。据统计数据显示:国内大部分开发商自筹资金比例普遍偏低,平均不到 30%。由此可见,园区综合体的融资渠道过于单一,大部分资金来源于工业银行贷款。如前面所述,园区综合体不同于住宅房地产,它的开发与运营期要比住宅房地产长得多,而且在运营过程中还需 2 到 3 年的过渡期。因此,在此期间融资渠道或银行贷款利率变动的概率非常大,而一旦贷款利率上浮,势必会增加开发商和经营者的资金成本,从而增加其财务风险。

④运营风险。运营风险是指园区综合体在运营过程中由于开发商自身所采取的运营模式不符合园区综合体的正常运作规律,进而造成经营状况差、租金无法回收等经济损失。这里所指的正常运作规律是指开发商在开发运作过程中,首先应对园区综合体进行统一规划和出租,然后聘请经验丰富的经营管理者对物业进行统一经营和管理,最终通过租金的收入来回笼资金,实现投资收益的最

大化。目前,国内的部分园区综合体开发商多是由原来的住宅地产商转变过来的,缺乏足够的资金来保障项目后期的物业运营。而且,开发商对于园区综合体缺乏足够的认识,许多根本不懂园区综合体的管理运营,国外的经验告诉我们物业管理是决定园区综合体成败的关键因素。另外,国内的园区综合体开发商们没有考虑不同业态和不同的工业形态对园区综合体有不同的需求,而是盲目地套用自己熟悉的住宅开发模式,按同一模式开发,最终导致开发与经营脱节。

4. 技术风险

技术风险是指由于科学技术的进步、技术结构及其相关变量的变动给房地产开发商和经营者可能带来的损失。比如,科技进步可能对房地产商的适用性形成威胁,迫使开发商追加投资进行房地产的翻修和改造。主要包括建筑材料变更风险、建筑设计变更风险、工期拖延风险和施工事故风险,这些都是在园区综合体中需要考虑的因素。

5. 社会风险

社会风险是指由于人文社会环境因素的变化对房地产市场的影响,从而给开发商和经营者带来损失。园区综合体的社会风险因素主要有治安风险、公众干预风险和拆迁安置风险三种子风险因素。

6. 内部决策及管理风险

内部决策及管理风险是指由于开发商策划失误、决策错误或经营管理不善所导致预期的收入水平不能够实现,进而给开发商带来经济损失。内部决策及管理风险主要表现在投资的方式、地点和类型选择风险以及由于管理活动或人的行为不适合生产和经济活动发展而造成的企业商誉或合同管理风险等。

在园区综合体开发过程中,企业内部决策者、管理者及员工的行为对项目的成功与否起到至关重要的作用。一个成功的项目不但要具备良好的开发时机和优越的地理位置,而且更要拥有一支高素质的开发管理队伍。园区综合体的开发和运营期较长,在前期的可行性研究中需要开发商能够做出及时正确的决策,在后期的运营管理过程中需要聘请专业的运营商来进行运营和管理。目前,我国的开发商缺乏园区综合体的开发与运营经验,相关的咨询机构与运营商专业化不够。因此,在园区综合体项目的决策和管理过程中存在着一定的风险。

5.7.3　投资风险控制方法

1. 风险回避

风险回避,即选择相对风险小的投资项目或者放弃那些相对风险较大的投资项目。这是一种较为保守的处理园区综合体投资风险的方法,能够将风险控制在很低的水平内。这种策略通常使获得高额利润的机会大大降低了。

投资项目的风险大小不同,在投资收益率相同的情况下,人们都会选择风险小的投资,竞争结果使风险增加,收益率下降。最终的现象,是高风险的项目必须有高收益,否则就没有人投资;低收益的项目必须风险很低,否则也没有人投资。风险和收益的这种关系是市场竞争的结果。假如预期获益的机会没有相伴而生的风险,投资者将很快涌入市场,使预期收益迅速降低。当然,风险性投资机会有个限度,市场竞争会使每种投资机会有一个恰当水平的投资收益。开发商选择风险回避的策略通常应根据自己能够承受的风险水平来衡量,不应一味地回避风险,从而丧失应该获取的风险利润。

2. 风险分散

园区综合体投资分散是通过开发结构的分散,达到降低风险的目的,一般包括投资区域分散、投资时间分散和共同投资等方式。

园区综合体投资区域分散是将园区综合体投资分散到不同区域,从而避免某一特定地区经济不景气对投资的影响,达到降低风险的目的。如华夏幸福、联东等很有实力的地产商在国内多个城市都有投资项目,不仅扩大了企业的规模,也有效地降低了风险。美国的地产商,如普洛斯,则更以全球的视角对园区综合体投资进行国际区域的分散。

而园区综合体投资时间分散则是要确定一个合理的投资时间间隔,以避免因市场一时波动变化而带来的损失。具体来说,当园区综合体先导指标发生明显变化时,如经济增长率、人均可支配收入、有效需求从周期谷底开始回升,贷款利率开始下降,而国家土地供应不断增加,预示着园区综合体行业周期进入扩张阶段,此时应为园区综合体投资最佳时机,可以集中力量投资。投资时间的分散也可以防止房地产企业资金链的断裂,使资金得到有效的循环利用。

共同投资也是一种常用的风险分散方式。共同投资要求合作者共同对园区综合体开发项目进行投资,利益共享,风险共担,充分调动投资各方的积极性,最大限度发挥各自优势避免风险。这种共同投资合作形式可以在园区综合体行业内开发商之间进行,也可以跨行业进行,例如与金融部门、大财团合作,可以利用合作方的资金优势消除融资风险;与外商联盟,既可以引进先进管理经验,又能获得相应的政策优惠。

3. 风险转移

风险转移即投资主体将其可能发生的风险损失有意识地转嫁给与其有相互经济利益关系的另一方承担。通过保险转移风险是园区综合体开发商常用的一种做法。保险对于减轻或弥补园区综合体投资者的损失,实现资金的循环运动,保证园区综合体投资者的利润等方面具有十分重要的意义,尤其对于增强园区综合体投资者的信誉,促进园区综合体经营活动的健康发展具有积极的作用。园区综合体投资者在购买保险时应充分考虑选择园区综合体投资者所需要的保险险种,确定适当的保险金额,合理划分风险单位和确定费率以及选择信誉良好的保险公司等几个方面的因素。除了通过保险转移风险外,有经验的开发商还通过巧妙地订立合同来转嫁风险。例如,可通过园区综合体开发建设合同转移风险。

4. 完善风险控制部门

根据不同规模的园区综合体公司以及公司的自身具体情况来建立不同的风险管理机构组织形式。规模大的园区综合体公司通常可以设立专门的风险管理机构,负责公司的全部风险管理,拟定风险管理计划。它对公司的总经理负责,协调财务、销售、工程等部门的工作。该机构由风险经理和风险分析技术人员组成。规模较小的园区综合体公司可以由总经理负责成立风险管理小组,这个组织由与风险密切相关的部门成员组成,如财务主管、工程部经理等,它又可以是一个临时性的组织。

6 园区综合体营销

在新型工业化、城镇化的背景下,园区建设进入全新开发模式,园区综合体形态正在逐渐成为一种新兴的工业地产经济。而园区综合体要获得巨大的经济与社会效益,需要借助成功的营销来实现"惊险一跃"。园区综合体营销总体策略是仔细分析、科学划分并准确切入目标市场,通过全方位地运用营销产品、定价、渠道和促销策略,最大限度提升项目的附加价值,获取项目的最大利润,并全面树立和提升项目形象。

6.1 市场研究

6.1.1 市场细分

在市场经济条件下,竞争作为市场经济内在规律必然发挥作用。一个园区的竞争能力受客观因素的影响而存在差别,但通过有效的营销战略可以改变这种差别,利用市场细分战略是提高园区竞争能力的一个有效方法。因为,在市场细分后,每一个子市场上竞争者的优势和劣势就明显地暴露出来。园区只有看准市场机会,利用竞争者的弱点,同时有效地开发本园区的资源优势,才能用相对较少的资源把竞争者的客户和潜在客户变为本园区产品的购买者,从而提高市场占有率,增强竞争能力。

1. 市场细分的原则

如何寻找合适的细分标准对园区的市场进行有效细分,在营销实践中并非易事。成功、有效的市场细分应遵循以下基本原则:

①衡量性。它是指细分的市场应是可以识别和衡量的,亦即细分出来的市场不仅范围明确,而且对其容量大小也能大致做出判断。有些细分变量,在实际中是很难测量的,以此为依据细分市场就不一定有意义。

②可进入性。它指细分出来的市场应是园区营销活动能够抵达的,亦即是园区通过努力能够使产品进入并对客户施加影响的市场。一方面,有关园区服务、产品的信息能够通过一定媒介顺利传递给市场;另一方面,园区在一定时期内有可能将产品通过一定的渠道抵达该市场。否则,该细分市场的价值就不大。

③有效性。它指细分出来的市场,其容量或规模要大到足以使园区获利。进行市场细分时,园区必须考虑细分市场上客户的数量以及他们的购买能力。如果细分市场的规模过小,市场容量太小,细分工作繁琐,成本耗费大,获利小,就不值得去细分。

④对营销策略反应的差异性。各细分市场的消费者对同一个市场营销组合方案会有差异性反应,或者说对营销组合方案的变动,不同细分市场会有不同的反应。如果不同细分市场的客户对产品需求差异不大,行为上的同质性远大于其异质性,此时,园区就不必费力对市场进行细分。此外,对于细分出来的市场,园区应当分别制定出独立的营销方案,如果无法制定出这样的方案,或其中某几个细分市场对是否采用不同的营销方案不会有大的差异性反应,便不必进行市场细分。

2. 市场细分的程序

根据麦卡锡提出的细分市场的程序,园区市场细分可包括四个步骤:

①选定产品市场范围。选定产品市场范围就是园区确定提供的产品与服务。园区产品与服务可以是生产生活配套服务、标准厂房等。市场范围应以客户的需求,而不是产品本身的特性来确定。以住宅地产为例,一幢郊区的简朴建筑,只考虑产品特征,则可能认为客户是低收入者,但从市场需求角度看,高收入者也可能因为厌倦高楼大厦,向往清静,从而成为潜在客户。

②了解潜在客户的需求。可以通过调查,了解潜在客户对园区产品与服务的基本需求。这些需求可能包括:标准厂房、商业环境、金融、商务等配套服务。同时,不同客户的侧重点可能会存在差异。了解客户共同需求固然重要,但不能作为市场细分的标准,应以特殊需求作为细分标准。

③进行市场细分。根据潜在客户基本需求上的差异,将其划分为不同的群体或子市场,并赋予每个子市场一定的名称,进一步分析每个细分市场需求与购买行为特点,并分析其原因,以便决定是否可以对这些细分市场进行合并或进一步细分。

④细分市场分析。估计每个细分市场的规模。在调查基础上估计每个细分市场的客户数量、购买频率、平均购买金额等,并对细分市场上的竞争状况及发展趋势作出分析。

专栏6-1 江阴天安数码城市场细分

江阴天安数码城由天安数码城(集团)运作。项目位于江阴城东开发区内,距离市中心约12公里,为江阴市引进的重点项目。结合项目初步市场调研所得,其市场可以细分成3部分,即投资客群、企业经营者、终极消费客群。

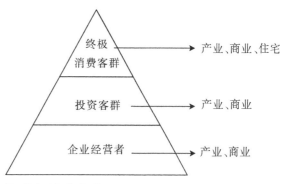

其中,投资客群构成包括:本项目产业楼租用客户;本地投资者、高级行政人员、银行证券等金融从业人员;民营或集体企业老总、领导等投资性客户;周边乡镇居民投资者,其他城市投资者;外地房产投资私募基金管理;从其他城市来到江阴的高级白领、金领。企业经营者包括核心客户群、重点客户群、游离客户群、偶得客户群(详见下图):

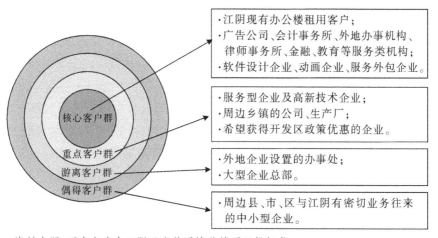

资料来源:百度文库中江阴天安数码城营销项目投标书。

6.1.2 目标市场的选择

市场细分的目的在于有效地选择并进入目标市场。所谓目标市场,就是园区拟投其所好、为之服务的具有相似需要的客户群体。一般来说,任何园区都不可能很好地满足所有的客户群体的不同需要。为了提高经营效益,园区必须细分市场,并且根据自己的使命、目标、资源和优势等来权衡利弊,以决定进入哪个或哪些子市场,即进行目标市场的选择。

1. 目标市场战略

园区在决定为多少个子市场服务,即确定其目标市场战略时,有三种选择:

①无差异市场营销。无差异市场营销是指园区在市场细分之后,不考虑各子市场的特性,而只注重子市场的共性,决定只推出某种单一产品,运用某种单一的市场营销组合,力求在一定程度上适合尽可能多的客户的需求。这种战略的优点是产品的品种、规格简单,有利于标准化与大规模生产,有利于降低园区成本。其主要缺点是某种单一产品要以同样的方式广泛销售并受到所有客户的欢迎,这几乎是不可能的。特别是当同行业中如果有几家园区都实行无差异市场营销时,在较大的子市场中的竞争将会日益激烈,而在较小的子市场中的需求将得不到满足。由于较大的子市场内的竞争异常激烈,因而往往是子市场越大,利润越小。这种追求最大子市场的倾向叫做"多数谬误"。充分认识这一谬误,能够促使园区增强进入较小子市场的兴趣。

②差异性市场营销。差异性市场营销是指园区决定同时为几个子市场服务,设计不同的产品,并在渠道、促销和定价方面都加以相应的改变,以适应各个子市场的需要。园区的产品种类如果同时在几个子市场都占有优势,就会提高消费者对园区的信任感,进而提高购买率;而且,通过多样化的渠道和多样化的产品线进行销售,通常会使总销售额增加。差异性市场营销的主要缺点,是使园区的生产成本和市场营销费用增加。

③集中性市场营销。集中性市场营销是指园区集中所有力量,以一个或少数几个性质相似的子市场作为目标市场,试图在较少的子市场里取得较大的市场占有率。实行集中性市场营销的园区,一般是资源有限的中小园区,或者是初次进入新市场的大园区。由于服务对象比较集中,对一个或几个特定子市场有较深的了解,而且在生产和营销方面实行专业化,可以比较容易地在这一特定市场取得有利地位,因此,如果子市场选择得当,园区可以获得较高的投资收益率。但是,实行集中性市场营销有较大的风险性,因为目标市场范围比较狭窄,一旦市场情况突然变恶劣,园区可能陷入困境。

2. 选择目标市场战略需考虑的因素

上述三种目标市场战略各有利弊,园区在选择时可考虑五个方面的主要因素,即园区资源、产品同质性、市场同质性、产品所处的生命周期阶段、竞争对手的目标市场战略等。

①园区资源。如果园区资源雄厚,可以考虑实行无差异市场营销;否则,最

好实行差异性市场营销或集中性市场营销。

②产品同质性。产品同质性是指产品在性能、特点等方面的相似性的大小。对于同质产品或需求上共性较大的产品,一般宜实行无差异市场营销;反之,对于异质产品,则应实行差异性市场营销或集中性市场营销。

③市场同质性。如果市场上所有客户在同一时期偏好相同,购买的数量相同,并且对市场营销刺激的反应相同,则可视为同质市场,宜实行无差异市场营销;反之,如果市场需求的差异较大,则为异质市场,宜采用差异性市场营销或集中性市场营销。

专栏6－2 联东集团无锡北塘产业园的市场选择

由联东集团打造的无锡北塘产业园,为无锡锡北生产性服务业集聚区范围内的重点项目。其核心客户锁定在工贸结合企业、纯贸易类企业、设计企业、生物医药企业、物流企业。详见下图。

类型一:工业结合型企业
●来源地:无锡为主
●规模:注册资本金多在1000万以上
●偏好:1000平米以上产品
●置业动机:自用或自用+部分投资

类型二:纯贸易类企业
●来源地:无锡为主
●规模较小
●偏好:200平米以下小面积办公
●置业动机:自用或老板投资

类型三:市政设计、建筑规划设计、工程设计等企业
●来源地:无锡为主
●规模:注册资本金多在1000万以上
●偏好:大面积独栋产品,有自我设计空间
●置业动机:自用或自用+部分投资

类型四:平面设计、广告设计、装饰设计、服务设计等企业
●来源地:无锡为主
●规模较小
●偏好:小面积办公、特别是LOFT等创意产品
●置业动机:自用或老板投资

类型五:生物医药类企业
●来源地:外地导入,长三角或国际
●规模:注册资本金多在1000万以上
●偏好:大面积独栋产品,多研发与办公结合
●置业动机:自用或自用+部分投资

类型六:物流接单企业
●来源地:无锡为主
●规模较小
●偏好:小面积办公
●置业动机:自用或老板投资

资料来源:百度文库中联东无锡北塘产业园整体定位报告(世联地产)。

④产品生命周期阶段。处在介绍期和成长期的新产品,市场营销重点是启发和巩固客户的偏好,最好实行无差异市场营销或针对某一特定子市场实行集中性市场营销;当产品进入成熟期时,市场竞争激烈,消费者需求日益多样化,可改用差异性市场营销战略来开拓新市场,满足新需求,延长产品生命周期。

⑤竞争对手的战略。一般来说,园区的目标市场战略应与竞争者有所区别,甚至反其道而行之。如果强大的竞争对手实行的是无差异市场营销,园区则应实行集中性市场营销或更深一层的差异性市场营销;如果园区面临的是较弱的竞争者,必要时可采取与之相同的战略,凭借实力击败竞争对手。

6.1.3 市场定位

市场是园区建设的核心环节,而本项目营销的成败首先取决于市场的需求情况和市场容量。从营销的方式上来看,不外乎是传统三大件:户外广告、网站销售、平面媒体,但是在项目的前期阶段,精准的定位却是项目销售的重点。从专业角度来说,项目定位偏离,最后导致的结果便是项目销售苦难重重,可能面临重新进行定位的潜在威胁。

1. 园区市场定位的界定

市场定位,也被称为产品定位或竞争性定位。对园区而言,它是指根据竞争者现有产品在细分市场上所处的地位和客户对产品某些属性的重视程度,塑造出本园区产品与众不同的鲜明个性或形象,并传递给目标客户(即目标市场),使该产品在细分市场上占有强有力的竞争地位。园区在市场定位过程中,一方面要了解竞争者产品的市场地位,另一方面要研究目标客户对该产品的各种属性的重视程度,也即客户敏感点,然后选定本园区产品的特色和独特形象,从而完成产品的市场定位。

专栏 6 - 3 联东集团无锡北塘产业园客户敏感点

1. 工贸结合类企业

特征:有较强购买力 + 1000 平方米以上大面积产品需求 + 自用投资结合

敏感点:气派(一层大厅挑高) + 会议接待空间 + 税收等政策优惠 + 产品价值

2. 贸易类小型企业

特征:自用、投资兼有 + 150 平方米小面积需求

敏感点:交通 + 集合式办公 + 停车位 + 多功能会议室 + 价格敏感

3. 生物医药类企业

特征:大面积办公 + 多带研发 + 自用

敏感点:安全性、私密性产品 + 环境 + 产业配套平台 + 交通 + 政策

4. 设计类企业

特征:市政设计类大都有较强购买力 + 1000 平方米以上办公面积 + 自用

敏感点:高层高+预留一定空间自己设计发挥

5. 投资类企业

特征:购买力强+面积需求多样+自用兼有投资

敏感点:园林景观+物管安保+产品稀缺性(低密度产品)

6. 北塘企业

特征:购买力有限+面积段多样+自用

敏感点:预留某些制造相关设施(如货梯)+得房率+园林景观+内部卫生间

7. 投资客

特征:无锡本地+温州+福建,增值或收益驱动(非保值)

敏感点:总价敏感+得房率+物业多功能性(特别是商住或LOFT)

资料来源:百度文库中联东无锡北塘产业园整体定位报告(世联地产)。

2. **市场定位的步骤**

①确认本园区的竞争优势。市场定位的第一步是要做好三个方面的工作:一是分析竞争形势,确定主要竞争对手,对现实与潜在竞争者的市场进入状况及产品定位作出正确的估计和评价;二是评估目标市场的潜量,如目标市场的需求满足程度如何,它们确实还需要什么;三是针对竞争者的市场定位和潜在客户的利益要求,决定园区应该做些什么,衡量园区的条件和能力是否能做到。园区通过上述分析研究,就可以进一步明确自己的潜在竞争优势在何处。

②准确地选择相对竞争优势。相对竞争优势表明园区能够胜过竞争者的现实和潜在的能力。准确地选择相对竞争优势是一个园区各方面实力与竞争者的实力相比较的过程。通过分析、比较园区与竞争者在下列四个方面的优势与劣势,才能准确地选择相对竞争优势。

a. 经营管理方面,主要考察领导决策水平、计划能力、组织能力以及应变经验等指标。

b. 产品方面,主要考察可利用的特色、价格、质量、支付条件、包装、服务、市场占有率、信誉等指标。

c. 营销方面,主要分析产品策略、定价策略、渠道网络、促销策略、营销人员能力等指标。

d. 财务方面,主要考察长期资金和短期资金的来源及资金成本、支付能力、现金流量以及财务制度与人员素质等指标。

③显示独特的竞争优势。选择园区产品需要突出的特殊优势作为最终定位。园区应使目标客户了解、熟悉、认同、喜欢和偏爱本园区的市场定位,在客户心目中建立与该定位相一致的形象;其次,园区通过一切努力保持对目标客户的了解,稳定目标客户的态度和加深目标客户的感情,以巩固与市场定位相一致的形象;最后,园区应注意目标客户对其市场定位理解出现的偏差或由于园区市场定位宣传上的失误而造成的目标客户模糊、混乱和误会,及时纠正与市场定位不一致的形象。

3. 几种市场定位方法

园区开展市场定位的主要思维方式和常用的定位有以下几种:

①项目整体市场定位。目前大多数园区个别项目在自身定位方面为了扩大客户层面的需要,将定位做大做全,反而没有一个鲜明的主题定位,导致园区内各行业错综复杂,缺乏一定的兼容性。我们要根据宏观微观的市场环境分析,结合自身条件状况,将园区打造成尽量单一的主题园区。

②区域定位。区域定位决定园区所在位置的高度和意义,从地理位置、产业位置、交通节点和经济总量方面予以定位,以便将园区的发展融入城市的规划与发展,使园区成为区域、城市发展的主动承接者和发展者。

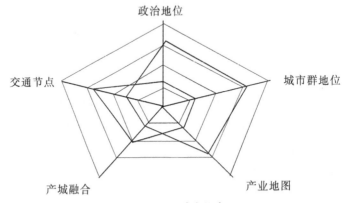

图6.1　区域定位表

③功能定位。功能定位主要包括园区的产业功能、城市功能和区域功能。产业功能是解决园区在产业链环节所起到的功能,决定园区的生存周期;城市功能是解决园区在城市功能中所扮演的角色,决定园区能够做好的程度;区域功能是解决园区在区域内所起到的功能,决定未来园区的规模大小。

④产业定位。产业定位包括三个阶段,即产业普选、产业精选和产业定位。产业普选是对国家级、区域级和城市级三个级别的交集和企业能力对位。产业精选是对主导产业、辅助支持产业和前瞻产业的确定。产业定位是定位现金流产业、高成长产业和种子产业。

⑤客户定位。

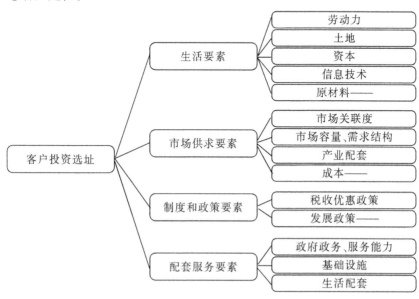

图6.2 客户需求模型

a. 目标消费群定位。经过市场分析,确定产品走向、路线,从而选择所面对的客户群。持续地关注客户需求,进行引导、改进和创新。

b. 客户选址需求定位。目前国内企业选址的关键因素是成本(购置成本/

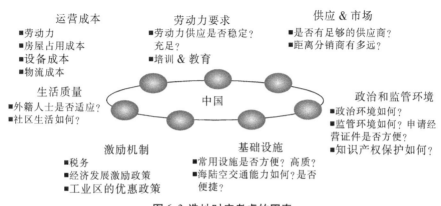

图6.3 选址时应考虑的因素

运营成本)、位置(交通/龙头企业距离)、集群(相关产业入驻情况)、政策(税收优惠情况)和配套服务(产业配套/生活配套)。

专栏6-4　联东集团无锡北塘产业园项目的产品定位

　　该项目基于总部经济,将部分产品定位为标杆产品——独栋建筑,基于区位适配性与回现需求,将部分产品定位为回现产品——SOHO,基于区域适配性与功能多样化,将部分产品定位为性价比产品——LOFT,基于产品多样化,将部分产品定位为补充性产品——纯办公写字楼。

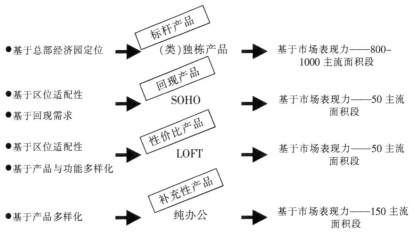

资料来源:百度文库中联东无锡北塘产业园整体定位报告(世联地产)

6.2　招商策略

6.2.1　产品策略

　　按照现代营销观念,产品设计是建立在充分了解市场需求的基础上的。在确定目标市场的基础上,园区将设计出符合市场要求的产品。我们需要对产品重新定位。客户需求和竞争区隔是产品定位的两大核心。

　　确定产品满足客户需求主要依靠以下几方面:①产品定位。②企业定位。以区位为核心要点;需要确定哪些企业有需求;需求企业的区域。③需求定位。分为生理需求和心理需求。生理主要包括基于产品、产品使用价值、性价比等方面的需求;心理需求主要是基于感觉、安全感和增值预期等方面的需求。

竞争区隔主要包括:①精准或确定竞争对手。②了解竞争对手没有满足的需求。③竞争对手的优点在于哪方面,我们能不能做得更好。④找出竞争对手的卖点和优势。卖点是优于竞品(可能没有竞争对手),满足目标受众的需求点。卖点主要包括兴趣吸引卖点和成交冲动卖点。找卖点要注重"三点三角":①利益点,加总项目可以给客户带来的好处及明确的客户需求。②差异点,减去竞争对手也有的利益点。③欲求点,提炼竞争对手没有或没有提到的客户需求。

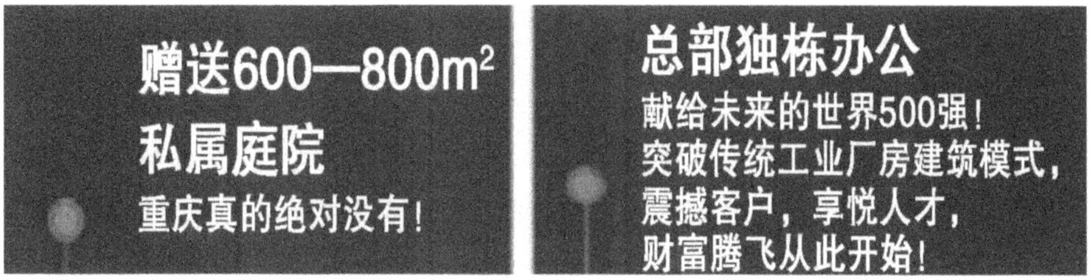

图 6.4　兴趣吸引卖点和成交冲动卖点案例

从宏观的角度来看,经过统一规划布局的园区即作为面向市场的"大产品"。而具体的产品,是指由园区开发建设的各种不同规格的建筑与服务。鉴于园区综合体作为产品的特殊性,其主要包括:园区的整体规划与厂房设计(园区提供的具体产品)、园区的优惠政策与各种服务(产品的附加价值)等。

专栏 6-5　联东 U 谷——北京金桥基地项目产品

该项目位于北京六环路和京津塘高速公路的交汇处,距北京市CBD 仅 18 公里,作为中关村科技园区的重要组成部分,目前已纳入了亦庄新城规划范围,是北京"东部发展带"上的优先发展地区,也是新城建设的重点发展对象和政策支持对象。

1. 园区规划

以产业"微笑曲线"为理论原型,依据产业发展的附加值导向(即中间低附加值是制造、两端高附加值是营销和研发创新),为处于产业链中不同位置的企业或不同阶段的企业提供从研发到成果转化的可拓展空间,五大功能分区、三大产品体系为企业产业升级、整体运营提供全方位的物业类型。规划占地 11.24 万平方米,建筑面积 15.7 万平方米。

2. U 谷配套

园区在综合配套园设有商务中心,提供企业大型会议、培训场所服务,并配有银行、律师事务所、邮局、工商税务等机构为企业提供全方位服务。另设有商务酒店、企业会所、餐厅、迷你高尔夫练习场、健身休闲中心等,为企业员工及客户提供周全的人文关怀。

3. 区域条件

地质状况优良,基岩埋深8—18米,基岩面起伏平缓,无断裂带,按国家规定,建筑物抗震等级8级设防。工程地质情况可以满足一般工业、民用建设工程需要,地耐力1—15吨平方米,冻土深度0.85米,地下水位深度6—11米,且对混凝土无侵蚀性。

4. 基础设施

基础设施建设完善,实现"九通一平"。其中"一平"为土地自然地貌平整;"九通"为通市政道路、雨水管线、污水管线、自来水管线、天然气、电力管线、电信管道、热力管线及有线电视管线。

5. 园区景观

园区以绿色、生态、环保为主题。从东往西,以一条8米中轴景观大道贯穿,内部多变的点式组团绿化、水系小品与带状公共绿化参差错落、相互渗透于不同建筑之间,相对独立的同时又通过主景观带将各景观节点有机联系起来,保证整体园区景观的有机协调性。让建筑与景观、人与景观实现对话,为企业提供智力、生产力提升的绿色引擎。

资料来源:百度文库中联东U谷北京金桥基地项目介绍。

专栏6-6 福田天安数码城服务

天安集团打造园区十大服务平台体系,其中福田项目数字化智能平台、物业经营平台、商业配套平台由天安自身提供,其他平台由天安

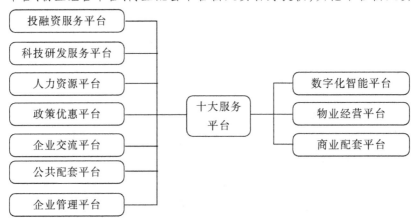

集团整合外部资源提供。

资料来源:百度文库中福田天安数码城调研材料。

6.2.2 价格策略

定价是极其重要的——整个市场营销的聚焦点就在于定价决策。价格的核心是价值。而园区综合体的价值在于现行的使用价值、客户的体验价值和可预期的未来增值价值。

定价的目标和检验方法:①确保项目足够的利润。最终要确保项目开发每平方米平均的毛利润。②确保合理的销售速度。如入市初,能被客户广泛接受的方法,可以快速引爆;保证后续每次涨价都不影响客户购买;总体销售时间最好不超过 12 个月。③不受竞争对手的影响。确保客户不会为价格而选择竞争对手、不会因为报价而直接放弃。④产品与价格的区隔被接受。确保产品与众不同且符合客户需求,要让客户认为高价是值得的,要逐步走出我们产品高附加值高价格的线路。

1. 策略制定影响因素

园区综合体在制定价格策略时,必须考虑许多因素。

①成本因素。

成本因素是企业定价首先需要考虑的因素。成本是企业生产经营过程中所发生的实际耗费,客观上要求通过商品的销售而得到补偿,并且要获得大于其支出的收入,超出的部分表现为企业利润。以产品单位成本为基本依据,再加上预期利润来确定价格的方法,是中外企业最常用、最基本的定价方法。

②竞争因素。

竞争环境是影响产品定价不可忽视的因素。不同的市场环境存在着不同的竞争强度,应该认真分析自己所处的市场环境,并考察竞争者提供给市场的产品质量和价格,从而制定出对自己更为有利的价格。

需考虑竞争者可能针对我们的价格策略调整或不调整其价格;通过调整市场营销组合的其他变量与我们争夺顾客。对竞争者的价格变动,要及时掌握有关信息,并做出合适的反应。

③法律和政策因素。

产品定价还需考虑政府有关政策、法令的规定。在我国,规范企业定价行为的法律和相关法规,有《价格法》《反不正当竞争法》《明码标价法》等。

参考当地关于产业地产物业价格的政策。

④货币数量因素。

货币流通量与商品价格呈正比例关系,即商品供给量不变时,货币流通量增加,商品价格随之上涨,反之则下降。在其他条件不变的情况下,一国的物价水平为其货币流通量所决定。如果通货膨胀严重,而制造型企业普遍资金紧张,再加上厂房购买属于大额购买,要让企业愿意支付较高的价格享受高品质的产房,必须引入按揭贷款,让企业首付款尽量减少(调查证明,无论是购买住房、厂房还是其他商品,当首付款减少的时候,对于价格的增幅不敏感)。

⑤心理因素。

影响客户接受价格的心理因素,如自尊心理、求实心理、求廉心理、求名心理、求信誉心理等。

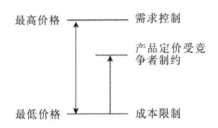

图6.5 产品定价与影响因素的关系

2. 价格制定步骤

价格制定可分为6个步骤:①选择定价目标;②测定需求;③估计成本;④分析竞争者的成本、价格和提供物;⑤选择定价方法;⑥选定最终价格(见下图)。

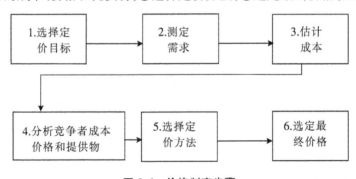

图6.6 价格制定步骤

①选择定价目标。园区需决定它的特定产品要达到什么样的目标。假如园

区已选定了目标市场并进行了市场定位,这时其营销组合战略,包括价格方案将是相当明确的。园区对它的目标越清楚,制定价格越容易。

②测定需求。园区制定不同价格,将导致不同水平的需求,并对它的营销目标产生不同影响。变动价格和最终需求水平之间的关系可在常见的需求曲线中获得。在正常情况下,需求和价格是反向关系,也就是说,价格越高,需求越低;而价格越低,需求越高。

③估计成本。需求在很大程度上可决定一个最高价格限度。而园区的成本则是价格的最低限度。园区想要制定的价格,既要能包括它的所有成本,还要能包括对园区所作努力和所承担风险的合理报酬。

④分析竞争者的成本、价格和产品。在由市场需求和成本所决定的可能价格的范围内,了解竞争者的成本、价格和可能的价格反应,这也有助于园区制定价格。园区需要对它的成本和竞争者的成本进行比较,以了解它有没有竞争优势。园区还要了解竞争者的价格和产品质量。园区可派人员去比较客户对价格的态度和对比竞争者的产品。一旦园区知道了竞争者的价格和产品,就能利用它们作为制定自己价格的起点。如果园区提供的东西与一个主要竞争者提供的东西相似,那么,园区必须把价格定得接近于竞争者,否则就要失去客户。若园区提供的产品是次级的,就不能够等同于竞争者的定价。倘若园区提供的东西是优越的,定价就可比竞争者高。然而,也必须考虑竞争者可能针对园区的价格做出的反应。

⑤择定价方法。知道了客户需求、成本、竞争者价格,现在园区就可以选定价格。这个价格定得太低就不能产生利润,定得太高又抑制需求。下图归纳了在制定价格中的 3 种主要考虑因素。产品成本规定了某价格的最低值。竞争者的价格和代用品的价格提供了园区在制定其价格时必须考虑的标定点。在该园区提供的东西中,独特的产品特点决定了其溢价。

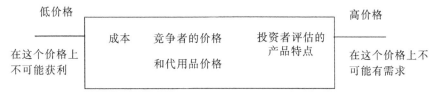

图 6.7　制定价格主要考虑因素

⑥选定最终价格。前述定价方法的目的是缩小从中选定最终价格的价格范围。在选定最终价格时,园区必须引进一些附加的考虑因素,包括心理定价、其

他因素对价格的影响。

下面介绍几种定价策略。

3. 几种定价策略

①撇脂定价策略。撇脂定价策略是指如同把烧热牛奶上的一层油脂精华取走一样,企业在新产品刚投放市场时把价格定得很高,以求在尽可能短期限内迅速获得高额利润。随着商品的进一步成长再逐渐降低价格。采用这种策略必须满足以下条件:首先,新产品比市场上现有产品有显著的优点,使消费者"一见倾心"。其次,在产品新上市场阶段,商品的需求弹性较小或者早期购买者对价格反应不敏感。另外,短时期内由于仿制等方面的困难,类似仿制产品出现的可能性小,竞争对手少。这种策略的典型案例就是苹果手机。

②渗透定价策略。渗透(凝脂)定价策略是指企业在新产品投放市场的初期,将产品价格定得相对较低,以吸引大量购买者,获得较高的销售量和市场占有率。这种策略正同撇脂定价策略相反,是以较低的价格进入市场,具有鲜明的渗透性和排他性。采用这种策略必须满足以下条件:商品的市场规模较大,存在着强大的竞争潜力;商品的需求价格弹性较大,稍微降低价格,需求量会大大增加,通过大批量生产能降低生产成本。

③均匀定价策略。均匀定价策略是一种介于撇脂定价和渗透定价之间的折中定价策略,其新产品的价格水平适中,同时兼顾开发商、购买企业的利益,能更好地得到各方面的接受。正是由于这种定价策略既能保证项目获得合理的利润,又能被客户所接受,还不会触动竞争对手的敏感神经(迫使降价或快速模仿),所以,被称为满意定价。它的优点在于:满意价格对于企业和顾客都是较为合理公平的,由于价格比较稳定,在正常情况下盈利目标可按期实现。其缺点是:价格比较保守,不适用竞争激烈或复杂多变的市场环境。这一策略适用于需求价格弹性较小的商品,也包括重要的生产资料和生活必需品。

④折扣与让价策略。为了鼓励顾客及早付清货款、大量购买、淡季购买,酌情降低其基本价格,这种价格调整叫做价格折扣。折扣与让价策略的标准是让客户占到便宜,而不是真正的便宜。价格折扣可以包括现金折扣、数量折扣、功能折扣、季节折扣等。例如:一次性付款,每平方米优惠200元;分期付款或定制(签订合同付30%,动工30%,封顶30%,交房10%)每平方米优惠100元;介绍客户购买,每平方米优惠30元(即省下的营销成本);二次购买每平方米优惠30元(省下的营销成本)等等。

---

1. 联东U谷

联东是其品牌商号，U是取产业微笑曲线的象形意义，谷是聚集地、汇集的意思。谷之品牌涨度源于硅谷、光谷的高知名度。这个按名的意思，表示联东是专门为产业地产升级、让产业链优化的运营商，他们的目标是让优化产业大规模聚集。从一开始，这就是一个具有产业使命和应对政府诉求的按名。

2. 百世金谷

企业追求的是财富，而金谷二字，给人一种财富洼地的想象空间，任何一个企业家，心理上都有这种美好的渴望。这是一个心理和情感上非常切中客户的按名。

3. 盈田·合川工谷（佳海·襄阳工业城）

直接明了告诉人们，这是盈田在合川开发的一个工业园区项目，是工业生产企业的聚集地。简单易记，体现了产品特点，也有延续性，但是缺少心理价值和情感度，更加没有任何可以想象的空间。

4. 郑州企业公园

本按名没有带开发企业的商号，延续性差。公园二字，给人放松、惬意、绿树成荫、空气清新的感觉。如果办公和生产的场所像公园一样，谁不向往？所以这个按名切中现代都市办公和传统生产的软肋，也切中了人们对于工作环境的向往。

图6.8 品牌定位案例解说

⑤差别定价及其主要形式。

所谓差别定价，也叫价格歧视，当一种产品对不同的消费者，或在不同的市场上的定价与它的成本不成比例时，就产生差别定价。差别定价主要是产品形式差别定价、产品部位差别定价、销售时间差别定价。差别定价主要适用于：细分市场，而且各个细分市场有着不同的需求程度；低价购买某种商品的顾客没有可能再高价把这种产品倒卖给别人；竞争者没有可能在企业以较高价格销售产品的市场上以低价竞销；细分市场和控制市场的成本费用不得超过因实行价格歧视而得到的额外收入；价格歧视不会引起顾客反感；采取的价格歧视不能违法。其中差别价格中的低价买的是功能价值（使用价值），例如厂房卖的生产车间的功能、住宅卖居住的功能；中价买的是有形价值（体验价值），例如住宅的样板房、门店环境；高价卖的是无形价值（品牌价值）。

简单来讲，品牌就是定位，以及定位对目标客户心智资源的抢占。做品牌前期主要做两件事：精准定位和取名字。

专栏6-7 上海金山联东U谷的定价策略

销售产品:户型为M户型(土地证和产权证,两证俱全,50年工业大产权)。面积3000平方米。

销售价格:4950元/平方米。

付款方式:

(1)一次性付款

(2)一年分期:签约时首付30%,三个月内付至45%

(3)工期内分期:签约时首付30%

(4)企业按揭:签约时首付30%

(5)银行按揭:签约时首付30%,60日内付至50%

资料来源:百度文库中上海金山联东U谷推介材料

专栏6-8 江阴天安数码城的定价策略

江阴办公楼市场价格数据

案名	销售率(按面积)	成交均价(元/平方米)
总部查号	32%	6808
新中心	62%	11479
嘉福豪庭	71%	8473
芙蓉国际大厦	27%	8682
顺达金驰大厦	97%	4641
浦江23号		限制销售

江阴办公楼5000~11000元/平方米,均价8017元/平方米。

本项目产业租金的测算方法:

资料来源:百度文库中江阴天安数码城营销项目投标书。

6.2.3 渠道策略

区别于传统的渠道,这里指联系项目与客户的传播介质,可以简单理解为广告推广中的媒介策略。同时也需要注意传播渠道的选择和使用,以免造成地产项目招商出现问题。在渠道选择和使用没有问题时效果依然不好,那就可以反思卖点问题。

产业地产传播的特点主要体现在内容复杂性、受众狭窄性、述求功利性、反

产业租金(利用收益还原法推算)

8017 元/平方米(市场办公平均单价)
投资年限:20 年
市场办公投资回报率:5%/年

$$\frac{8017 \text{元/m}^2 (\text{平均单价}) \times 5\% (\text{年回报率})}{365 \text{天}}$$

建议本项目产业租金为: 1.1 元/天/m²

馈偶然性、主体分散性、辐射弱扩散性。其中反馈偶然性是指厂房选址在企业的经营环节中属于偶发性需求,企业及企业家只会在产生选址投资需求时才会关注。在其他时间里,企业家基本不会关注工业地产信息。《企业厂房选址行为研究》发现,企业二次工厂选址时间间隔平均 4.51 年,大部分企业在经营至 5 年左右时,产生二次选址需求。

园区招商离不开渠道策略。招商渠道是指项目从园区向投资者转移时所经过的路线。以下介绍几种招商渠道。

1. 报纸

报纸传播优势在于记忆度可信度高、权威性强、时效性强、区域市场覆盖面大,但同时也局限于媒体寿命短、内容庞杂、反复阅读性差,传阅率低。通过报纸传播工业地产,报纸上应包含项目开工、领导视察、客户集中签约、客户会议活动、客户考察、协会联谊、获得奖项荣誉、产业支持、创新举措等项目信息。与大众商品广告相比,工业地产报纸广告效率低、目标受众少、浪费严重;软文信息量大、解说详细、权威性强、廉价;分类广告(租赁转让等)对成熟物业的招租效果好,但是也要注意报纸不宜采用大版面宣传,几乎毫无用处,且浪费钱。

2. 网络

网络传播优势在于信息量大、传播准确、快捷、高效,互动性强、时效性强、多样性、读取方便、个性化、相对成本低。同时网络传播对象也难于清晰把握,可信度低,受众选择余地小,广告阅读率低。

我们认为网络是工业地产进行深度营销非常有效的传播手段,未来工业地产最优传播方式。专题、视频、虚拟园区等信息介绍全面、令人印象深刻。成本低廉,传播范围广,使用规模大、全面,深入传播,但也要考虑受众是信息的主动寻求者且范围狭窄,在广告、新闻纷繁复杂的页面投放,展示效果差的情况。

3. 杂志

杂志传播选择性、广告针对性、权威性强,声誉好,保存时间长,读者传阅率高,印刷精美品牌感强,有利于对项目详细解说,增强工业地产传播精准性,提升项目品牌形象,便于企业家随时查阅,同时也要注意其局限性,即出版周期长,时效性差,发行范围受限制。

做杂志传播是要有选择性地做杂志广告,最好是行业杂志,廉价且精准,可以了解招商目标产业有哪些杂志、软性的传播项目理念,可以选择样板客户代言,满足硬广的诉求表现形式。

4. 户外

户外传播有反复诉求、不可抗拒、易于接受、印象深刻、针对性强、视觉冲击宏观大气、品牌感超强的优势,也兼顾信息短促、不易监控、成本高、宣传区域小的局限性。在进行户外传播时,要注意产生立体形象,使人们深刻记忆、理解、联想。工业地产户外广告不能做说明性广告和初期印象广告,产业环境及物业建设未成熟的项目不适合做户外广告。工业地产使用户外广告应该具备物业建设到一定规模的条件,可以投放在产业环境成熟、目标受众集中的地区(如工业区、高速公路、机场),或本地门户形象位置(如机场、高速入口)。

户外广告要选择性做,否则成本高。同职业需要思考项目入口主通道是否有巨型 T 牌,主通道道旗与指示牌是否明显,老板经常出没的地方如机场、高铁站的诉求表现形式是否满足要求等。

5. 广播

广播传播需注意:多少客户喜欢车中听广播,听什么频道、听广播的时间,可以针对客户群进行调研。如果广播成本超过 1000 元/个,可以考虑暂停。

6. 会议

会议传播的作用是严肃认知、公信力、群体活动。会议传播要有吸引客户的主题,严肃的组织流程,权威的人物如政府领导、企业家等,做好来与不来的客户利益区别,主题与销售要联系等等。

7. 协会

协会主要是利用其沟通平台和影响力人物。协会的刊物、公共活动、成员私下交流度可以用来传播,利用好协会影响力人物的资源关系也是非常重要的。

8. 客户和员工渠道

利用老客户身边的资源也是非常重要的。招商人员可以请求老客户推荐新客户,可以适当给予介绍新客户的老客户优惠或其他折扣。员工决定招商环境和氛围,同时他们也有关系网络可以适当利用。

9. 渠道选择的原则

在选择渠道时,一般要遵循以下原则:

①畅通高效原则。这是首要原则。畅通的渠道应以客户需求为导向,将园区产品尽快、尽好、尽早地通过最短的路线,以较低的成本抵达客户方便的地点。应努力提高园区的渠道效率,以较低的成本,获得最大的经济效益。

②覆盖适度原则。不能一味强调降低渠道成本,这样做可能会导致市场覆盖率不足。在渠道选择中,也应避免扩张过度、分布范围过宽过广,以免造成沟通和服务的困难,导致无法控制和管理目标市场。

③稳定可控原则。园区不应轻易更换渠道成员,更不能随意转换渠道模式。只有保持渠道的相对稳定,才能进一步提高渠道效益。同时,由于影响渠道的因素总在不断变化,一些渠道难免会出现某些不合理的问题,这时就需要一定的调整。

④协调平衡原则。不能只追求自身效益的最大化而忽略其他渠道成员的利益,应合理分配各个成员间的利益。渠道成员之间的合作、冲突、竞争的关系,要求渠道的领导者对此有一定的控制能力——引导渠道成员充分合作,鼓励渠道成员之间有益的竞争,减少冲突发生的可能性,确保总体目标的实现。

⑤发挥优势原则。为了争取在竞争中处于优势地位,要注意发挥自己各方面的优势,将渠道模式的设计与园区的产品策略、定价策略、促销策略结合起来,增强营销组合的整体优势。

⑥客户区别原则。综合体营销针对的客户可以分为两类:一类是专业型客户,因需解决其企业发展难题而需求专业园区服务平台的企业;另一类是地产型客户,直接产生对地产物业(办公、厂房等)有租赁、购买需求的客户。地产型客户又可以分为两类:租买自用型,有厂房就可以投入经营生产的企业;地产投资型,为投资保值或增值而进行不动产投资的投资人或企业。虽然最终的行为对客户来讲都是租买园区物业,对项目来说都是租售物业,但客户最初产生的思考和动机是有区别的。这些客户的关注点、思考方式、聚集模式都不相同,所以在营销策略上必须区别对待。

表 6.1　客户思考的区别

	关注点	思考方式	聚集模式
专业型	企业本身及行业的发展趋势、市场、融资、人才、经营方面的难题和机遇	如何解决问题,有什么新机遇、新模式	行业高端媒体,如高端杂志、论坛、展会
租买自用型	厂房	厂房的区位、面积、类型、交通、配套、形象、价格等情况	厂房租售媒体,如工业地产网、报纸分类信息、厂房分类信息网
投资型	楼盘、报纸、增值	相比投资住宅商铺的优势、确保增值、投资回报率等	房地产媒体,如投资人社区、地产杂志、报纸

6.2.4　促销策略

区别于传统意义上的促销,园区综合体的促销是指在不影响销售价格和利润的前提下,促使客户更快而愉快地购买。

促销,是园区与潜在客户进行信息沟通,引发并刺激客户的投资欲望,使其产生投资行为的活动和过程。促销组合是履行营销沟通过程的各个要素的选择、搭配及其运用。对园区营销而言,促销策略主要包括广告、公共关系。

1. 广告

广告是由园区以付费方式,对产品进行的非人员性的任何形式的介绍和推荐活动。广告推广,包括以下步骤:①确立广告目标。广告目标是指在一个特定时期内对特定受众所要完成的传播任务。②确定广告对象。要明确广告诉求的客体是谁。③确定广告区域。针对广告区域的地方性、区域性、全国性、国际性的不同,选择不同的广告覆盖方式。④确定广告概念。明确广告所强调的产品特点、信息传递方法、技巧和具体步骤等。⑤确定广告媒体。选择媒体不一定收费愈高愈好,要根据产品和媒体的特性进行选择。

选择广告媒体时主要考虑的因素:①产品因素。是园区产业门类,或是园区档次。②客户媒体习惯。是更喜欢电视,还是财经类媒体,或是其他。③销售范围。广告宣传的范围要和园区产品销售范围一致。④广告媒体的知名度与影响力。评估的标准包括发行量、信誉、发行频率及分布地区等。⑤园区的经济承受能力。它指园区是否有为广告支付费用的能力。

2. 公共关系

公共关系是指园区为改善与社会公众的关系,促进公众对园区的认识、理解及支持,达到树立良好组织形象、促进产品销售之目的的一系列活动。

公共关系的实施步骤为:①确定目标。园区公关目标是通过传播信息,转变公众态度,唤起对园区产品的需求。不同园区或园区在不同发展时期,其公关具体目标是不同的。②交流信息。园区选择传播媒体,传播信息。③评估公关效果。评估指标包括:第一,曝光频率。衡量效果最简易的方法是计算园区在媒体上的曝光频率。第二,反响。分析出公关活动引起公众对产品的知名度、态度方面的变化。第三,若统计方便,销售额和利润的变化是令人满意的一种衡量方法。

公共关系的常用方法有:①密切与新闻界的关系,吸引公众对园区产品或某服务的注意。②进行产品宣传报道。③开展园区联谊活动。④游说政府官员。⑤安排特别活动。⑥支持相关团体,赞助相关活动。

专栏6-9 天安数码城集团促销策略

占据**3**个核心机场——深圳机场、上海机场、北京机场

因为在机场,企业主、政府人员频繁往返,可以传播全国性招商运营实力,证言天安数码城全国性地位;并且这相对户外立柱成本更低,投放更灵活。

锁定**3**本航空杂志——南航、东航、国航

锁定国航、南航、东航3本覆盖航线最多的航空杂志,通过"刊中刊"形式展示项目,深入剖析天安数码城品牌理念,保证品牌解析深度及全国项目信息传递。

每年全国性公关活动

——与《经济观察报》合作举办高成长度企业评选"黑马企业颁奖。可与科技行业密切联系,与各市高新开发区广泛合作,积累丰富客户资源。

——办一个全国媒体俱乐部,由专人维护统筹、形成口碑。

资料来源:百度文库中天安数码城产品品牌报告。

6.3 销售模式

园区项目作为工业地产的一种,在发展过程中,选择正确的销售模式起到很大作用,不仅可以给发展商带来利益,而且可以有效带动一个区域的经济发展。目前工业地产的销售模式主要有三种:一是纯销售模式,指的是出让产权,开发商采用这种模式可以很快收回投资,实现资金的回笼,有利于项目滚动开发,这种模式缺点是不能体现工业物业价值;二是纯租赁模式,开发商只采用出租模式,赚取租金,如此,产权掌握在开发商手上,开发商可以根据变化实际,来改变用途,可以等待增值之后来出售,或者可以进行抵押;三是租售结合模式,开发商对所推的商铺采用可租、可售的经营方式,部分租、部分售,出租部分起示范作用,此种办法存在的弊端是开发商不知道如何确定租售比例才能更好维持资金回笼和物业经营。

6.3.1 纯销售模式

1. 整体出售模式

整体出售模式有两种情况:一种是对客户量身定做厂房出售给客户。根据顾客需求,选择合适地点开发建设,整体出售给客户。特点是为客户量身定做,减少市场不确定风险,但定制目标客户群少,有一定的招商难度,需在开发建设前寻找到定制客户;第二种是不先确定客户的整体出售。该模式要求物业项目产权单一。其特点是无须向政府申请多个产权证,但没有建设前的已知客户,如项目体量大,较难实现整体出售。

2. 分散出售模式

分散出售模式需要物业项目能够分栋或分单元办理产权证,其特点是分散出售有利于项目尽快收回投资,但必须向政府申请多个产权证。另外,产权分散,不便于行业规划和管理。

6.3.2 纯租赁模式

1. 整体租赁模式

一种是为客户定制出租模式。在开发建设前先找到定制客户,然后根据客户需求来建设厂房,长期整体出租。如同为客户定制出售模式一样,有已知的客户,减少了许多不稳定性,但是定制目标较少。另外一种则是开发建设后再来寻找客户。开发商保留全部物业,整体长期出租给一家包租公司或一家大企业。其特点是持续经营,获得租金收入,且收益稳定,不需承担租期到期后再次招商的市场风险。但整体出租比分散出租的租金收益低,投资回报较低。

2. 分散租赁模式

开发商保留全部物业,分散出租给各类企业。其特点是持续经营,获得租金收入,或待土地升值后,将物业转让,还可获得物业的增值收益。

6.3.3 租售结合模式

开发商保留部分物业,部分销售给中小投资者或企业用户。其特点是既可及时收回投资,又可保证一定的现金流和未来物业升值,但有部分产权分散。

6.4 销售执行策划

6.4.1 执行策划的工作阶段及内容

策划工作主要分成两个阶段,即前期策划和执行策划。前期策划是策划工作的基础,主要包括目标沟通、战略安排、项目产品及客户初步定位、物业发展等。而执行策划主要负责的是项目跟进,主要包括战略总纲、销售执行报告、价格策略报告、专项方案制定与执行、阶段性策略制定和调整、现场跟进和平台建设等。

执行策划主要包含技术层面和执行层面两个方面。技术层面主要就是关于策略总纲、销售执行、价格策略、销售总结等书面报告的总结。执行层面主要是市场信息及客户信息跟进、发展商对接、资源整合、专业沟通、营销活动执行与现场跟进、与销售人员互动和资料录入等。执行策划的工作分成开盘前和开盘后两个阶段。

1. 开盘前执行策划工作

开盘前需要在技术层面做好策略总纲及销售执行报告、价格策略和开盘策略。策略总纲包括关于项目价值分析、卖点整合、客户定位、形象定位、价值主张、推广策略等内容。销售执行报告是结合销售目标,在推广策略的指导下,达成销售目标的一些工作安排,包括推广阶段划分及阶段目标、阶段推广主题、媒体渠道、活动安排、促销方式、费用预算等。价格策略是为实现销售目标而制定的合理销售均价、销售策略,包括价格表、价格实现等。开盘策略是根据项目本身和积累客户情况,为达成开盘销售目标,筛选客户、开盘形式、场地安排、开盘流程等的综合性文件。开盘前在执行层面主要是做好项目整体目标及开盘目标、市场情况、客户积累及筛选和为销售服务的所有筹备工作。

2. 开盘后执行策划工作

开盘后在技术层面做好阶段性策略调整、销售总结报告、其他总结沉淀等。

阶段性策略调整是结合各阶段销售目标,参考销售进度,对剩余目标客户进行的有针对性的销售推广措施。销售总结报告是销售结束后,对整个营销阶段进行客户分析、分享经验、总结教训,以便对后续类似项目形成有效的操作方法和模式,供他人学习并借鉴。其他总结沉淀是对项目操作中创新、有效、值得借鉴的活动、渠道等及时总结分享。在执行层面则主要是关注各阶段的销售目标、跟进竞争楼盘市场动态,客户访谈、客户信息收集分析,关注销售进度和促销活动等。

6.4.2 执行策划的分享工作提示

(1)发展商对接。需要认识客户并了解其需求。建立信任纽带,帮客户拿主意时注意要谨慎。

(2)专业沟通。站在市场和客户的角度沟通。沟通是以清晰市场和客户的要求为基础,注意过程中的参与度。在广告、媒介公司中的专业沟通主要是广告沟通、设计方案的提出、广告设计的评价、销售计划的配合和评估广告效果。而礼仪公司的专业沟通主要是关于包装制作、活动配合等。其他公司的专业沟通,例如展览公司主要配合点是大型展销会、分展场,对接工作时注意展位设计、治安监控和与广告公司的配合等。

(3)现场包装及活动跟进。工作的重点在于包装实施、品质控制、促销品选定、合作单位之间的协调和广告日现场监控等。

(4)会议组织。确定会议主题和目的、相关资料准备、确定与会人员及会议流程、达成共识等。

(5)数据录入,平台支持。营销档案及时录入、整理搜集成交客户的访谈问卷和销售周报等。

6.4.3 执行策划的技术要点

在执行策划中要注意以下几点:清晰正确理解项目目标;随时跟进市场信息、深入了解客户心态;培养良好的沟通技巧和能力;及时掌握销售动态,调整销售策略,经验的及时总结分享,有利于借鉴。

专栏6-10 南昌小蓝经济开发区招商案例

南昌小蓝经济技术开发区坐落于江西省首府首县——"全国百强县"南昌县,成立于2002年3月,规划面积40平方公里。近年来,国家为了推动工业地产发展,制定了一系列相关政策,主要目的为规范和引导。经过10年的发展,已跻身全重点工业园区前列。世界500强美国福特集团等9家企业,国内200强人民电器集团、三一重工,全省行业龙头企业汇仁集团、煌上煌集团、新龙化纤、江铃集团等知名企业均选择落户该开发区。例如,可口可乐在中部其他省会城市只认国家级开发区,选择县域、省级开发区的独此一处。

目前,小蓝经济技术开发区工业地产的开发主要以工业园区为主,有利于降低企业生产经营成本,实现土地价值最大化。随着开发区和企业对工业地产越来越重视,小蓝经济技术开发区工业地产的发展呈飞速发展态势。从发展现状来看,工业地产已呈现开发更专业、产品多元化、服务配套日趋完善三个特点。

2011年,小蓝经济技术开发区引进工业地产商——江西龚杏投资责任有限公司,打造龚杏(小蓝)产业城,规划建筑面积约23万平方米,占地200亩,规划标准厂房41栋,宿舍3栋,办公楼3栋,位于金沙大道与富山一道交界处,主要为企业提供从生产、研发、办公、生活、商贸等一体化综合现代产业配套服务,主要建筑分标准厂房、研发办公大楼、宿舍、食堂、球场等,涵盖了生产、技术研发及产品设计、总部办公、生活休闲、商业及金融服务、营销咨询等六大功能,能充分满足入驻企业要求。

小蓝开发区崛起,离不开招商的市场化运作,离不开准确的市场定位,更离不开成功的营销方法。其在招商创新方面如下图所示:

一是营造产业发展需要的环境。统筹规划、完善配套、提供产业发

展的优良环境,是实施产业招商的前置条件。小蓝开发区通过落实园区规划,建立完善经济发展综合服务中心,包括投资代办中心、投诉保护中心、创立"无星期天"工作制,实行一个"窗口"和"委托代办式"服务,对企业和项目从办理证照、维护施工秩序、到各种具体问题办理实行"一条龙"全方位跟踪服务,使园区真正成为客商投资成本低、回报快、效益优的理想之地。

二是采取多渠道、多方式的招商。开发区主动与县招商中心、侨办、台办等招商队伍和窗口对接,组建招商志愿者队伍,按引进项目资金比例给予奖励;同时推行委托招商,利用落户园区外商、外资以商招商;发挥南昌县籍在外人才优势,以乡情、亲情、感情招商。

三是运用品牌、龙头效应招商。借助入驻开发区的知名品牌提高小蓝产业园的知名度。注重引进知名度高、实力强的品牌企业和投资商,如福特集团、李尔内饰、伟世通、百事可乐、上海宝钢、中粮集团。同时在招商过程中大力宣传这些企业投资得到的回报,以宣传这些大企业大品牌来宣传小蓝投资环境。通过服务企业建立的良好信任关系,借助他们到各地主办招商引资会展,以这些企业的现身说法提高园区招商公信力。

四是围绕产业配套、组合招商。在产业招商方面，小蓝开发区首先看重的是能够带动相关产业的项目。这些项目落成后，可以带动配套项目入园。如小蓝汽车城引进江铃股份、江铃控股等5大整车项目后，先后引进与之关联的伟世通、李尔内饰、上海宝钢、新电空调、上海久耐离合器等百余个汽车零部件项目，从而形成了从汽车研发到零部件供应、整车制造、汽车改装、销售物流和售后服务较完备的产业链。布局按分片组团规划，每个片区都以某个产业链项目招商为主，各个小区之间相互倚重，形成产业群，使投资商能够充分享受上下游企业之间和同类企业之间合作带来的效益。

五是创新项目模式，率先引入BOT。在全省工业园区中，小蓝较早启用了工业污水处理厂，以市场的手段，先人一步走上了"生态园区"的建设之路。在大力发展园区物流企业的同时，依托重要的铁路交通枢纽向西货运编组站，建立了通向全国与世界的快捷物流网络。还借鉴城市新型社区管理模式，全面引入园区物业管理服务，让园区企业得以抛开繁杂的"小事"专事生产。

资料来源：http://www.docin.com/p-796291548.html.

7 园区综合体的运营模式

7.1 园区综合体的开发

7.1.1 拿地模式

1. 招拍挂模式

2002年,土地使用权出让采取招拍挂制度,房地产开发商可以采取拍卖、招标、挂牌、协议方式获取土地使用权,为当前市场上真正的优秀者提供了很好的制度保障,考验了房地产开发商和运营商的专业能力和经营智慧。大批工业地产开发企业(如联东U谷、普洛斯等)的大多数工业土地都是通过这种公开市场上竞价从而取得价格合理、优质的土地。这类拿地模式的特点在于市场化竞争、土地产权透明、不确定性因素少。

2. 收购拥有工业土地的企业或与之合作

在现今的政策和市场环境下,工业地产商很难拿到一手土地,对于注重引进外资和扩大税收的地方政府来说,他们更愿意把土地出让给最终用户或者政府自行开发,而不是出让给身为"二房东"的工业地产开发商。2008年的金融危机和2009年的住宅地产宏观调控导致大量的房地产开发商进入工业地产领域,工业地产开发商面临外部环境的多重压力。

在这种业内大环境下,无论是对海外开发商还是本土开发商而言,"拿地难"都是掣肘其发展的最大障碍。目前,国内一线城市尤其是北上广深等工业发达城市的工业地产资源非常稀缺,工业地产开发商拿地变得愈加困难,不得不通过与拥有土地的制造型企业进行合资,或是通过收购经营不善的工业企业等方式来获取土地,实行"曲线救国"的策略;抑或是通过进入专业物流领域进行探索,通过与最终用户的合作获取土地资源。也正因如此,大量房地产开发商进入内地二线城市寻找土地资源。

3. 与政府合作开发

国内大多数地方性工业地产开发企业是在地方政府的主导下建立,相较于其他工业地产开发商来说,这类企业从政府手中拿地更加容易,享有的优惠政策也更多。同时,这也给工业地产开发商提供了新的道路:工业地产开发商与政府合作成立分公司,开发商与地方政府合作开发工业土地,互相弥补不足之处。虽然政府的支持引导会给地产开发商提供更多便利,但政府的干预也会导致开发过程更加复杂,无形中提高了开发成本。

7.1.2　开发主体

园区综合体的开发是工业地产开发的一种,更为接近产业地产的概念,研究园区综合体的开发模式的同时,可以通过对工业地产开发模式的研究来了解园区综合体的开发模式。根据国内外工业地产开发建设的经验,工业地产项目开发主体有以下四种:工业园区开发模式、主体企业引导模式、工业地产商模式和综合运作模式。

1. 工业园区开发模式

目前,工业园区开发模式(又称政府开发模式)是中国各级地方政府最常使用的工业地产开发模式,同样也是我国目前工业地产市场的主要载体,这一开发模式更多的是基于社会发展、区域经济建设以及就业等各种因素综合考虑的,而不是简单意义上的工业地产开发。各类工业园区作为本地区国内外经济的交汇点,是我国价值链中具备良好的辐射、示范和带动作用的重要环节,是促进区域经济发展的强有力的推动器。该模式主要是在政府主导的前提下进行,政府创造相关产业政策支持、税收优惠等条件营造园区与其他工业地产项目所具备的独特优势,然后通过招商引资、土地出让等方式引进符合相关条件的工业发展项目。例如:苏州工业园日益成为高科技产业集聚、高科技企业集聚、研发机构集聚和高科技人才集聚的区域,科技创新的高地正在苏州工业园区迅速崛起。

表 7.1　政府开发模式

开发主体	地方政府是我国目前工业地产市场的主要载体,工业园开发模式也是各级地方政府最常使用的工业地产开发方式。
操作手段	地方政府创造相关产业政策支持、税收优惠等条件营造园区,形成其特有的优势,然后通过招商引资、土地出让等方式引进符合相关条件的工业发展项目。
外部条件	区域经济发展迅速,产业潜力十足; 区域辐射地位明显,交通条件优越; 宏观政策重大利好,产业发展具备良好的政策环境。

2. 主体企业引导模式

主体企业引导模式,一般是指在某个产业领域具有强大综合性实力的企业,为了实现企业自身更好地发展以及获得更大的利益价值,通过获取大量的工业土地,营建一个相对独立的工业园区;在自身企业入驻且占主导的前提下,借助企业在产业领域内强大的凝聚力与号召力,通过土地出让、项目租售等方式引进相关企业的聚集,实现整个产业链的打造及完善。

这种开发模式的特点是投资主体单一,多为财团自行开发,参与的政府、合作机构比较少,园区的功能也相应比较简单,政府只是创造相关产业政策支持、税收优惠等条件,一般适合公司资金充裕、实力雄厚、欲彰显自身实力的企业。具有强大综合实力的企业入驻园区并且占据主导地位,利用自身在行业内的影响力带动行业上下游相关产业的聚集,以产业链形式带动区域产业发展。此种模式严格意义上来说并不是单纯的地产开发,主要是围绕主体企业进行运作,是企业产业链的打造及完善。典型的园区如五矿产业园、北京诺基亚星网工业园和上海金山工业园等。上海金山的上海石化工业园区,其即为在上海石化龙头企业的带动下,做大做强石化企业,同时进行相关行业延伸及细化,进而达到整个产业链的完善与发展,为实现整个金山"大石化战略"发展目标奠定坚实的基础。

表7.2 主体企业引导模式

开发主体	地方政府是我国目前工业地产市场建设的主导,主体企业引导模式是工业园开发模式的衍生模式,也是各级地方政府经常使用的工业地产开发方式,由政府支持引导,企业开发经营。
操作手段	创造相关产业政策支持、税收优惠等条件,营造园区与其他工业地产项目所具备的独特优势,吸引某些行业的知名企业进驻,利用其在行业的影响度来带动行业上下游相关产业的聚集,以产业链带动发展。
外部条件	区域辐射地位明显,交通条件优越; 具备产业发展的良好的产业政策环境; 优惠的税收及相关政策。

3. 工业地产商模式

工业地产商模式是指房地产投资开发企业在工业园区内或其他地方获取工业土地项目,再进行工业地产项目的道路、绿化等基础设施乃至厂房、仓库、研发设施等房地产项目的建设,然后以租赁、转让或合资、合作经营的方式进行项目相关设施的经营、管理,最后获取合理的地产开发利润。

普洛斯是目前全球最大的工业房地产开发商,专注于物流房产租赁服务,开发及管理超过140亿美元资产,管理总物业面积已超过2700万平方米。在取得土地之后,普洛斯会进行一级开发包括基础设施的建设,二级项目以仓储设施为主,采用租赁的方式销售产品,客户对象包括制造商、零售商和物流公司等,产品销售之后,普洛斯还会派出专业团队进行项目的物业管理和客户维护工作,普洛斯称之为"物流房地产"。目前普洛斯的"物流房地产"已进入中国12个城市,拥有15个项目,面积约57万平方米,其中包括在上海的西北物流园。这种模式下,普洛斯扮演一个建设者的角色,为物流企业提供相应的平台,吸引物流企业入驻,其本身只做房地产投资开发和物业管理,日常物流业务仍由客户操作,其本质依旧是房地产开发商。

表7.3　工业地产商模式

开发主体	房地产开发企业是该模式的开发主体,工业地产开发商通过市场化的开发模式来完成工业地产的开发、销售(租赁)、管理等活动。
操作手段	根据区域产业发展的趋势及未来工业市场的需求状况,通过市场化的取地方式来获得土地,继而进行工业物业的开发,以出租或出售方式实现效益。
外部条件	区域辐射地位明显,交通条件优越; 具备产业发展的良好的产业政策环境; 优惠的税收及相关政策。

4. 综合运作模式

综合运作模式是指对上述工业园区开发模式、主体企业引导模式和工业地产商模式等进行混合运用的工业地产开发模式。

表7.4　综合运作模式

开发主体	开发主体不再单一,不同阶段开发主体存在差异,属于多主体共同开发模式。
操作手段	由于建设规模较大和涉及经营范围较广,既要求在土地、税收等政策上的有力支持,也需要在投资方面能跟上开发建设的步伐,还要求具备工业项目的经营运作能力的保证。 因此,单纯采用一种开发模式,往往很难达到使工业项目建设顺利推进的目的,必须对工业园区开发模式、主体企业引导模式、工业地产商模式等进行综合使用。
外部条件	区域辐射地位明显,交通条件优越; 具备产业发展的良好的产业政策环境; 优惠的税收及相关政策; 项目建设规模较大,涉及经营范围较广。

综上所述:工业园区开发模式在很大程度上受到政府的影响,需要根据当地政府的政策应对,包括园区产业类型,土地出让和规划等。主体企业引导模式对于单个房地产开发商来说并不合适,或者说不能主动参与,毕竟房地产开发商并非所谓的主体企业,难以获得同主体企业同等的话语权,更合适的选择应该是在主体企业确定之后围绕主体企业进行开发运作,当然如果可以获得主体企业的

工业地产订单会是更好的选择。而工业地产商模式,对于中国内地开发商来说也存在一定壁垒,内地的开发商目前更多停留在房地产增量开发阶段,对于房地产存量经营、中介服务和房地产金融等方面介入较少,企业更多停留在房地产开发型阶段。而进入中国内地的国外工业地产商都有丰富的经营管理经验,属于房地产投资(资本运营)型或者房地产服务型企业。

7.1.3 开发模式的特征

1. 政策主导性

园区综合体的开发受政府的政策影响较大,政策导向是园区产业发展的风向标。一般情况下,政府会支持主导产业与政府鼓励方向一致的园区项目,这样园区才有可能在土地审批和招商引资时获得政府的支持,得到更多资源。政府的扶持政策主要有土地政策、税收和补贴、人才引进、投融资政策等几个方面。

区域经济政策是影响园区发展的重要政策因素,政府通过制定实施各种法律条例干预、规范区域经济行为,引导、促进区域经济发展。产业政策也是政策因素之一,包括产业结构政策、产业组织政策、产业布局政策,可以有效协调园区主导产业与衍生产业的平衡发展,保护小微企业的生存空间。

2. 专业性

园区最终目标是要构建产业集群并形成产业链,没有达到这个要求,就不能称得上是一个成功的园区项目。园区开发规划是一项专业性很强的工作,园区规划需要在分析国家宏观政策的背景下,回答发展什么以及如何发展的问题,这需要考虑区域经济状况、经济发展趋势、园区布局、产业链和产业集群效应等因素,运用科学的分析方法,形成具有指导意义的规划方案,明确园区开发所有事项。

3. 投资大、回收期长

园区综合体投资规模大,对开发者的资金实力要求高,需要保证项目前期的资金供应,同时后期招商和运营方面也需要长期的资金流入,投资回收期限大于住宅房地产与商业地产。因此,园区开发商一般要尽快完成地产项目的建设,基础设施通常是最容易吸引企业入驻的因素,更利于园区的招商引资。

4. 项目增值性

对工业土地进行一级开发,可以在土地保值的基础上实现土地的溢价增值,发展第二、第三产业获得收入,对工业地产的租售,配套设施的经营获得收入。

园区实现第二、第三产业联动,拓展项目收入来源,加强教育业、医疗卫生、文化、科技和体育等服务业的发展,开发商在地产租售、物业管理的基础上,可以通过增值服务获得长期收益。

园区综合体增值性源于吸引企业入驻,从而带来大量"人气",由此为开发商提供了赚钱机会。将园区开发和经营结合起来,充分考虑到项目收益的稳定性和持续性,挖掘园区经济价值。

7.2 园区综合体的运营

7.2.1 经营模式

在世界范围内商业物业的经营模式中,大致地可以分为三种模式:一是纯销售模式;二是租售并举模式;三是纯物业经营模式。这三种模式也对应物业经营模式发展的三个阶段。

1. 纯销售模式

在工业地产刚兴起的时候,开发商为了迅速获得流动资金,进行快速套现,通常采取纯销售的模式,但是它并不能体现出工业物业价值,是商业地产在极不成熟阶段的过渡产物。

开发商采用纯销售的方式,只售不租、出让产权、迅速变现,使得开发商得以尽快回笼资金,减少资金压力,有利于项目的滚动开发。因此目前国内的工业地产开发商非常重视销售,并以此作为主要的赢利模式,其实这种做法存在一定的问题,虽然开发商赚取了物业本身的价值,却失去了物业资源固有的土地价值,而且在这个销售过程中,投资的比例占据了很大部分,这会使市场混乱,商业形态无法控制,甚至是空置率上升,导致后期租赁缺乏资源,难以形成商业效应,使项目开发难以为城市服务,又对开发商的持续发展设置了重大的障碍。这种追求销售以快速回笼资金而忽视项目长远持续经营和发展的收益模式称为静态收益,它只在销售过程中获取一次性收益,由此失去了物业价值。而与之相对应的主要物业经营营造出良好商业氛围从而使项目持续获得物业价值的收益模式为动态收益,这种模式虽然资金回笼慢,但是它却既保持了项目的土地价值增值,同时又能持续地取得物业价值收益。

2. 租售并举模式

开发商会根据前期制定的销售比例和招商情况进行二度调控，划定销售范围，并明确经营范围和法律手续，同时，对于大部分物业仍然采取出租模式，以便在资金回收相对平衡的条件下保持物业的持续经营，开发商能够通过产权出售和租金收益来双重获取利润。

开发商可以采用只租不售的方式，以赚取出租回报为目的，同时可根据市场情况待增值后出售或者再次抵押贷款。这种做法的好处是产权握在开发商手里，可以抵押贷款，还可以待增值后出售，甚至可以将物业进行资本运作。而采取又租又售的经营方式部分租，部分售，出租部分起示范作用，较为灵活而且能更好地满足开发商的利润获取要求。但是租售并举模式也存在一定弊端，因为开发商在租售比例控制上往往把握不住火候，如何确定租售比例才能较好地维持资金回笼和持续物业经营，目前业界对该问题并没有统一的意见。如果出售的比例太高，而且投资成本太大，经过混乱的易手后，将会造成物业形态无法统一协调，由此影响入住率，这样不仅使业主的产业无力增值，同时也使出租能力下降，从而使项目难以稳定经营。

3. 纯物业经营模式

该模式是工业地产发展到较为成熟阶段的必然产物，在欧美国家采用较多，开发商在物业前期依靠合理的商业运作，获取稳定的租金收益，经过若干年的正常经营，或包装上市或通过资产评估而获得金融机构的贷款，或将部分产权出售以套现。

开发商以物业与其他企业共同建立合资经营公司，专门经营其开发的工业物业，并以租赁方式从其手中租用他的工业物业，同时享有租赁收入、合伙经营收益、物业增值三部分利益。这种模式最重要的在于前期的商业运作，只有这个阶段成功了，后续的经营才能维系，并在经营增值后才会由于有多种处理方式而使抗风险能力明显提高，同时此阶段的售价远远高于物业经营前期的价格。

7.2.2　盈利模式

1. 以土地溢价增值而获取利润

工业地产开发商在完成项目基础设施建设后，进行项目主题包装与概念推广，实现项目中部分土地或整体土地的转让、出让房地产投资基金或其他专业工业地产投资基金。以美国普洛斯工业地产集团在苏州工业园区投资开发的苏州普洛斯物流园为例,其操作步骤是首先由普洛斯通过招、拍、挂方式在苏州工业园取得某地块的使用权,然后由普洛斯的地产开发部对该土地进行一级开发,开发建成物流园之后对该物流园进行出售并从中获取溢价,或者交由普洛斯的地产管理部门进行出租。

2. 进行项目开发,长期运营或出售项目

项目投资开发商,或独立,或联合,进行项目的整体开发,通过已建成房地产项目的出租、出售或租售结合等方式,实现项目的收益。通常表现为在项目地块上建造标准厂房、研发中心、商服配套等设施后,进行已定的产业主题类企业招商引进,从而获取项目销售后所带来的利润或长期持有项目而取得经营管理收益。浙江永康民企中国星月集团在上海松江建设的"星月·大业领地"就是采取该方法,星月集团在取得土地之后,进行一级开发包括基础设施的建设,打造设施平台,吸引物流企业入驻,然后为物流企业提供一系列的服务,或者出售开发项目进行盈利。

3. 联合工业企业,按需订制开发模式

工业地产开发商取得工业用地后,进行项目主题包装与概念推广后,与已确定主题的产业企业强强联合,按产业企业需求量身订制工业厂房等产品项目,从而实现最低风险下的项目收益。

4. 围绕入驻企业提供产业配套增值服务

围绕入驻企业的配套增值服务,是指围绕园区内的产业提供产业配套、商务配套等增值服务进而取得收益,建设完善的配套产业环境。开发商提供增值服务,需要从入驻企业的需求出发,不同类型的企业需求不同。在产业配套增值服务方面,园区可以提供的增值服务类型包括市场信息、技术检测、投资融资、员工招聘、技能培训等配套服务设施或公共平台。为了做好增值服务,开发商需要在组织结构上组建专门的服务部门,培养专业的服务团队,通过服务创造效益。专业的服务团队有利于开发商做好增值服务,对营造产业地产项目的服务环境、增加服务内容、提高服务能力,都能够发挥重要作用。

① 行业信息交流平台。开发商可根据园区当地产业发展情况着力搭建相关行业信息交流平台,具体举措可包括:建立专业的相关行业协会,为当地企业提供信息交流渠道;建立相关领域专家、人才数据库,搭建行业技术评估平台与人才中介平台;定期举办相关领域的年会与展会,向国内相关产业发达地区学习经验的同时可大幅度提高园区在产业中的影响力。

② 采购平台。以一个电子信息产业园为例,电子制造企业可以为园区的发展起到很好的支撑作用。而对于电子制造企业而言,原材料采购的方便与否对于企业降低生产成本、保证产品生产周期具有十分重要的影响。通常来说,对于大型制造企业而言,企业通常会与原厂和分销商建立比较紧密的联系,因此采购平台对于其影响意义不大。而除了大型制造企业,数量更多的中小型制造企业对于上游原材料的采购更多的是通过贸易商、电子商务或者原材料批发市场,因此建立元器件采购交易平台,对于提升区内企业原材料采购的便捷性具有十分重要的作用。区内元器件采购平台不仅可服务于区内甚至市内区域,还可以辐射周边地区。

③ 公共测试平台。针对中小企业规模普遍偏小、无力搭建企业自己的测试平台的特点,园区可有选择地搭建相关产业公共测试平台,服务区内中小型企业,借以吸引企业的入驻。通过搭建产业公共测试平台,一方面为区内企业提供服务的同时可获得可观的经济效益,此外还可吸引相关企业的入驻,实现园区与企业的双赢。

④ 投融资平台。中小型企业尤其是创业型企业对于资金的需求是较为急切的,充足的资金可以使这些企业从容地实现技术成果转化、市场渠道开拓,有利于其更快地做大做强,较早地实现经济效益与社会效益。从深圳等地的经验来看,这些地区都设立了专门的产业投融资平台,积极介入区域内的中小型企业或创业型企业,为其提供资金保障与市场开拓、经营管理等方面的支持,接受支持的企业一般能取得更好的发展成就,深圳大族激光等便是比较有代表性的企业。借助上述经验,园区可以搭建产业投融资平台,为区内企业提供融资担保、小额贷款等服务。此外,园区还可根据产业发展的实际情况和需求搭建知识产权交易中心。以知识产权为主题,以市场需求为导向,吸引海内外各类资金和政府引导基金,投入知识产权的再开发和成熟技术的商品化,为具有自主知识产权的重大创新成果转化提供资金保障。

⑤ 政府公共服务平台。经验表明,高效完善的政府服务不但能大大简化企业的办事流程,还将有利于吸引其他企业入驻产业园区,实现园区管理者与企业的双赢。因此园区可积极搭建政府公共服务平台,用实实在在的便利和优惠吸引企业入驻。具体措施有,可在园区内建立行政许可服务中心与现代服务中心。行政许可服务中心可综合相关的政府行政管理部门职能,统一政府各部门与园区对话;现代服务中心可实现园区内企业资源和信息互通交流,协调内部功能并

统一园区对外的整体功能。

5. 提供商业、生活配套增值服务

随着园区竞争的日益激烈,除提供产业配套增值服务外,园区内是否具备完善的商业、生活配套增值服务对于提升企业入驻意愿、实现园区的快速启动也具有十分重要的意义。商业、生活配套增值服务是面向个人的,例如幼儿园、小学、中学等优质的教育资源,方便的就医条件,对解决入驻企业员工的后顾之忧具有很强的吸引力。电影院、体育馆、餐厅等完善的休闲娱乐设施,能够构建起企业员工八小时以外的生活圈,不仅有利于吸引企业入驻园区,而且也为开发商带来了源源不断的增值收益。

① 商业配套。园区需要提供相对完善的商业配套来为入驻企业和人员提供便利,同时提升园区竞争力。商业配套建设包括:积极争取市政资源,适当新建或增加路过园区周边的公交站点,改善园区的交通条件;引进数家商业银行服务网点、电信营业厅、邮政营业厅等服务机构;引进数家便利店、办公用品销售店、打字复印室以及票务代理等服务机构;引入至少一家商务酒店。

② 生活配套。园区生活配套建设要解决的问题包括人员餐饮、住宿以及文体娱乐等方面的问题。生活配套建设包括:住宅配套方面,可利用产业地产项目的住宅部分相应解决;餐饮配套方面,建设员工食堂满足员工的基本需求;娱乐配套方面,采取引入娱乐性服务企业的方法;文化配套方面,需与相关企业进行合作开发。同时,若园区距离市中心不远或周边有相应的住宅项目,住宅需求可直接借助周边已有社区进行配套解决;引入一些具有一定档次的餐厅及快餐店来解决初期园区的餐饮配套问题,如引入麦当劳、肯德基、真功夫和必胜客等;随着未来入驻企业及人员数量的增加,引入一家规模相对较大的餐饮服务企业,为园区不同层次人员提供食堂类型的餐饮配套服务;进行一定的文体娱乐配套建设,例如可引入几家茶室、酒吧或咖啡馆,为园区提供一些休闲以及会客场所;进行一定的体育设施建设或引入健身中心,为园区内部高端人才提供相关服务。除了生活配套基本设施,其他园区服务应选择与服务型企业合作或直接引入,以此降低园区开发成本,提高开发效率。

6. 额外收益与二手厂房改造

近年来,城市老工业建筑的再生利用成为西方大都市发展的一条必经之路。在房地产市场比较成熟的城市,新兴的科技工业园早已将工业地产发展到融自然、人文、科技为一体的人性化现代建筑,而在老的工业城市和新兴城市的老旧工业区里,老厂房环境污染严重、交通堵塞、治安状况差、配套设施落后等问题使得其改造日益迫切。老工业区拥有一大批地理位置优越、厂房结构合适、配套设施齐全的工业企业,其中相当一部分由于机制不活、竞争力不强和环境污染等原因而导致企业的厂房闲置,旧有的厂房利用率不高。而新兴都市工业园式的改造,则使得原有的闲置厂房焕发了新的生机,其原设计的使用用途也可以得到最大程度上的发挥。

7.2.3 运营模式的特征

1. 主导产业鲜明

园区产业主题明确,围绕主导产业形成产业链和产业集聚。产业发展是园区综合体发展的本质所在,区域经济发展规划和产业发展规划是园区中产业分工的依据。对于区域经济发展目标来说,园区综合体在经济增长、产业结构优化和升级、新兴产业培育等方面承担着重要任务,产业是园区存在的前提,园区综合体必须有明确的主导产业和发展目标。

2. 城市化与工业化相互促进

园区综合体须依托现有的社会经济基础发展成为新的城区。工业化和城市化是密不可分的,园区以城市为基础,又进一步促进城市发展。园区综合体是城市空间的有机组成部分,是城市发展的重要力量。园区经过若干年经营最终发展成为新城区,吸引了大量的资本和人口,其对城市化和工业化进程的作用是难以估量的。

3. 开放性与发展性相互促进

园区的产业聚集和人口迁移是园区的成长过程,这个过程有内在的发展规律,这就决定了园区综合体的发展模式是一个动态的成长过程。园区空间资源配置的任务之一就是要把握这个过程,合理配置园区空间,但园区也须保持开放性,保证园区与外界进行合理的资源和信息交流,在这个基础上实现园区的健康发展。

4. 以功能整体性为依托

园区综合体内部各种功能空间的有机组合,并通过园区的整体功能而发挥作用,园区综合体的竞争力不是来源于某个功能部分,而是以其功能整体性参与市场竞争,这是园区综合体发展模式的必然要求。开发商要根据产业定位、经济和人口规模、建设目标以及功能分区确定园区的空间组合方式和比例,既要满足生产、生活和环境的多样化需求,又要满足空间价值最大化的利益目标。在此基础上,形成园区的竞争优势和劣势,做出符合自身特点和能力的战略抉择。

7.3 园区综合体的运营管理

7.3.1 运营的关键点

(1)位置选择。在区域位置选择上,园区综合体由于其自身产业的特殊性,因此在位置选择上不一定是市区,但必须是交通便利的区域(一般为紧邻城市快速通道、高速公路出入口、国道、省道、港口、机场等),不但方便员工上下班出行,还可以加快企业的物流运输。园区选址需在城市重点发展的区域或新兴区域,最好有某种产业基础或符合当前战略性新兴产业的规划,并且与各地政府的产业政策紧密结合,因为往往各地政府会将某一片区域划定为某一行业专属工业区。因此,开发商在进入工业地产领域前应首先研究当地政府的工业区域分布、导向及相关政策等。

(2)规模要求。园区综合体是真正意义上的建设和运营新城市、新社区,园区综合体具有复合性,容纳工作、生活、商务、休闲等综合功能。因此园区综合体也要比一般的工业园区规模更大,动辄上千亩土地空间,为园区未来发展提供充足的空间。

(3)产业定位。园区综合体要有一个明确的主题,以便后期招商有的放矢,配套规划、服务平台有效建设。如深圳天安数码城,早期明确定位为数码主题,吸引了一批手机通讯、电子软件企业进驻,不管是刻意引导还是自发实现,都已形成一种产业聚集效应。产业定位应符合区域发展和产业规划,必须是基于当地某种产业基础或以此进行的产业升级,必须符合产业发展趋势。

(4)政府政策。产业地产项目要符合政府的政策导向,争取相应的政策支持和优惠,包括创业扶植、税收减免、土地补贴等。

(5)人力资源。园区的运营管理以人为中心,是一个人对人的服务过程,因此在园区的运营管理过程中,员工的地位比较重要,其表现对运营效果影响较大,对员工的激励是决定园区运营管理水平和效果的重要因素。园区的运营管理水平的进步更多地体现为员工技能的更新和管理水平的提高,对员工的长期培训是园区运营管理的重要内容之一

（6）配套设施。对入驻企业来说，大企业看重政策，小企业看重配套。产业园区在企业入驻前就应形成完善的银行、超市、便利店、食堂、班车、公寓、学校等配套设施体系，满足入驻企业员工的衣、食、住、行等需求，为其工作、生活提供一个良好的环境。

（7）服务平台。为企业打造服务平台，解决企业创业、生存、成长、创新等方面的资金、技术、人才、政策等服务的需求。园区的服务平台应涵盖科技企业孵化器、创新基金、政务服务中心等内容。

7.3.2 运营管理中的问题

（1）只关心短期销售业绩，不注重长期战略规划。工业地产开发商普遍过于看重短期利润，不愿作长期的战略规划，项目缺乏前瞻性和可持续发展能力。

（2）重招商，轻建设；先建设，后招商。营销招商是项目运营管理的内容之一，这也是工业地产开发商最看重的部分。项目的建设实质上就是优质服务的提供过程，其重要性与招商同等重要。有些企业完全用住宅开发的操作模式来运作工业地产项目，先建好项目，再去招商。岂不知工业地产项目要求与产业匹配相适应，是先工业后地产。

（3）人才缺乏。目前一种普遍观点是，工业地产项目以能招到商为目标，所需要的人才就是营销人才。其实工业地产项目运营管理不仅需要营销人才，更需要懂设计、懂规划、懂运营管理的全方位人才。目前此类人才相对缺乏。

（4）企业对项目运营管理重视不够。许多工业地产开发企业根本没有运营管理的概念，以为那只是制造业的事情，对工业地产项目无关紧要。这也是目前工业地产项目开发不能有序发展的原因之一。

7.3.3 关于运营的建议

（1）以整体性思维，对工业地产项目实行统一运营管理。所谓整体的思维，就是以工业地产项目的整个价值链为起点，从整体、全局的角度整合资源；统一运营管理就是以项目的持续发展、永续良性经营为目标，提出一套切实可行的系统性工业地产项目运营管理方案。在招商过程中要对项目进行不断调整和优化，并且要考虑企业之间的合作与共享，考虑产业的集聚效应和集群优势，以优秀的企业吸引优秀的企业，最终提升整个项目的品位和质量。

（2）改变"建造—销售"的传统模式，从长周期角度加强项目运营管理。工业地产开发商要把目标定在追求投资回报的稳定性和长期性上。工业地产项目开发从筹措资金、建设基础设施、开发经营项目到提供工业地产产业和服务等，需要一系列的运营活动，资金占用量大、时间长，应制订一些新的运营方案。如把工业地产市场与资本市场嫁接，引进风险投资；工业地产开发企业也可参股企业的生产项目，以租金换股权，然后在被投资企业未来盈利或上市溢价时转让所持股权，回收成本。

（3）重视全程运营管理。工业地产项目开发只是项目的开始，持续的运营管理才是项目成功的关键，因为所有的投资者都要通过后期的租金收入来实现投资回报。开发商要明确工业地产的功能是工业生产，而产品达到高品质的关键在于后期服务。只有有效地解决了专业化运作问题，工业项目在后期经营中才能实现可持续发展。在后期经营过程中，运营管理要有统筹计划，对企业入驻、日常管理和对外形象宣传等要统一安排，还要协调与政府等有关部门的关系，不断地招商。工业地产项目开发要求开发商做到投资者、经营者、物业经营者三种身份的统一。虽然工业地产和住宅地产同属于房地产行业，但其生产、经营、管理、销售、技术、质量、投资、融资的模式都是不一样的。

7.4 龚杏集团的运营模式

7.4.1 龚杏集团的开发模式

1. 自主开发

龚杏集团是在江西省政府主导下建立的国有企业，龚杏集团刚进入工业地产领域还处于发展初期时，采取了自主开发模式，实行独立核算、自行开发、自主经营、自负盈亏的现代公司制度管理模式。在政府的引导下，独立进行工业园区的建设和运营，并最终取得了成功。

2. 合作开发

随着龚杏在工业地产领域的不断深入，单纯地依托自身力量来发展产业地产有诸多困难，龚杏集团引导有实力的龙头型企业、开发商和金融资本进入工业建设领域，与其他企业进行合作开发。根据合作对象的不同选择，龚杏集团的合作开发模式分为以下三种：

①与龙头型企业合作开发。龚杏集团依据既定的合作原则，以小比例出资、

重点输出工业地产运营模式为主,与龙头型企业合作开发工业地产项目。由于龙头型企业在土地、资金等方面的优势,一般由龙头型企业负责拿地,寻找建设方,由龚杏集团负责项目的调研、认证、开发、营运。在共同组建的项目公司中,龚杏将重点在营销招商、引入生产/生活性服务及盘活公建配套等三方面主导合作。

②与开发商(地方政府)合作开发。龚杏集团在与各不同类型的开发商合作开发时的侧重点有所不同。在与工业地产商合作时,龚杏集团会重点发挥本土优势,特别是与地方政府关系的优势,合作的重点在于销售和租赁,甚至会承包其销售和租赁业务;而与地方政府合作开发时,重点在于盘活现有存量,引入龚杏营销模式,收购其公建配套部分资产,引入龚杏生产/生活性服务。

③与资本型企业合作开发。在与投资公司和金融机构两种资本型企业合作时,龚杏集团会负责拿地,寻找建设方,负责项目的调研、认证、开发、营运。在共同组建的项目公司中,龚杏集团的重点在于营销招商、引入生产/生活性服务及盘活公建配套三个方面,项目后期,龚杏集团会选择性收购其公建配套部分资产。

3. 重组并购

龚杏集团会收购或兼并其他拥有土地或资本的企业,成立一个项目公司或直接进行企业重组,以此来弥补集团在工业地产开发方面的不足。

7.4.2 龚杏集团的服务模式

工业地产项目竣工验收交付后,园区内商业配套项目及后期项目运营管理都由龚杏集团总负责,包括合作开发项目的商业配套及后期的运营管理两个方面,这是龚杏集团开发工业地产项目的重要前提。龚杏集团会在项目完成后,选择性收购园区的食堂、公寓、商业街等商业配套部分资产。由此可见,龚杏集团在工业地产的运营方面,多数采取纯物业经营模式,通过厂房租售以及提供增值服务来获得长期收益。

根据江西省人民政府赣府发〔2012〕18号文件《江西省人民政府关于加快推进全省服务业发展的若干意见》,为满足龚杏产业城的配套需要,江西省批准成立了江西现代服务交易中心,明确由江西龚杏现代服务股份有限公司具体运营,以"打造现代服务产业集群,助推产业结构转型升级"为目标,为现代服务产业及企业间提供现代服务供需对接、交易撮合、交付与结算、服务监督等全方位配套服务的交易市场。以实体+网络、线下+线上、中心+分中心+分站的新型商业模式和经营业态,构建具有龚杏特色的立体化、连锁化服务模式。

在园区服务方面,小蓝经济开发区龚杏(小蓝)产业城项目由龚杏服务公司提供物业服务和生活、商业增值服务。工业园区将全套引入龚杏集团的现代服务模式,以完善的生活性服务、生产性服务及公共服务的体系建设,为项目业态的供求双方提供现代服务供需对接、交易撮合、交付结算、服务监管等一体化交易平台。

龚杏(小蓝)产业城占地200亩,位于南昌小蓝经济开发区内,由龚杏集团投资开发,同时联合中国工业地产联合集团·深泰运营机构、北京东光物业管理有限公司、交通银行、洪都农商银行等实力机构,整合江西工业地产网、江西工业地产协会、江西省园区经济研究院等三大江西省最具竞争力的工业地产资源,为企业提供从生产、研发、办公、生活、商贸等一体化综合现代产业配套服务。

龚杏(小蓝)产业城建筑形态涵盖标准厂房、研发办公大楼、宿舍、食堂、球场等,从生产、技术研发及产品设计、总部办公、生活休闲、商业及金融服务、营销咨询等6大功能,充分满足入驻企业要求。基地以南昌小蓝经济技术开发区原有产业为基础,通过园中园的开发模式,形成涵盖生产服务区、生活服务区和生产性服务区3大功能于一体的服务配套区,一站式解决企业和人的生产生活所需。

生产服务区:涵盖生产区、研发办公区。生产区双拼产权式厂房设计,符合光伏、LED、生物医药、新材料等轻工业产业的配套企业需求;研发办公区主要由独立研发办公楼组成,充分满足园区企业办公需求。

生活服务区:涵盖餐饮、住宿、商业元素,生活区自成一体,临近住宅和商业区,满足园区企业员工及管理人员的餐饮、住宿和运动娱乐需求,满足园区及周边人员的生活所需。

生产性服务区:由现代服务交易中心提供服务,引入包含法律、金融、人力资源、软件服务外包,行政办证、银行网点等一系列合作商,并引进北京东光物业管理公司团队,充分考虑入园企业及职员的生产生活所需;以保姆式的服务助力企业成长。

7.4.3　龚杏集团服务模式的问题及建议

1. 龚杏服务模式的问题

①缺乏服务支撑体系。首先,没有与大学及科研机构建立工作联系,缺少产学研的正常通道。从国内外成功的工业园区发展特点来看,它们周围都存在很多大学和科研机构,为工业园区提供高技术人才,科研成果能够迅速进入生产企业形成产业化。园区缺乏和大学及科研机构的有效联系,使得园区企业寻找投资项目成本增加而大学及科研机构的科研成果产业化缺少生产基地,科研成果难以形成市场化。

其次,园区缺少必备的中介服务机构。园区虽然成立了企业服务中心,主要是为企业办理各种证照和手续及协调各部门关系。但随着园区企业增多和企业发展壮大,这种园区服务不能满足企业需要。在企业发展中,不断进行着管理创新、技术创新、组织创新、制度创新等众多创新,这时就需要更多的中介服务机构,如同业商会、工会、会计师事务所、律师事务所、资产评估机构、信息中心、物流中心、拍卖行等服务机构。这些中介服务机构在很多工业园区中都没有。

再次,工业园区的各种市场不发达。工业园区的要素市场、商品市场、资金市场、人才市场、房地产市场等市场不发达,这些因素都阻碍了工业园区的快速发展。

② 资金短缺,融资难,没有投资和融资平台。企业投融资手段少,一般只有银行贷款、企业之间借款、企业内部集资和申请企业创新基金,缺少风险投资、创业投资等投融资手段。在投融资过程中,没有把政府、企业的信誉及特许权进行入股、置换等投融资方式考虑进去,没有把商业信用、银行信用、财政信用等结合起来考虑到融资中去,投融资主体很单一。工业园区的建设和企业发展需要大量资金,投融资方式单一,没有多元化的投融资方式,使得园区建设和企业发展受到限制。

③ 类型与需求不相符,设施完备度低,功能较单一企业员工和居民是享受商业服务设施的直接对象,科学合理的城市功能可使其利益得到最大程度的满足。从现状调研发现,园区员工和区内居民对园区商业发展有着多层次的需求,关注的焦点是与切身生活息息相关的,主要有公交站、超市、菜市场、幼儿园、小学、医院等。企业作为园区的经济主体,是经济发展的推动力,他们对环境的需求主要体现在供水供电、金融服务、网络通讯、科研、物流等方面。而园区现有的

商业发展多以小型的商业服务设施为主,不仅数量少,质量也不高,服务档次较低;大型服务设施缺乏,功能较为单一,不能满足多方需求。

2. 服务体系建设措施

园区各种服务体系建设的好坏,决定于是否满足服务主体的需要。因此明确服务主体对于服务的需求是服务体系建设的前提条件,所以尽可能地了解服务主体的需求是必不可少的环节。并且在此基础上,要对服务主体的需求进行汇总、整理,形成一整套的服务内容的建设需求,尤其是对于服务主体的更高需求,即包括生产服务平台、人力资源服务平台、融资服务平台、研发服务平台、生活服务平台在内的一系列服务平台的要求,从而能让工业园区针对各个服务平台的要求加快建设,与此同时也需要服务主体的参与和反馈,这样才能进一步完善和改进服务体系的建设,形成真正满足服务主体需求、能够完全运转的平台,而不是让其成为一个摆设和空架子。总的说来,要达成这些目标需要服务机关和服务主体的合作配合,要有严密的组织与有力、有效的实施,还需要相关部门和领导的高度重视和督促,使各个服务平台以及整个服务体系的建设能连续有效地进行下去。

①建设园区主导产业交易展示中心。首先要选取交通便利之地,作为产业服务平台,该中心将由会展中心区、商务配套区(包括银行、写字楼、酒店、娱乐中心)等九大功能区组成。中心还可兴建定位于集旅游、观光、休闲于一体的主导产业主题公园,公园的兴建可丰富区内员工生活,也可展示该产业的发展历史。总之,区内要围绕园区主导产业发展的要求,集中建设重点技术领域的公共技术平台,力争建成行业内的一站式采购总部基地。

②加大科技平台建设力度。加大研究室特别是重点实验室建设的政策扶持力度和财政投入力度,引入高水平人才并完善科研设备,全面推进科技服务平台建设,为科技腾飞提供条件,并为优化区内创新创业环境、全面提升园区科技竞争力提供有力支撑;进一步完善面向成长型企业的科技孵化体系,推进"加速器"建设;要清理、整合现有厂房资源,整理出一定数量的场地,提供给成长型科技企业使用,并给予此类企业更多的在政策和财政上的倾斜和支持,由此鼓励成长性科技企业安家落户。

③完善公共服务设施。除了规划、建设为园区配套的分散布置在生活居住区的商业服务设施外,要集中建设 CBD 商务办公区、商业休闲区、教育研发中心区、新城行政文化中心等若干公共活动区。CBD 商务办公区:发展重点在金融

领域,吸引国内外公司在此设立分支机构;并且引入国家各大金融机构及外资银行分支机构,积极发展银行、证券、保险业务等生产服务业。商业休闲区:此区设立商务、文化娱乐等功能区,形成城市休闲活动中心,展现生态城市的活力与魅力。其中重点设施包括文化艺术中心、音乐厅、博物馆、商业街区、高档酒店和会议中心等。新城行政文化中心:通过行政中心的动迁带动城市和产业发展,涉及行政、商贸、文化、科研等多种公共活动功能,形成新的服务于园区的综合性城市中心区。教育研发中心区:主要发展职业教育、创立企业孵化器、进行科技研发等,为主导产业纵深发展提供保障;此区还在交通站点周围布置商务办公、教育、科研、娱乐等公共服务设施,形成创新发展链,服务于周边的产业。

④加强生产性及生活性物流交通服务。引进大型物流园建设,满足各企业原材料及产成品的运输需求,确保与外界公路、水运、铁路、航空的顺畅,从各地建设经验来看,方便快捷的物流交通绝对是吸引企业入驻园区的重要因素;要协调政府有关部门完备交通站点设置,完善公共交通路线,如热门线路应增加班次、延长公共交通运营时间等,尽可能降低企业和职工的出行成本;成立区内穿梭巴士定时运营机制;鼓励企业配备上下班接送员工交通车,最大限度上满足企业员工上班和出行需要。

⑤完善开发区医疗保障体系。医疗保障体系与职工自身密切相关,应加大资金投入;突出园区医疗的公益性;完善园区医疗服务补助政策;引进高水平人才,让区内职工放心治疗;完善开发区医疗机构药品配备流程;成立医疗卫生站;合理布局便民药店,方便区内职工就近就医需要;形成便捷的转院机制,加快专业性的医疗服务机构和甲级医院建设,做到小病站内治,普通病情区内治,大病、危重病快速转院的机制。为区内广大职工的健康提供优质的服务。

⑥加大公益性文化设施建设。加大对职工图书室、文化广场、职工艺术团等公益性文化设施和载体的投入力度,丰富职工的精神文化生活,同时保障职工的精神文化权益;成立职工之家,积极提供园区职工服务,扩大职工服务的范围,加强监督和沟通,提高职工之家的质量,以保障职工的切身利益,实现商家与职工的互利互赢;建立帮扶困难职工系统,建立困难职工的数据库,坚持对困难职工建立长期有效的帮扶机制。规范帮扶制度、调整帮扶的角度、加大帮扶力度,解决困难职工最现实的问题,给予困难职工从心理到经济方面的支援;在园区网站中成立子网站,专门用于职工服务内容,该网站要从单纯的工作职能网站逐步向职工生活服务指导性网站过渡,涵盖衣、食、住、行、教育、卫生保健、票务、家政等

服务内容,使网站成为为职工办好事的有利平台,更好地为职工服务;成立职工艺术团,既可丰富职工的业余生活,提高区域文化水平,同时也可赴生产一线慰问演出,服务基层,提高基层职工的积极性。

⑦合理配置教育培训资源。一方面要完善居民和员工子女的基本教育保障。合理配置教育资源,加强幼儿园、中小学的规划建设,完善中小学校硬件设施;落实"两免一补"和贫困学生资助政策,建立和完善义务教育投入保障机制,以推进区内义务教育均衡发展;给学校配备专业师资队伍,发挥公办学校的带动作用,提高全区幼儿园及中小学教育的教学水平;并建立完善外籍学生入学的国际学校。另一方面要针对不同层次、水平的职工开展职业教育并为其提供竞技舞台。通过开展一线工人的操作技能比赛,提高了一线工人提升职业技能的积极性;同时,通过人才交流中心开展中高级职称的培训和考评,并联合各大培训机构和上级主管部门,通过职业教育培训等形式向职工提供各项免费培训学习的机会,以增强普通白领和中高层的职业及管理能力,提升企业员工的技能和素质。

附录

江西省人民政府
关于进一步加快工业园区建设推进
城市化进程的若干意见

赣府发〔2002〕21 号

各市、县(区)人民政府,省政府各部门:

为努力实现省委、省政府以加快工业化为核心,以大开放为主战略,实现江西在中部地区崛起的战略目标,现就贯彻落实《中共江西省委关于学习浙江经验,进一步提高改革开放水平,加快经济发展的意见》(赣发〔2002〕7号),进一步加快我省工业园区建设,推进城市化进程,提出如下意见。

一、提高园区集约程度,增强城市发展动力

(一)工业园区建设要以城市为依托,以发展工业、壮大经济总量为目标,适应市场竞争和产业升级的需要,培植新的财源,提供更多的就业机会。真正把工业园区建设成为经济发展的带动区、体制和科技创新的试验区、城市发展的新区。

(二)围绕经济结构调整,把人口结构、产业结构的调整与园区建设、城镇建设结合起来,企业向园区集中,人口向城镇集中。在县域范围内,围绕县城建园区,引导和促进各种要素向园区与城镇聚集,充分发挥区域内中心城市的优势,培育新的经济增长点,以工业化推动城市化。

(三)政府引导、市场运作、多元投入、上下联动,建立政府推动与市场化运作相结合的运行机制,既可筑巢引凤,亦可引凤筑巢,引进外来投资者对园区进行总体开发,组织招商引资,吸引外来企业进园兴办实体。在园区开发中,坚持"谁投资、谁所有、谁受益"的原则,拓宽融资渠道,促进投资主体多元化。

(四)对工业园区的建设用地,可成片征用,逐步开发;在实施中,政府可以通过公开招标、拍卖等形式,向投资者出让土地使用权;凡通过有偿方式取得土地使用权的,可依法转让、出租、抵押;允许农村集体以土地使用权入股或联营兴办各类企业;允许采取异地交换、只租不征等形式开发建设。拥有土地使用权的单位和个人,可以将土地拆成股份,在企业中参股、入股或与企业联营,参与企业分红。

（五）工业园区与城镇建设相结合,用于城市基础设施和公益事业的土地,可以划拨方式取得。对农业科技园或生态示范园,在不以单纯的观光、旅游项目为主,不建经营性房地产项目的前提下,可以不办理农用地转用手续,不缴纳耕地开垦费。

（六）工业园区可享受江西省小城镇户籍管理制度改革政策,实行按居住地和就业原则确定身份的户籍登记制度,鼓励当地和外地农民、非农业人口进入工业园区从事二、三产业。凡在工业园区内有合法固定住所及经营场所,并具有稳定生活来源的农民,以及工业园区外的农民带资进入工业园区兴办经济实体、购建住房、有稳定收入的,均可批准在工业园区所在地城镇登记落户,并在生活、子女就学等方面享有城镇户口居民同等权利和义务。

（七）根据城市化进程和区域经济发展的需要,对发展空间过小的城市或规模过小的乡镇,适时进行行政区划调整,拓展城市发展空间。县级市城区可根据城市管理需要,撤销"城中乡镇""城中村",设立居委会、街道办事处。县城城区和中心镇应根据经济社会发展需要,将周边相连的有关乡镇并入。

（八）将原省级乡镇企业发展基金转为工业园区建设发展资金,用于引导工业园区的发展。各级政府要建立相应的园区建设发展资金,主要用于园区基础设施建设或用于担保贴息事项,工业园区内的土地收益可作为建设工业园区的启动资金。

（九）在设区市范围内,通过招商引资方式,跨县、跨乡镇到园区内兴办企业,上缴税金可归引资方所在地政府,也可与园区所在地收益分成,利益共享。

（十）工业园区内有固定经营场地,有专职或兼职财会人员、账簿健全,能正确计算销项、进项税额的小规模企业,经税务机关批准,可以认定为一般纳税人,允许使用增值税专用发票。尚未被确认为一般纳税人的企业,企业所在地税务机关要为其代开增值税专用发票,解决其产品销售问题。对科研单位、大专院校、企事业单位在工业园区注册开展技术研究、转让等取得的技术服务性所得,经税务机关批准后可免征所得税。

（十一）除党政干部外,为工业园区引进社会资金和项目的单位或个人,在企业取得效益后,由当地政府按企业当年上交税收地方所得部分的3%～5%给予一次性奖励;引进社会资金用于园区和城市基础设施建设的,可给予引资额3‰～5‰的一次性奖励。

二、搞好园区规划,提升城市品位

(十二)根据省域城镇体系规划,明确行政区内城镇布局、规模和发展方向,避免重复建设。以建设工业园区和壮大城市经济实力为着力点,重点抓好城市和工业园区的总体规划,优化城市布局。作为城市发展的新区,工业园区用地应纳入城市总体规划。园区规模要适度,与城市规划相协调;园区的选址要符合城市总体规划功能分区要求。

(十三)加快控制性详细规划、专业规划的编制,做好城市中心区的城市设计,重要地段的景观设计,切实做到以规划来指导城市建设,促进城市土地及空间资源的合理利用。编制好工业园区的分区规划和详细规划,对设区市和重点县(市、区)的工业园区规划,组织专家进行论证,经上一级规划主管部门报备同意后,由设区市和重点县(市、区)人民政府批准。

(十四)设区市可以根据城市总体功能布局,设立若干个工业园区,有条件的县(市)原则上可设一个综合性工业园区,根据需要可以一区多园,避免遍地开花、无序竞争。鼓励园区外乡镇企业新、改、扩建项目进工业园区。

(十五)工业园区和城镇建设要坚持先规划后建设,先地下后地上的原则,平面和立体规划同步设计,路、线、管、网同时考虑,控制在园区内建设分散的住宅、办公楼等非生产性建筑,防止土地浪费。强化园区规划用地管理和环境影响评价,对进园企业要严格把好项目审查关,禁止严重破坏生态环境、严重危及职工生命安全和人民健康以及"黄、赌、毒"项目进入园区。

(十六)引入竞争机制,推行规划设计的招投标制度。放开规划设计市场,鼓励修建性详细规划和重要地段的城市设计、工业园区规划,采取多方案优选的办法选择规划设计方案,提高规划设计水平。

(十七)实行规划公示制度和专家咨询制度,提高公众参与程度。规划方案要向社会、公众公开展示,广泛征求意见,园区和城市发展的重大问题、规划和重大建设项目的决策要组织专家进行评估咨询,提高决策的民主性和科学性。

(十八)园区开发和建设,要充分考虑资源和环境的承载能力,切实保护天然水面、自然山体,注重城市绿化和美化。正确处理好历史文化名城、名镇、名村和文物保护单位保护与建设的关系,明确保护原则,划定保护范围和控制地带,制定严格的保护措施和控制要求。

三、建设特色园区,调整城市产业结构

(十九)围绕城市产业结构调整,结合城市化发展和旧城改造,组建一批具有一定规模、上档次的特色工业园区。紧密结合各地区位条件、经济优势,形成各具特色、集中布局的"产业群",合理有效地确定招商引资重点,产业承接重点,力争实现"一园一品"、"一园一业"。

(二十)鼓励企业将新的基建项目、技改项目、科技创新项目、出口创汇等项目放入工业园区。对产品市场前景较好、有一定技术开发能力、成长性较好的企业应优先鼓励其入园,并享受当地重点企业的优惠政策,建设用地指标由当地政府单列解决,土地出让金可分批缴纳。

(二十一)对因产业结构调整,"退二进三""退城进郊"搬迁入园的企业,其原有厂房、用地在符合土地利用总体规划的前提下,允许采用调剂、置换、开发、招商引资等方式改变土地用途,土地收益由政府用于支持企业发展和园区建设。

(二十二)特色园区应逐步建立较完备的产品质量检测体系,对全国市场占有率较高的特色产品,应积极争取在园区内设立若干个全国性质量检测中心,促进整个行业质量水平的提高,并逐步探索入园企业使用统一品牌的路子,或采用合资、合作的方式积极引进国内外著名品牌。

(二十三)对于在园区内购置土地后长期闲置,以及企业建成投产后长期处于停产或半停产状态,污染严重的企业,应取消其优惠政策,促使其通过资产重组优化或关闭。

四、加快园区基础设施建设,完善城市功能

(二十四)根据城市各类园区的建设发展需要,大力推进以道路框架和水、电、气、通信、环境卫生、绿化为主的基础设施建设,发挥基础设施的先导效应,增强吸引力和聚集力。

(二十五)有土地的出让收入和已经取得土地使用权的土地增值收入,均应用于园区内基础设施建设,使土地收益真正成为城市基础设施建设的主要来源。依托县城建设的工业园区,城市建设维护费留成部分也可用于工业园区的基础设施建设。

园区内公用电网建设费用,原则上由电力部门承担,设区市工业园区和城区及重点县(市)城区、工业园区的主干道路电线下地费用,由电力部门和园区建设单位共同承担。

（二十六）在园区和城镇中投资基础设施建设及建造标准厂房、专业市场、仓储设施等功能性、基础性项目，均可享受投资工业项目的税收、土地、户籍、奖励等所有优惠政策。

（二十七）充分运用行政资源，对于有经营收费权的园区和城市内的基础设施，如道路、公交、燃气、园林、污水处理及其他公益性项目，可以收费权入股、抵押、招标、拍卖，筹集建设资金，盘活基础设施存量资产。

（二十八）有条件的城市，可按照市场运作的方式成立具有独立法人资格的城建投资公司，筹集和运作建设资金，实行综合开发，滚动增值。各类园区也应积极创造条件，成立类似的公司。通过规范运作，逐步建立起长期、稳定的城市基础设施建设投融资机制。

（二十九）建立科学合理的价格补偿机制，理顺供水、供气、污水处理、垃圾处理等市政公用事业价格，所有城市都必须开征污水处理费和生活垃圾处理费。3年内所有设区市都应建设污水处理和垃圾处理设施，并与工业园区的相应设施统一规划和建设。

五、优化园区服务环境，创新城市管理体制

（三十）园区内企业进行登记时，对国家法律法规规定的以及涉及人民生命财产安全的前置审批事项，推行并联审批制度，实行"一门受理，抄告相关，同步审批，限时完成"的审批程序。对部门、行业管理需要设置的前置审批事项，改为后置审批。取消不再适应市场变化的审批事项。

（三十一）建立以资金融通、信用担保、创业辅导、技术支持、管理咨询、信息服务、市场开拓、人才培训等为主要内容的园区管理服务体系。推行政务公开制、首问责任制和责任追究等制度，实行"一站式"服务。对于进入园区的企业项目立项、用地报批、工程报建等手续按自愿原则可由中介服务机构统一受理、统一收费，实行全程代理。

（三十二）园区和城镇内除重点工程建设用地地质灾害性评估结果由省核准外，一般性工程建设用地地质灾害性评估结果认定由市县行政主管部门核准，并出具核准文件。城市规划区内的建设用地，已预先组织地质灾害评估的，用地审批时不再进行评估。

（三十三）城市和集镇包括铁路、公路两旁的绿化用地（种花、种草、种树等），租用或由农村集体开发经营管理，暂不办理土地所有权变更手续。

（三十四）推行园内企业收费登记卡制度，对于园内企业的各类规费、手续费等,按照"能免则免、能减则减、就低不就高"的原则,实行相应减免政策,在有条件的园区内可实行"零费区",切实减轻企业负担。对园区内科技型、龙头型、外向型、规模型和示范型企业,建立联络员制度,定期走访,重点扶持。尽快建立工业园投诉举报协调中心,并与省政务投诉中心建立网络联系,形成投诉处置快速反应通道。

(三十五)严格园区和城市内工程建设管理,健全勘察、设计、施工、监理市场准入和退出制度,依法进行工程招投标,建立健全质量保证体系。

(三十六)按照"两级政府,三级管理"的城市管理模式,进一步明确和落实街道办事处、居委会等社区基层组织的管理职责,下放日常管理权限。鼓励和支持群众参与城市社区管理,探索园区和城市管理委托执法的具体途径,形成综合管理新机制。

江西省人民政府
关于进一步加快工业园区发展提高
工业园区水平的若干意见

赣府发〔2003〕18 号

各市、县(区)人民政府,省政府各部门:

省第十一次党代会以来,全省上下坚持以工业化为核心,依托园区办工业,工业园区已成为带动全省经济发展的重要增长极和加快工业化、城市化进程的重要载体。根据《中共江西省委关于深入学习贯彻"三个代表"重要思想,进一步开创改革开放和经济发展新局面的意见》(赣发〔2003〕13 号),现就进一步加快工业园区发展、提高工业园区水平,提出如下意见。

一、进一步完善思路,明确发展目标

1. 指导思想。围绕省第十一次党代会确定的发展战略和"三个基地、一个后花园"的发展定位,贯彻"政府引导、市场运作、多元投入、上下联动"的方针,着力提高市场化运作水平,提升产业层次,壮大经济总量,培植新的财源,增加就业岗位,真正把工业园区建设成为经济发展的带动区、体制和科技创新的试验区、城市发展的新区,并努力创造条件,建设成与国际接轨的前沿区。

2. 总体原则。坚持"总体规划、分步实施、滚动发展、良性循环"原则,提高园区发展的整体水平;坚持经济效益、社会效益、生态效益相统一原则,增强园区发展的可持续性;坚持"三创一增"原则,推动园区创特色、创水平、创效益,增后劲;坚持"内外并举"原则,对外开放和对内开放同步推进;坚持因地制宜、分类指导原则,促进不同地域、不同层次园区的健康发展。

3. 主要目标。2003 至 2007 年,全省市、县(区)工业园区主要经济指标年增幅确保30%、力争50%。到2007 年,力争累计引进资金1500 亿元,年销售收入2000 亿元、占全省工业总销售收入的比重40%,新增180 万个就业岗位,年实现税金150亿元;基本建立符合市场化运作规则的管理体制和运行机制。

二、进一步优化布局,强化产业导向

4.科学规划优化布局。为贯彻节约用地,不占或少占耕地的原则,一个县(市、区)原则上应集中力量规划建设好一个工业园区,乡镇一般不设工业园区。突破行政区划,按产业和区域经济发展需要整合工业园区,鼓励乡镇引进的工业项目向县(市)园区集中,条件不具备的县(市)应将工业项目向设区市集中。按照科学合理、适度超前、特色鲜明的要求,切实提高工业园区规划水平,使之真正成为与城市对接或延伸的城市新区和集中布局的工业基地,园区规划要与城市总体规划相匹配,基础设施和公共服务设施等建设与城市建设联建共享。园区选址要符合城市总体规划功能分区要求,园区公共服务设施建设要从各地实际出发,既要为今后发展留有余地,又要防止盲目超前,增加不必要的开发成本。

5.强化产业政策导向。园区工业项目的引进必须贯彻"走新型工业化道路"的总要求,积极推动产业结构调整和产业优化升级,认真执行国家和省里的产业政策,大力引进和重点发展高新技术产业、高创汇企业和高附加值产品,提高入园项目的层次和水平。坚决不搞严重破坏生态环境的项目、严重危害人民健康和生命安全的项目、"黄、赌、毒"项目,严格控制国家明令淘汰、不符合产业政策的项目入园,防止低水平重复建设。推行ISO9000和ISO14000质量体系认证,争创环保工业园和生态工业园。

6.完善基础设施。鼓励多种投资主体投资基础设施建设,大力推进以道路、水、电、通信为主的基础设施和高度重视以污水处理、垃圾处理、集中供热、热电联产为主的公共配套设施建设,严禁小锅炉、小火电。有条件的可以一次建成,条件不具备的按照规划要求,分步实施、滚动发展。充分发挥省、县两级电网经营企业的投资主渠道作用。设区市、县级工业园区的公用电网,原则上分别由省级、县级电网经营企业负责筹资建设,并由工业园区行政管理部门提供不超过工程总投资20%的工业园区电网建设保证金。电网建设项目视同招商引资项目,享受园区所有的优惠政策。3年内基本完成所有工业园区电网的改造和扩建。

三、进一步创新机制,加大招商引资力度

7.创新管理机制。以服务企业为中心、以招商引资为重点、以发展经济为目标,建立精干高效、开明务实的园区管委会,由同级政府授予其园区内招商引资、规划建设、项目审批和企业管理服务等职能。努力做到一个机构管理、一个窗口对外、一条龙服务。除国家和省规定的收费外实行零规费,符合规定的收费原则上由管委会统一代收代缴。

8.创新运作模式。工业园区开发建设应由经济实体开发运作,承担经济责任和收益。要依靠内力、借助外力。增强活力,积极吸纳外国资本、国家资本、社会资本、法人资本和个人资本,共同投资建设工业园区。实体运作的方式可由当地政府以土地等要素,通过市场化运作,筹集资金建设园区基础设施、厂房及相关配套设施,以出售、出租、转让、抵押等方式进行经营开发;或通过引进外来投资者对园区进行总体开发。鼓励和吸引海内外有实力的经济实体来我省收购、参股或单独经营工业园区开发项目。积极探索与沿海有实力的工业园区进行对接和资产重组的途径。有条件的地方应组建股份有限公司,争取上市。

9.创新服务内容。要树立工业园区是当地经济发展"特区"的思想和观念,特事特办,优质服务,提高效率。逐步建立以资金融通、信息服务、市场开拓、人才培训为主要内容的园区服务体系。园区管委会要定期召开入园企业座谈会,加强沟通、听取意见、改进工作。任何部门和单位不得强行要求企业接受指定服务从中牟利,不得将政府部门正常的工作职能变相转为有偿服务,不得将咨询、检测等自愿性服务变为强制性收费服务。要保持园区企业投诉渠道畅通。

10.创新招商方式。大力发展开放型经济,努力创新招商引资方式,突出以商招商、以特招商、以大招商、以优招商。进一步放宽园区内企业的市场准入制度。加强招商引资的战略研究,密切关注国内外大公司和大企业的投资和经营动态,以长江三角洲、珠江三角洲和闽南三角区为重点,加强与沿海发达地区产业转移的对接和互动。对园区重大引资项目要重点跟踪、重点服务、重点督查,确保项目如期进资、开工和竣工投产。通过竞争招聘、优胜劣汰的方式,建立一支专业招商队伍,招商报酬与业绩挂钩,"上不封顶、下不保底"。

四、进一步培植特色,壮大支柱产业

11.突出发展特色工业园。以做强、做大、做特为目标,依托现有产业基础和资源相对优势,确定工业园区的功能定位和特色主导产业。鼓励省内大中型骨干企业经批准创办以主体企业、龙头产品为核心,以专业化协作配套、产品延伸加工为主要内容,以独资、合资、嫁接改造为主要形式的特色工业小区。鼓励省级园区争创国家高新示范园、国家电子信息产业基地和产业园、国家生态示范园、国家环保工业园、国家农业产品深度加工示范园等国家级园区;设区市园区争创省级工业园区,拉开档次、形成竞争、提高水平。加快南昌高新技术开发区、南昌经济技术开发区的发展。力争5年内涌现一批年销售收入100亿元以上的特色工业园区。

12.着力壮大支柱产业。以具有比较优势的骨干企业、骨干产品为龙头,加快形成集中度高、关联度大、竞争力强的园区支柱产业群。围绕汽车航空及精密制造、特色冶金及金属制品、中成药及生物医药、电子信息及现代家电、食品工业、精细化工及新型建材等六大支柱产业,千方百计引进相关企业入园落户,形成产业集聚。力争到2007年,园区六大支柱产业销售收入达到1000亿元,占全省园区总销售收入的比重50%。

五、进一步加大扶持力度,增强发展动力

13.加大财税支持力度。凡省直接引进、安排以及中央和省属企业跨市、县(区)投资新建的大中型工业企业(不含电力企业、南昌卷烟厂和省冶金集团所属企业)所缴纳的增值税25%部分,实行省与落户地分享,省分成10个百分点,落户地分成15个百分点。其他税收除上交中央和省以外,全归落户地。自引进项目投产起三年内,省财政每年安排一次性专项资金,适当补助引进项目的单位。

江铃、南昌卷烟厂和省冶金集团所属企业在省内投资的新办企业和创办的特色工业小区,其缴纳的增值税25%部分归省级。当地政府在土地、规费等方面给予了特别优惠政策的,用货币量化成"虚拟股份",依照其占投资总额(含"虚拟股份")的比重,由省和当地分享新办企业缴纳的增值税25%部分。

省直属工业园区新引进的项目所缴纳的增值税25%部分、企业所得税地方分成部分和营业税归省级,除上交中央和省以外的其他税收归当地。增值税25%部分、企业所得税地方分成部分和营业税,前五年80%、后五年50%留给园区管委会。

设区市工业园区中由县乡引进并开发的工业项目、县工业园区中由乡镇引进并开发的工业项目所缴纳的除上交中央和省以外的税收,县、乡政府按一定的比例和期限参与分成。具体的分成比例和期限由各地自行确定。

经省政府批准的省内大中型骨干企业创办的特色工业小区内新引进的项目所缴纳的增值税25%部分,前两年50%、后三年30%留给工业小区管委会。其他市、县(区)工业园区所在地政府可以比照特色工业小区的优惠政策,对园区企业所缴纳的增值税25%部分,在3—5年内全部或部分留给园区管委会,用于园区建设和招商引资。

14.鼓励增加投入和技术创新。外商投资企业的国(境)外投资者,将企业取得的利润直接再投资于该企业,或作为资本投资开办其他外商投资企业,经营期不少于 5 年的,退还其再投资部分已缴纳所得税 40% 的税款。

凡属生产性外商投资企业,若追加投资形成的新增注册资本额达到一定标准的,追加投资项目新增所得税部分,可单独享受"免二减三"政策。

园区外商投资企业研究开发新产品、新技术、新工艺所发生的技术开发费用,不受比例限制,计入管理费在企业所得税税前扣除。技术开发费用年增长幅度在 10%(含 10%)以上的企业,可再按发生额的 50% 抵扣当年度的应纳税所得额。

凡属鼓励类外商投资企业,在所得税"免二减三"优惠政策执行期满后,延长三年减按 15% 的税率征收企业所得税。在投资总额内购买的国产设备符合条件的,其购买国产设备投资的 40% 可从购置设备当年比前一年新增的企业所得税中抵免,购买的国产设备可全额退还国产设备增值税。

15. 提高土地运作水平。园区建设征用土地必须按规定审批并办理手续,征用土地必须依照法律规定给予农民经济补偿并落实到位。原定从 2001 年 8 月至 2004 年底,县(市、区)暂不上交省 20% 部分国有土地出让收入及新增建设用地有偿使用收入的政策,顺延至 2007 年底。对生产性的内外资企业,一次性支付土地收益有困难的,经批准可以按土地收益分成比例,一次核定、分期付款,或采取年租制等多种有偿方式。园区公共服务区内用于建设生活配套设施和第三产业的经营性土地,由同级政府确定,通过招标、拍卖、挂牌出让方式出让,其收益由同级政府用于园区基础设施建设。

土地出让价格、优惠政策的程度和期限要与园区良性循环发展的周期相衔接,使土地出让价格、政策优惠程度和工业园区近期自我发展相适应。做到规划一片、招商一片、建成一片。对超时限"圈而不建,开而不发"的,要依法收回土地使用权,防止以套取优惠政策为目的的重复转移和简单搬迁。

16. 完善投融资体系。鼓励各商业银行,特别是股份制银行、民营银行根据园区内不同企业的管理水平、负债比例、偿还能力等因素,确定不同的授信额度;积极探索"银、园、企"三方封闭运行的土地质押、资产抵押等灵活多样的信贷办法。

加快建立担保体系。通过政府出资、对外引资、股份合作等多种渠道筹集资金,加快建立省、市、县三级中小企业投资担保体系。大力发展民营及股份制担保公司。

17. 强化人才支撑。建立和完善人才培训机制、引进机制、评聘机制、流动机制。鼓励大专院校、职业学校和劳动就业培训机构为园区企业定向培养专业技术人才和熟练技术工人;鼓励海外留学人员回国发展高新技术产业;鼓励和吸引专业技术人员和大中专毕业生到园区创业。对符合职称评定条件的管理人员和专业技术人员,人事部门要会同园区主管部门给予职称评定;对技术工人,劳动部门要会同园区主管部门给予职业技能鉴定。

六、进一步加强组织领导,明确职责分工

18. 加强组织协调。省政府已成立园区工作领导小组,研究规划布局,制定政策措施,加强组织协调,解决重大问题。省计委负责工业园区总体发展规划,负责园区重大项目的前期工作,负责园区重要基础设施建设的支持和协调,负责园区内省重点工程管理工作,负责特色工业小区的推荐。省经贸委、中小企业局负责园区产业布局和技术创新工作,负责省级工业园区的推荐,负责园区发展的宏观指导和运行分析,负责园区动态管理和考核奖励。省外经贸厅负责园区国外、境外招商引资的指导和考核,负责园区内外商企业的管理和服务,负责园区企业出口创汇的指导和服务。省合作办负责园区国内招商引资的指导和考核。省科技厅负责高新技术开发区、民营科技园的管理和服务工作。其他各有关部门要按各自的职责,大力支持,密切配合,热情服务,形成合力。

19. 完善评价考核体系。根据省政府《关于加快工业发展加速工业崛起奖励办法(试行)》(赣府发〔2002〕23 号)的规定,工业园区的评价考核,将由以绝对数为依据引导到以相对数为依据,即考核园区每平方公里的年度招商引资强度、销售收入、工业增加值、上交税金、安置就业和出口创汇等指标,具体办法由省经贸委牵头,会同有关部门制定。

20. 认真做好统计工作。各市、县(区)工业园区要规范程序、依法统计,严格执行工业园区报表制度。按照属地原则,由县(市、区)、设区市统计局会同工业园区主管部门汇总,逐级上报至省统计局和省中小企业局。各园区管委会要确保统计数据及时、准确,不得虚报、瞒报、漏报。

二〇〇三年七月十七日

江西省人民政府办公厅
关于在全省工业园区推进产业集群
促进集约发展的指导意见

赣府厅发〔2011〕65 号

各市、县(区)人民政府,省政府各部门:

为推进产业集群,促进集约发展,实现工业园区经济更好更快发展,现提出如下指导意见:

一、总体要求

深入贯彻落实科学发展观,以转变经济发展方式为主线,以产业链培育和延伸为纽带,以龙头企业和配套企业为重点,注重引进和培育相结合,着力解决产业布局不集中、协作配套不紧密、服务体系不健全等问题,按照重大项目(龙头企业)——产业链——产业集群发展路径转型升级,切实提高产业核心竞争力,促进全省工业园区集约发展,为实现推进科学发展、加快绿色崛起、建设富裕和谐秀美江西目标奠定坚实基础。

二、基本原则

坚持特色为本、错位发展,对产业结构进行规模化、专业化整合,形成各具特色、独具竞争力的产业集群;坚持规划引领、有序发展,加强产业集群规划,实行分类指导、分步实施、有序推进;坚持龙头带动、集群发展,鼓励龙头企业分离扩散配套件生产,促进以中小企业专业化配套为核心的关联企业集群发展;坚持产城融合、集约发展,落实最严格的耕地保护和节约用地制度,推进工业化与城镇化相结合、工业与服务业相融合,打造集工业、商贸、生活和服务为一体的城镇新区;坚持绿色增长、持续发展,加强生态环境保护,大力发展低碳经济、循环经济,实现全面协调可持续发展。

三、主要目标

集中培育一批规划科学、特色鲜明、链条完整、竞争力强的产业集群,建立功能较为完善的园区社会化服务体系,初步形成低投入、低消耗、低排放和高效率的集约低碳型发展方式。到 2015 年,每个工业园区至少形成 1—2 个年主营业务收入超 10 亿元的产业集群,全省力争形成 20 个主营业务收入超 100 亿元的产业集群。

四、政策措施

(一)围绕产业集群,提高园区集约化水平

1. 编制产业集群规划。按照国家产业政策和我省产业比较优势,遵循产业集群形成、演进、升级的内在规律,注重顶层设计,建立全省工业产业集群电子分布图,引导各地编制产业集群规划,促进科学布局、合理分工,形成一批产业集中度高、关联性强、技术先进的产业集群。原则上以设区市为单位,根据全省工业园区"十二五"发展专项规划和功能定位,编制各设区市工业园区产业集群总体规划,科学确定产业定位和发展方向,避免产业同构、同质竞争和重复建设。各工业园区根据设区市总体规划和生态工业园区建设规划,制定产业集群专项规划。各设区市工业园区重点规划 2 至 3 个产业集群,各县(市、区)工业园区重点规划 1 至 2 个产业集群。利用省级工业园区产业集群发展专项资金,支持各地发挥自身优势,实行错位发展。每年支持 20 个工业园区进行产业集群规划,按照规划要求先行试点,探索经验。规划要立足长远,依托龙头,注重现有产业特色,完善缺失环节,延伸产业链条。

2. 培育壮大龙头企业。促进产业资本与金融资本相结合,以培育企业上市为目标,提升企业核心竞争力。建立成长性优秀企业库,从全省优选一批发展前景广、成长性好的园区企业,优先纳入省重点企业培育范围。大力实施重大项目带动战略,建立企业项目库,增强企业发展后劲。利用国家和省级财政技术改造、中小企业发展专项、高新技术产业专项、重大科技成果转化等财政性资金,支持入选企业尤其是拟上市龙头企业进行技术改造,引进专业管理团队,提升企业管理水平,加快建立现代企业制度。通过多种手段引导招商引资企业向产业集群规划确定的园区集聚,形成分工合理的产业集聚区。加大企业上市扶持力度,采取储备一批、优选一批、培育一批、申报一批的方式,支持和推动龙头企业在境内外上市,力争每个工业园区培育 1—2 家上市企业。借助资本市场,推动优势企业强强联合、跨地区兼并重组、境外并购和投资合作,在重点行业培育一批核心竞争力强、主导产品优势明显、关联带动作用突出的大企业和大集团。引导关联企业和社会资源向龙头企业集聚,推动龙头企业加快技术创新,提高产品附加值,增强龙头企业的带动力和竞争力。

3.增强产业协作配套。按照"专精特新、协作配套、创业创新、集群发展"的要求,以小型微型企业创业园为载体,利用战略性新兴产业配套基地用地指标和工业园区产业集群发展专项资金等政策资源,建设一批产业集群配套基地。按照整机加零部件垂直一体化模式,发展一批专业化优势明显、竞争能力强的中小微型企业配套集群,构建完善的产业集群分工协作体系,提高本地零部件配套率。在推进产业集群过程中,适时引进区域性总部,发展结算经济。建设以南昌为龙头,以区域专业市场为支撑,铁路、公路、水路、航空等多层次、立体化的工业原材料和产品物流通道。做大一批物流龙头企业,大力发展电子商务,注重改善投资环境,提升产业竞争力。抓住国内外产业集群式转移的机遇,积极开展工业园区产业集群缺失环节招商引资,促进园区、企业之间的生产协作。有条件的地方要推进园区合作共建,引导转移产业和项目向园区集聚,形成各具特色的产业集群。

(二)围绕生态建设,提高经济生态化水平

4.提升园区绿化水平。打造工业园区绿色屏障,力争到2015年全省工业园区绿化覆盖率达到35%,工业企业内部绿地率接近20%。坚持把工业园区绿化作为构建未来城镇新区的生态基础来谋划,作为重要的投资环境来打造,纳入认定特色产业基地、评价综合竞争力的重要内容和工业园区升级的必要条件,引导全省工业园区实现绿色发展。以鄱阳湖生态经济区内工业园区为重点,分层次、分类型开展工业园区生态景观绿化提升改造试点。从全省造林绿化"一大四小"工程建设及生态工业园区建设专项资金中,单列一部分资金用于工业园区绿化。创新工业园区绿化建设和管理模式,引入市场机制,推广苗林一体化,提升工业园区绿化质量和效果。

5.加强园区环境保护。坚持工业园区开发建设与环境保护同步规划、同步实施、同步推进,在开发中保护,在保护中开发。鼓励工业园区因地制宜进行立体式开发,注重保护原有自然生态,做到依山就势、依水造湖,保护植被、水体和地形地貌,防止破坏性的水平开发,防止移山填水。对实行立体开发的工业园区,优先列入创建省级生态工业园区试点单位。积极推进生态工业园区试点单位环保信息、污染监控平台建设,努力实现环保信息共享。加快全省工业园区污水处理厂建设,力争用3年左右时间完成,实现工业园区企业污水达标排放。

6.实施生态化改造。大力发展循环经济、低碳经济,把节约资源落实到生产、流通、消费等各个环节,降低单位产出的能源资源消耗。实行节能减排与技术改造相结合,引入合同能源管理,引导企业开展清洁生产,推广资源节约和循环利用技术。鼓励园区发展资源综合利用企业,形成循环经济产业链,最大限度减少园区废弃物排放,减轻污染处置压力。重点在鄱阳湖生态经济区域内建设一批低碳园区,优先安排节能减排技术改造专项等政策资金,支持企业引进新技术、新工艺,发展低碳产业项目,打造低碳产业体系。

(三)围绕机制创新,提高服务社会化水平

7.优化园区用工服务。建立全省职业院校与工业园区企业负责人双向挂职机制,实行一个园区对应一个或多个院校,在全省设立100个左右园校对接实训基地,对产业集群需要的高级技工和熟练工人进行订单培训、定点培养、定向分配。利用人保、农业、扶贫等相关培训资金,重点支持产业集群企业培训产业工人和技术人才。鼓励职业院校毕业生到本省园区企业就业,对在本省园区企业就业的职业院校(含高职、中职)毕业生,由地方人保部门在就业培训资金中,给予每人一定的学费和生活补贴,并由企业在占职工工资总额2.5%的培训费中,划出一定比例的资金支持对口职业院校。引入市场化机制,建立常态化的用工市场。加强企业文化建设,引导企业树立以员工为本、以员工为最大财富的管理理念,培植诚信文化、创新文化、人本文化,构建和谐用工环境。

8.拓宽园区融资渠道。依托省中小企业信用担保协会,建立以融资性担保机构为载体的投融资体系,组建中小企业担保联盟,实现产业集群中小微型企业的联保融资。加快组建再担保公司,积极争取国家担保补助资金,增强担保机构实力,提高抗风险能力。到2015年,全省担保机构注册资本金达到150亿元以上,年担保能力350亿元以上。采取园区、企业、银行、担保机构"四位一体"模式,将工业园区所获产业集群补助资金设立为风险保证金,由省中小企业信用担保有限公司、省信用担保股份有限公司等政策性担保机构协调有关银行按一定放大比例给予信贷支持。有序发展小额贷款公司,加大对小型微型企业小额贷款担保扶持力度,对符合小额担保贷款申请条件的初创型小型微型企业,给予最高额度不超过200万元、期限不超过两年的小额担保贴息贷款扶持。探索设立由小额贷款公司、投资、担保、典当、租赁为一体的中小企业融资中心,盘活民间资本,规范市场交易,降低中小企业融资成本。加强工业园区金融服务体系建设,鼓励银行金融机构、地方金融组织依托工业园区设立分支机构和法人机构。在产业集中度高的地方,探索设立主办银行和特色银行,为产业集群中的企业提供专业服务。成立和引入各类创业投资机构,对产业集群内中早期成长性企业特别是有上市愿景的企业进行风险投资和股份制改造。支持南昌、新余、景德镇3个国家级高新区申请纳入代办股份转让系统试点,不断培育孵化科技型、成长性小型微型企业。鼓励和支持产业集群中的龙头企业、同行业企业和配套企业发行集合票据等银行间市场债务融资工具,提高直接融资比重。积极推进出口信用保险业务,支持工业园区出口型企业加快发展。

9. 提高园区创新能力。围绕产业集群,建立开放性公共创新平台,加快建设以企业为主体、政产学研相结合的技术创新体系。加强工业园区与科研院所的合作,整合大学和科研机构等各方面资源,依托龙头企业和行业协会,建立研发、中试、检测等为一体的公共服务机构,为中小企业提供成果转化、公共检测等一条龙、市场化服务。鼓励产业集群中的龙头企业、成长性企业与大学、科研机构"联姻",引进海内外创新人才,不断开发新技术、新产品。对新设立的国家级和省级研发中心、工程技术研究中心、重点实验室,优先列入科技创新"六个一"工程,在科研项目立项、科技经费资助等方面给予重点支持。大力开展科技招商,通过搭建创新创业平台等专业孵化机构,积极引进创新团队和高层次创业人才,培育科技"小巨人"型企业,增强园区发展后劲。

10. 积极发展现代服务业。支持工业园区采取"政府主导、市场运作"相结合的方式,统一集中建设集新市民公寓、人才公寓、总部大楼等为一体的新型社区,配套完善生产生活服务业。鼓励工业园区通过招拍挂等方式,安排10%左右的工业建设规划用地,提供服务配套。把工业园区作为未来城镇新区来建设,把工业园区新市民公寓、人才公寓等新建公共租赁房纳入城镇住房保障体系建设范围,享受保障性住房建设的有关优惠政策。积极改善企业员工居住条件,逐步完善园区的学校、商业、医院、酒店等生活设施。在规模较大的产业集群中建设物流产业园,规范直达、零担物流专线,降低物流成本,畅通物流通道。依托市、县(区)行政服务中心和总部大楼等有形载体,按照"聚集优质服务资源、建立综合服务超市"的原则,建设企业窗口服务平台,为中小微型企业初创、成长、壮大提供全程式、系列化服务,构建配套完善的社会化服务体系。

(四)围绕集约用地,提高园区投入产出效益

11. 促进土地集约利用。遵循合理布局、产业集聚、功能配套、科学管理的要求,引导各工业园区根据企业要求和投资门槛,集中规划和统一建设多层标准厂房,提高工业用地厂房容积率。对现有工业园区用地现状进行摸底调查,发展工

业地产,盘活土地存量,提高土地利用率。对多层标准厂房建设和利用情况好的工业园区,从省工业园区产业集群发展专项资金中给予奖励,省年度建设用地计划指标优先支持。建立节约集约利用土地考核机制,实行供地量与节能减排、投资额、产出效益等指标挂钩,努力提高土地投资强度和产出效益,力争 3 年内每亩平均土地投资强度和产出效益在现有基础上实现翻番。

五、组织保障

12. 加强组织领导。推进产业集群、促进集约发展是一项长期的战略任务,各级政府要将其作为当前和今后一段时期工业园区发展的重要任务,切实加强组织领导。省工业园区工作领导小组负责组织协调全省工业园区推进产业集群工作,省工业园区工作领导小组办公室会同相关部门对全省各工业园区产业集群规划进行统一评审,省直相关部门要各负其责,积极落实政策措施。各设区市工业园区工作领导小组办公室和各工业园区要抓紧制定具体实施方案,明确一名领导同志负责推进产业集群工作,加强部门沟通协调,分解落实目标任务。

13. 强化资金扶持。各级政府要围绕推进产业集群,加大对龙头企业、配套基地、重大项目和基础设施建设等投入,逐步建立投入稳定增长的长效机制。省级工业园区产业集群发展专项资金要重点支持纳入省级产业集群试点的工业园区进行产业集群规划、建设和发展。各市、县(区)人民政府要给予一定的资金配套,扶持产业集群发展。

14. 严格督查考核。加强对推进产业集群工作的督促检查,定期调度、定期通报,确保省级产业集群试点工作扎实推进。规范产业集群发展专项资金的使用管理,确保专款专用。加强考核评估,由省工业园区工作领导小组办公室牵头,会同有关部门组成推进产业集群工作考核小组,对各地、各园区产业集群发展情况进行考核评估,形成激励约束机制。

各市、县(区)人民政府和工业园区管委会要按照本指导意见精神,制定具体实施意见。省工业园区工作领导小组办公室负责监督检查贯彻落实情况。

江西省人民政府
关于加快产业集群发展
促进工业园区发展升级的意见

赣府发〔2014〕19号

各市、县（区）政府，省政府各部门：

为深入实施工业强省战略，加快产业集群发展，提升工业园区发展水平，现提出如下意见。

一、总体要求

（一）指导思想。按照推进新型工业化的要求，坚持以市场为导向、以改革创新为动力，突出特色优势，加强整体谋划，引进培育和发展提升并重，加快发展龙头带动明显、配套协作紧密、创新动力强劲、平台支撑有力、生态优势突出的产业集群，推动工业园区向特色产业集聚区、产城融合示范区和改革创新试验区发展，为实现产业升级和工业强省提供有力支撑。

（二）主要目标。到 2017 年，全省产业集群主营业务收入占工业比重达到50% 以上，过 100 亿元的产业集群达到 60 个，其中过 1000 亿元的 3 至 5 个；力争每个设区市均有超过 500 亿元的产业集群，每个县（市、区）均有超过 50 亿元的产业集群；重点产业集群均建有功能健全的综合性公共服务平台，每百户企业省级以上研发机构达到 5 个。依托产业集群，形成一批功能定位清晰、规模优势突出、集群效应明显、辐射带动有力的特色园区，全省园区发展水平显著提升，综合实力明显增强。

二、主要任务

（三）统筹规划引导。按照全省主体功能区规划要求，坚持产业定位、产业规划、产业集群和产业政策"四位一体"，注重顶层设计。遵循产业集群形成、演进和升级的内在规律，设区市本级重点发展 2 至 3 个产业集群，县（市、区）重点发展 1 至 2 个产业集群。通过科学规划,培育一批集群,促进有特色和扎堆发展趋势的块状经济向产业集群方向发展;引进一批集群,选准主攻方向,加快承接产业转移示范区建设,促进企业组团式、集群式进入江西;提升一批集群,建设创新型产业集群和新兴产业集群,推动现有集群做大总量、提升层次和水平。认定一批主导产业突出、特色鲜明、集群发展水平高的特色园区。加强品牌培育和创建,着力将企业品牌、产业品牌、区域品牌升级为城市品牌。

(四)培育龙头企业。坚持引进与培育相结合,发展壮大龙头企业,带动产业集群发展。主动对接国内外 500 强、跨国公司、央企和大型民企,开展产业链招商,积极引进有实力的龙头和骨干企业,形成"引进一个、带来一批"的聚集效应。每年优选一批优强企业和规模以上"专精特新"成长型中小企业,给予重点扶持,协调推进重大项目,鼓励并购重组和品牌整合,支持企业做大做强。

(五)强化产业配套。明确产业链延伸方向和发展重点,加快产业延链、补链、壮链,增强集群竞争优势。提高集群企业间配套率,依托龙头企业,按照垂直一体化模式,着力发展专业化优势明显、分工协作紧密的配套中小微型企业。完善集群产品分工协作体系,推动优强企业剥离非主业生产,鼓励发展针对细分市场的中小微型企业,提高集群整体水平。大力发展生产性服务业,鼓励园区和企业共建电子商务平台,面向集群企业提供专业化服务,构建研发、制造、销售、物流一体化的集群产业体系。

(六)推进技术创新。建立健全产学研相结合的产业集群技术创新体系,完善"政府支持、共投共建、市场运作、自主经营"的公共服务平台。每个产业集群至少对接一所高校、一个科研机构、一个行业协会,积极创建产学研示范基地,加快建设技术(工程)中心、检验检测中心、院士工作站等专业化公共平台。支持国家级和省级企业技术中心建设,鼓励具备条件的企业研发机构改组为独立法人实体。推进科技入园和"两化"融合,开展园区"一企一技"科技创新示范工作,力争每年新增省级优秀新产品 100 个以上。

(七)节约集约用地。建立产业集群和园区集约用地控制指标评价体系,提高土地利用效率。国家级园区工业用地投资强度每亩不低于 300 万元,除建设和生产特殊需要外,容积率不低于 1.2;省级园区工业用地投资强度每亩不低于 200 万元,除建设和生产特殊需要外,容积率不低于 1.0。加大批而未用和低效用地清理力度,切实盘活存量闲置土地。积极发展工业综合体,设立中小企业创业园。根据产业特点、投资门槛和客商定制要求,集中规划建设多层标准厂房,允许采取分栋、分层等分割产权方式进行租赁。

（八）鼓励金融创新。加强产业集群、园区与金融机构的对接合作,鼓励金融机构依托园区设立分支机构,在产业集中度高的地方,探索设立特色银行。积极推进中小企业信用示范区建设,完善企业积分增信的信用评级体系,规范操作流程,建立信用评级数据库。设立和引入各类创业投资机构,对成长性企业特别是有上市及"新三板"挂牌愿景的企业进行风险投资和股份制改造。

（九）降低物流成本。编制全省园区物流规划,以强化与制造业联动发展为重点,规划建设一批为产业集群提供一体化、定制化供应链物流服务,具备集中采购、库存、管理、物料计划、及时配送等服务功能的生产服务型综合物流园区。组建园区物流投资运营公司,通过控股、参股等形式,整合集群物流资源,形成物流网络。开展园区"物流港"建设试点,在省内主要城市建设零担物流集散中心,开辟直达物流和零担专线,适时在全省推广。加强集群物流信息系统建设,并与全省物流综合公共信息平台、全省交通运输物流信息平台对接,打造网上物流园区,推进第四方物流发展,实现工业企业和物流企业资源共享、数据共用、信息互通。

（十）加强生态环保。坚持产业集群发展与环境保护同步规划、同步实施、同步推进。推广节能减排共性技术,鼓励企业实施节能节水节材技术改造,降低单位产出的能源资源消耗。推进园区环保设施建设,实现集群企业污水达标排放。积极引进培育资源综合利用企业,发展壮大节能环保服务业,打造形成循环经济产业链和低碳产业体系。引导各地建设资源节约集约和生态环保型园区、产业集群。

（十一）推动产城融合。坚持产城互动发展,推进省级园区扩区调区,完善基础设施和生产生活配套,提升园区对产业集群发展的承载能力。适应城镇化发展需要和用工形势变化,推动企业办社会向园区办社会转变,由园区统一建设新型社区,配套建设服务设施,构建完善的社会化服务体系。园区新市民公寓、人才公寓建设按规定纳入城镇住房保障体系建设范围,享受相关优惠政策。

（十二）推进体制创新。创新园区管理体制、管理机构和运作模式,激活各方力量,构建创新开放的工作体系。将园区作为特殊的经济区域单位,理顺财政管理体制,赋予相应管理权限。科学设置园区管理机构,探索"决策机构一元化、管理机构扁平化、服务机构企业化"的管理模式。健全服务体系,园区事务在园区办结。探索园区企业化经营模式,进一步创新和完善园区开发机制、用人机制、分配机制、服务机制和运行机制。

三、政策措施

（十三）产业政策。严格执行国家产业政策，认真落实《江西省人民政府关于工业重点产业升级发展的指导意见》（赣府发〔2014〕2 号）和《江西省十大战略性新兴产业发展规划（2013—2017 年）》，结合实施"一产一策"，优化区域布局，强化政策引导，推进产业集群发展。鼓励发展战略性新兴产业，着力改造和提升传统产业，积极发展区域主导支柱产业和特色优势产业。按照产业政策要求，在产业集群发展和园区建设中，禁止发展污染严重、产能严重过剩的企业和项目，限制发展附加值低、生产能力落后、资源能源消耗高的企业和项目，为新型产业集群发展留出空间。各地要根据实际，制定培育和发展本地特色产业集群的相关扶持政策，积极推动产业集群差异化发展。

（十四）财政政策。在省级整合设立的工业产业发展专项资金中统筹安排，采取贷款贴息、资本金投入等方式，着重支持产业集群重点企业发展和重大项目、公共平台建设。省有关专项资金要加大对产业集群、园区的倾斜扶持力度。统筹安排小微企业发展专项资金，采取以奖代补方式，支持企业挂牌"新三板"、上市、技术创新、参与标准制订、品牌培育和市场开拓。加大企业上市辅导期技术改造和技术创新支持力度。积极探索由用地优惠转为厂房奖补，鼓励企业建设、改造多层标准厂房。

（十五）土地政策。积极发挥政府土地储备职能，采取依法征收、收购、收回等多种方式，对产业集群度高的重点园区经营性用地和工业用地进行统一规划和储备。建立产业集群发展土地审批"绿色通道"，支持试点工业园区"物流港"等项目建设；对重点产业集群发展有显著带动作用的产业项目建设用地需求，符合省重大项目用地管理规定的，优先列入省重大项目推进平台予以解决。

（十六）融资政策。积极推进信用与担保体系建设，改善集群中小企业融资环境。完善省、市、县三级政策性融资担保体系，健全担保绩效考核机制，提高担保能力。探索建立多层次工业投融资平台，多渠道筹集资金，加快土地前期开发和标准厂房、工业综合体及公共服务体系建设。支持园区采取发行企业债券、资产支持证券等方式募集建设资金，支持集群优势企业在主板、中小板、创业板、新三板等国内外（境外）多层次资本市场上市融资。进一步增强和发挥"银园保"、"财园信贷通"作用，积极推动金融机构针对产业集群、园区需要推出创新业务。

四、组织保障

（十七）加强组织领导。各地、各有关部门要将推进产业集群发展、促进工业园区发展升级作为事关全省发展升级的战略举措，加强领导，落实责任，分类施策，扎实推进。省推进新型工业化领导小组要加强统筹协调和考核督导，工信、发改、财政、科技、教育、住建、商务、国土、环保、工商、质监、银监等省直有关部门要按照统一部署和各自职责，制定具体实施方案和政策措施。各级政府和园区管理机构要切实履责，精心组织，聚焦政策和资源，全力加快产业集群发展和园区建设。

（十八）完善工作机制。建立政策协同机制，在立项、用地、环评、项目申报、资金扶持等方面，向重点产业集群和特色园区倾斜。建立示范带动机制，优选一批代表性强、成长性好的重点产业集群，认定为示范产业集群，加大政策扶持和要素保障力度。建立协调服务机制，积极协调，主动服务，努力破解发展难题。建立产业集群统计评价机制，加强运行调度和监测分析，定期通报有关情况。

江西省人民政府办公厅
关于推进工业园区体制机制创新的意见

赣府厅发〔2014〕21 号

各市、县(区)政府,省政府各部门:

为贯彻落实党的十八届三中全会和省委十三届七次、八次全会精神,加快推进全省工业园区体制机制创新,促进经济社会持续健康较快发展,现提出以下意见。

一、明确职责,理顺管理体制。已设立工业园区的市、县(区)政府,要按照精简、高效、规范的原则,设立工业园区管理委员会(以下简称"管委会")。管委会的主要职责由各地根据法律、法规和有关政策规定及辖区实际情况确定。省工信委等相关部门负责起草《江西省工业园区管理条例》,进一步明确全省工业园区的性质和地位。

二、整合职能,科学合理设置机构。按照"小政府、大社会,小机构、大服务"的原则,积极探索"大部门制改革、扁平化管理、企业化服务"的管理模式。在规定的管委会内设机构限额内,突出特色,围绕产业发展实际需要,设立产业发展管理服务机构。优化完善管理运行机制,切实理顺区内区外、条块之间、管理服务的关系。

三、规范管理,全面落实管理权限。各级政府要进一步简政放权,赋予工业园区更加灵活的社会经济管理权限、相对独立的财政管理权限,建立事权与支出责任相匹配的制度。政府有关部门在工业园区内所行使的相关管理职能,按照"能放则放"的原则,依法授权或委托工业园区管委会行使。

四、优化环境,提高行政审批效率。优化整合行政服务中心和企业服务中心,在工业园区推行"一个窗口受理、内部代办服务、网上并联审批、限时高效完成"的"一站式"服务。推动建立涉企收费清单管理制度,凡是清单之外的一律不得执行,收费清单向社会公布,确保涉企收费项目和标准公开透明,强化社会监督。

五、加强市场化运作,组建投融资平台。坚持政企分开,探索组建工业园区投资运营公司,重点投资工业园区标准厂房等基础设施建设、社会公共事业和战略性新兴产业领域。完善公司法人治理结构,试行市场化、专业化职业经理制;将工业园区经营性资产等资源进行有效整合,统一划入投资运营公司,增强投融资能力;支持投资运营公司通过控股、参股、相互持股等方式,吸收民间资本组建混合所有制企业。

六、推进政府购买服务,深化公共服务领域改革。积极推进政府购买事务性管理服务,引入竞争机制,将工业园区公共服务推向市场,经济服务、社会事务、市政环境维护等方面适合由市场和社会主体提供的公共服务,逐步转由社会力量办理。探索引进各类资本,培育和发展专业运营公司,参与园区道路、桥梁、雨污管网等市政设施的维护管理,以及交通、物流、人力资源、技术创新等社会化服务。推进工业园区管理信息化建设,加快园区公共服务流程再造,实现公平公开"阳光服务",提高工作协同效率和公共服务质量。

七、围绕产业集群发展,创新招商引资机制。积极推进招商机制市场化,探索多样化的项目招商模式和利益分享机制。鼓励设立招商中心,试行以年薪制为主的聘任机制,面向省内外公开招聘专业招商人员。鼓励园区实行产业链招商项目竞争性外包,允许根据落户企业投资收益情况给予一定比例的奖励。加强产业集群项目编制、项目对接以及招商对象战略布局的对策研究,提高招商引资的针对性和科学性。各设区市要依据规划布局,加强对工业园区招商项目的统筹协调,避免同质化竞争。

八、健全竞争激励机制,推进用人机制创新。探索实行全员竞争竞聘制度,进一步打破身份编制限制,推行全员聘用制和岗位目标责任制,建立健全岗位考评制度,努力形成择优录用、能上能下、能进能出的园区用人机制。加大园区干部的培养使用力度,进一步畅通园区干部内外交流渠道,鼓励各地将后备干部、优秀年轻干部安排到工业园区挂职锻炼,保持园区干部年轻化、知识化、专业化。

九、完善收入分配制度,实行绩效考核机制。充分发挥收入分配的杠杆和导向作用,鼓励符合条件的工业园区探索实行绩效考核管理,形成以岗定酬、按绩定酬的收入分配机制,依法依规试行年薪制、协议工资制、项目工资制等多种薪酬形式,拉开收入分配档次,形成干事创业、争先创优的工作氛围。

江西省人民政府办公厅
印发关于进一步推进工业园区
节约集约用地若干措施的通知

赣府厅字〔2015〕30号

各市、县(区)政府,省政府各部门:

《关于进一步推进工业园区节约集约用地的若干措施》已经省政府同意,现印发给你们,请认真贯彻执行。

为进一步推进节约集约用地,优化土地利用方式,提高土地利用效率,促进工业园区转型升级,现提出如下措施:

一、优化园区产业空间布局。坚持以规划指导工业园区建设,按照"用地集约、布局集中、企业集聚、产业集群"的原则,科学编制和修订工业园区发展规划。鼓励工业园区依据产业特色,设立园中园,明确产业定位,优化功能布局,有序引导工业项目进区入园。探索异地共建园区模式,通过强化用地保障等激励措施,引导招商引资项目专业化集群式转移落地。各设区市应明确本市重点发展的主导产业和辖区内工业园区优先发展的首位产业,按照产业集群发展的要求做好产业规划,推行产业分区规划管理,使产业空间布局与产业规划相吻合。省市新增建设用地指标优先支持各地主导产业和首位产业重大项目。

二、实施差别化供地政策。认真落实国家产业政策和土地供应政策,合理控制用地规模。原则上不在国家级开发区(含出口加工区)、省级工业园区和城镇总体规划建设用地范围外安排工业用地。投资额低于3000万元或用地面积低于15亩的新建工业项目,原则上不再单独供地,鼓励其落户小微企业创业园。严禁向不符合国家产业政策和"两高一低"(高耗能、高污染、低水平重复建设)的项目供地。省政府办公厅文件

三、提高园区项目准入门槛。各地应建立项目入园联席会议制度,加强对入

园项目产业政策、投资计划、资金落实、规划选址、环境评价、用地标准等方面的管理。探索建立入园工业项目投入产出标准体系,将工业项目投资强度、亩均效益、容积率、建筑系数、绿地率等控制性指标纳入用地使用条件。国家级开发区(含出口加工区)、省级工业园区新建工业项目平均投资强度原则上分别不低于320万元/亩和260万元/亩,项目达产后亩均税收分别不低于20万元、10万元。新建工业项目建筑容积率原则上不低于1.0,建筑系数不低于40%。

四、创新工业用地供地方式。积极探索实行工业用地长期租赁、先租后让、租让结合的供地方式。对用地需求面积较大或分期建设的工业项目,根据实际投资额和建设进度,实行分期供地,每期开发建设周期不超过两年。

五、加大闲置土地清理处置力度。各工业园区要建立节约集约用地动态监控数据库,加大闲置土地清理处置力度。已交地的工业项目,未动工开发满一年的,依法征缴土地闲置费;未动工开发满两年的,依法予以收回。对已开工建设但未达到控制标准的闲置用地、闲置厂房,允许企业通过招商引资进行合作开发,或与工业园区管委会共同招商、共同开发。

六、盘活存量低效建设用地。通过协商收回、鼓励流转、协议置换、合作经营、自行开发等多种形式,推进工业园区企业旧厂房改造和闲置、废弃厂房再开发、再利用。工业用地一经出让不得随意变更用地性质,确需变更的依法由政府收回后重新出让。工业用地转为商业用地的,按照有关规定办理,引导企业转建商业设施等现代服务业项目。

七、推进多层标准厂房建设。除生产安全、工艺流程等有特殊要求的项目外,工业企业不得建造单层厂房。在符合安全生产和环境保护要求的前提下,多层标准厂房一般不低于三层,容积率应达到1.0以上,其中:轻工业标准厂房应在四层以上,容积率应达到1.2以上。支持工业园区根据产业发展和企业需求统一规划、集中建设多层标准厂房,鼓励各类投资开发主体参与多层标准厂房开发建设和运营管理。工业园区标准厂房建设免收市政配套费,并可进行分幢分层办理产权分割手续,但不得改变功能和土地用途。在原有建设用地上进行厂房加层改造,提高土地利用率和增加容积率的,不再增收土地价款。

八、加快工业园区新型社区建设。支持工业园区采取"政府主导、市场运作"相结合的方式,统一规划、集中建设集办公、住宅等为一体的新型社区,配套完善生产生活服务设施,鼓励园区由企业办社会向园区办社会转变。鼓励企业购买、租赁由园区统一规划建设的办公用房和住宅。

　　九、建立园区土地集约利用评价机制。建立全省节约集约用地综合评价标准及考核体系,定期开展园区节约集约用地考核评价工作,将节约集约用地与新增建设用地计划等挂钩。对闲置土地清理处置、低效建设用地盘活利用、多层标准厂房建设和使用工作成效显著的设区市,新增建设用地计划指标给予倾斜。

　　十、强化节约集约用地工作责任。各级政府要落实节约集约用地工作主体责任,加强对节约集约用地工作的组织领导,研究制定推进本地工业园区节约集约用地的具体措施。各有关部门要各负其责、齐抓共管,加强协调配合,共同做好工业园区节约集约用地工作。发改、工信等投资主管部门要按照产业政策对建设项目行业准入、投资规模、投入产出强度等进行审核把关,不符合产业政策的,不得核准或备案;国土资源部门对不符合项目控制指标要求,不符合供地政策、产业政策的项目,不予办理土地审批、供应和用地手续;住建(规划、房产)部门应按照规定,出具工业项目用地规划条件,凡不符合规定的,不得核发《建设用地规划许可证》和《建设工程规划许可证》,不得办理建设项目规划条件核实和竣工验收。

参考文献

[1]陈莹. 城市综合体的功能分析与开发定位研究[D]. 北京交通大学,2014.

[2]刘参昌. 规划四大城市组团 创建区域中心城市[J]. 中国建设报,2012,09:1-2.

[3]王亚南,丁启禹,房丽丽. 基于"全程运营"的城市综合体开发实证研究——以大庆市为例[J]. 大庆社会科学, 2016,06:63-66

[4]胡宝钢. 从"业态转型"向"功能转身"蝶变[J]. 纺织服装周刊,2010, 04:76.

[5]李梅志. 产业集群与区域经济发展探析[J]. 特区经济,2011,03:290-291.

[6]宣春霞. 港口城市区域增长极的选择与定位——以江苏省太仓市为例[J]. 经济与社会发展,2010,12:52-55.

[7]王磊. 从钻石理论模型看我国纺织工业发展政策[J]. 中国商界(下半月),2009,04:184-185.

[8]周舟. "市场综合体"专业市场的"黄金牛"[J]. 中国服饰报,2010,06:1-3.

[9]孙国强. 网络治理:公司治理的延伸[J]. 董事会,2010,11:072-073.

[10]刘博. 城市综合体的功能组织及其空间布局模式研究初探[D]. 中国建筑设计研究院,2011.

[11]杨涛涛. 城市建筑综合体主导功能组织模式初探[D]. 西安建筑科技大学,2013.

[12]刘晓菲. 上海市生产性服务业和制造业互动关联分析[D]. 上海交通大学,2009.

[13]魏静. 基于生产性服务业集聚的高新区区域创新研究[D]. 武汉科技大学, 2007.

[14]李峻峰,张丽. 产业园区配套服务发展阶段研究——以苏州工业园区为例[J]. 安徽建筑,2012,03:41 – 47.

[15]张敏. 苏州工业园区邻里中心规划设计探析[D]. 苏州大学,2009.

[16]朱文俊. 城市综合体的功能及价值分析[D]. 清华大学,2009.

[17]胡志炳. 城市商业综合体的功能结构体系研究[D]. 新疆大学,2012.

[18]王璇. 城市综合体功能分析与选址研究[D]. 中国海洋大学,2012.

[19]王茜. 厦门观音山城市综合体功能组织研究[D]. 北方工业大学,2014.

[20]易琼. 基于生产性服务业集聚的高新区区域创新研究[D]. 中南大学, 2011.

[21]杜庆禹. 商业地产"城市综合体"项目投资价值分析[D]. 上海交通大学, 2011.

[22]黄艳红. 城市综合体的定位与规划研究 ——以成都华侨城项目为例[D]. 电子科技大学, 2011.

[23]张宝庆. 城市商业综合体驱动功能的分析与研究[D]. 新疆大学,2013.

[24]黄杉,武前波,崔万珍. 国内外城市综合体的发展特征与类型模式[J]. 经济地理,2013,04:1 – 8.

[25]侯宇红,张学文. 工业园区公共服务中心城市设计——衢州东港工业园公共服务核心区城市设计[J]. 城市建筑,2007,02:42 – 45.

[26]陈国华. "蓝领"公寓建筑设计研究 ——以西安印包工业园员工公寓为例[D]. 西安建筑科技大学, 2012.

[27]唐林衡. "商品化"工业园区规划设计研究[D]. 西安建筑科技大学, 2010.

[28]尉迟维旭. 城市综合体内风环境及污染物扩散的模拟研究[D]. 重庆交通大学, 2014.

[29]郭向东. 浅议城市综合体物业管理[J]. 中国物业管理,2007,10:54 – 55.

[30]陈慧君. 工业园区文化建设研究[D]. 江西理工大学,2012.

[31]刘本锋,罗志坚.江西工业园区文化建设刍议[J].求实,2009,11:49
—52.

[32]陈凯.工业园区生产性服务业发展和空间布局研究[D].苏州科技学
院,2011.

[33]龚凤祥,王国顺,郑准.生产性服务业与资源配置优化促进工业园区转
型升级研究[J].财经理论与实践,2014,04:127—130.

[34]黄春燕.工业园区向生产性服务业功能区转型中商业配套服务的发展
研究[D].华东理工大学,2012.

[35]黄贵超,侯爱敏.苏州工业园区服务外包载体建设的经验、问题与对策
研究[J].现代城市研究,2011,02:92—96.

[36]吕倩.我国城市综合体主导功能定位研究[D].郑州大学,2014.

[37]王磊.城市综合体的功能定位与组织研究[D].上海交通大学,2010.

[38]秦萌.城市综合体的功能定位与空间布局研究[D].西北大学,2012.

[39]陈明曼,郭峰.贵州省城市综合体的功能组合研究[J].价值工程,
2014,16:76—77.

[40]宿同飞.城市综合体的功能模式和对城市发展的影响研究[D].太原
理工大学,2014.

[41]杨涛涛.城市建筑综合体主导功能组织模式初探[D].西安建筑科技
大学,2013.

[42]刘博.城市综合体的功能组合研究[J].城市环境设计,2011,08:190
—192.

[43]王跃颖.当代城市综合体的内部功能整合[D].北方工业大学,2011.

[44]许轶群.城市综合体的功能构成与功能组合模式研究[D].山东建筑
大学,2011.

[45]许轶群,刘巍.城市综合体的功能组合模式研究[A].中国城市规划
学会.城市时代,协同规划——2013中国城市规划年会论文集(02—城市设计与
详细规划)[C].中国城市规划学会,2013:8.

[46]苏强.城市综合体的业态功能及规划特征[J].城乡建设,2013,04:32
—33.

[47]陈思宇.城市综合体的功能组合与配比研究[D].湖南大学,2013.

[48]刘远.城市综合体的功能定位[D].云南大学,2013.

［49］冼文俊. 深圳港城城市综合体业态组合研究［D］. 兰州大学,2013.

［50］刘贵文,曹健宁. 城市综合体业态选择及组合比例［J］. 城市问题, 2010,05:41－45.

［51］林闽钢. 高科技园区的社会建构——以苏州工业园区产业综合体转型为例的研究［J］. 中国软科学,2007,02:143－149.

［52］陈昊. 城市商业综合体的功能特性和空间组合关系研究［D］. 河北工业大学,2015.

［53］刘景山. 城市综合体开发及布局研究——以济南为例［D］. 山东师范大学,2011.

［54］朱佳. 园区综合体办公楼的低碳设计策略研究［D］. 华中科技大学,2012.

［55］要宇. 高层办公建筑设计探析［D］. 太原理工大学,2004.

［56］郭春宇. 高层办公建筑立面设计探讨［J］. 现代物业·新建设,Vol. 11,2012,5.

［57］李必瑜. 房屋建筑学(第4版)［M］.武汉理工大学出版社,2012.

［58］哈尔滨建筑工程学院编. 工业建筑设计原理［M］. 北京:中国建筑工业出版社,2007.

［59］刘伟. 工业地产运营模式研究—以集团西丽项目为例［D］.复旦大学,2008.

［60］万克俊,苏向学. 后工业时代主题产业园的开发与营运企业风采［J］. 当代经济,2010,11:12－13.

［61］王珏. 华夏幸福基业产业园发展战略研究［D］. 对外经济贸易大学,2014.

［62］唐青松,李荣. 建设鄱阳湖生态经济区项目融资问题思考［J］.时代金融,2012,05:235－236.

［63］陈玉罡,张东宝. 深圳工业园开发融资模式研究［J］.特区经济,2006, 10:32－33.

［64］李兆熙,张政军,贾涛. 苏州高新区和苏州工业园区的开发运营模式比较［J］.海峡科技与产业,2007,05:13－18.

［65］段新宇. 园区综合体开发模式研究——以株洲为例［D］. 湖南工业大学,2013.

［66］左伟义. 南昌小蓝经济技术开发区工业地产开发战略研究［D］. 南昌大学,2013.

［67］许莉. 文化创意产业园区投资决策及运营模式研究［D］. 北京交通大学,2012.

［68］王昱人. 长春 L 集团融资的模式创新研究—基于低碳产业园区开发融资视角［D］. 吉林大学,2012.

［69］杨耀东. 工业园区开发与经营管理若干问题研究［D］. 东北大学,2008.

［70］朱焕彬. 杭州市区城市综合体的空间特征及影响效应研究［D］. 浙江大学,2012.

［71］董其宁. 苏州工业园区邻里中心功能升级及空间优化研究［D］. 苏州科技学院,2014.

［72］史波涛. 从"产业园区"到"城市产业综合体"——天安数码城进化之路［J］. 中国投资,2013,12:87 - 89.

［73］庄儒常. 城市房地产投资环境评价及实证研究［D］. 华中师范大学, 2012.

［74］杨建喜. 工业地产投资环境评价研究［D］. 大连理工大学, 2010.

［75］魏文娟. 工业地产企业核心竞争力评价及其培育策略研究［D］. 重庆大学, 2009.

［76］成迪龙. 金融危机下中小企业的融资决策［J］. 企业导报, 2009,05:39 - 41.

［77］吴惠平. 房地产融资创新之路［J］. 合作经济与科技, 2009,05:42 - 44.

［78］高立昕,王松江. BOT 项目融资模式问题及对策措施［J］. 项目管理技术, 2010,12:27 - 29.

［79］曲丹,张少华. 优化开发区基础设施建设 PFI 融资模式分析［J］. 合作经济与科技, 2008,11:9 - 13.

［80］肖惠扬. 论我国工业地产企业的几种创新融资模式［J］. 中国商贸, 2013,09:004 - 006.

［81］叶海. 万通的信托融资术在房地产企业的融资困境中有效突围［J］. 经理人, 2012,02:72 - 73.

［82］蒋卫艳. 房地产项目现金流信号管理研究［D］. 重庆大学, 2005.

［83］韩剑学. 房地产开发项目的融资成本及风险分析［D］. 重庆大学, 2006.

［84］娄祥. 商业地产项目投资估算方法研究［D］. 重庆大学, 2005.

［85］黄金龙. 安联地产融资渠道及方式研究［D］. 河北大学, 2013.

［86］隋金呈. 我国信托业务的发展与创新研究［D］. 北京交通大学, 2014.

［87］胡泊. 我国工业地产投资风险分析研究［D］. 哈尔滨工业大学, 2007.

［88］羊刘强. 财务与营销相结合的定价策略研究［D］. 苏州大学, 2010.

［89］潘继谦. 成都鞋业工业园营销策略研究［D］. 四川大学, 2003.

［90］王新红. 产业地产开发模式发展对策研究［D］. 北京交通大学, 2011.

［91］曹勤有. 基于工业社区理念的工业园区开发研究［D］. 重庆大学, 2011.

［92］季仙华,季文刚. 工业园区项目融资及政策性建议［J］. 中国市场, 2014,32:62－67.

［93］马海. 基于 ppp 模式加快园区基础设施投资建设的思考［J］. 中国高新区,2015,01:58－60.

［94］浦亦稚. 苏州工业园区投融资模式研究［J］. 科学发展,2014,70:54－64.

［95］付敏英,汪波. 城镇化大型产业园区开发融资模式选择与方案设计研究［J］. 财经理论与实践,Vol. 33,2012,7.

［96］王媛婷,涂艳. 山水城市工业园区规划模式探索—以柳州市洛维工业园区为例［J］. 规划师,2010,05:50－54.

后记

历时三年,终于完成了这个项目,感谢所有参与人员!

《园区综合体研究》是江西园区经济研究有限公司(简称园区研究院)和多所大学学术团队集体完成的著作。从最初的文本到现在的终稿,经历了多次的讨论、修改,是全体团队成员智慧的结晶。园区综合体是实现园区转型升级的载体,综合体主要是打造以企业为核心的产业生态环境,通过引导要素聚集加速形成产业链,通过产业链间的互动发展最终形成产业集群的聚变,形成强大的内生机制,成为新产业和新业态的发源的。该书的出版既可为传统园区转型升级提供良好的参考,又可为新规划园区提供可以借鉴的操作实务。

本书的选题、大纲拟定,主要章节重要内容的写作与指导、修改通告以及最后定稿都是由我主要负责完成的。园区研究院长期合作伙伴南昌航空大学谢奉军教授对本书的前期策划和本书的框架安排作出了重要贡献;南昌航空大学黄蕾副教授参与了第二章的写作;南昌航空大学王龙锋教授参与了第三章的写作;南昌航空大学郑云扬副教授参与了第四章的写作;江西科技师范大学卢杰副教授参与了第五章的写作;南昌航空大学胡志伟副教授参与了第六章的写作;南昌大学戴淑燕副教授参与了第七章的写作。江西园区经济研究院方文胜、王丽萍、徐元华、高礼勤、刘宁及部分在校研究生王晓军、熊若晨、李莉等参与了资料收集、整理工作。

我本人从2002年在小蓝经济开发区工作以来,就一直致力于开发区的研究与实践,尽管在写作之初就创建了以龚杏产业城为代表的园区综合体模型,但是项目组成员对于园区综合体的概念由模糊进而清晰,却经历了一个漫长的过程。我深深地体会到,做成一个项目是很难的,其中需要付出很多努力,当然最重要的是需要一个很好的团队,好团队的力量是无限的,希望我们的团队能够一直这样充满着战斗力,迎接未来的挑战。

再次感谢大家的努力与付出,文中融合了很多人员的智慧,由于不能一一点名,在此一并致谢,也欢迎各位读者批评指教!

何新跃

2016 年 3 月 30 日